Worlds to Explore

탐험의 시대

탐험의 시대

옮긴이 **안소연**

전문번역가. 성균관대학교 생물학과를 졸업하고 같은 대학교 번역학과 대학원을 졸업했다.
CNN뉴스와 BBC뉴스, KBS 〈동물의 세계〉 외 다수의 다큐멘터리를 번역했다.
옮긴 책으로는 『숲에 사는 즐거움』 『멸종의 역사』 『에덴의 진화』 『하룻밤의 지식여행: 진화론』
등이 있다.

Worlds to Explore: Classic Tales of Travel & Adventure From National Geographic

탐험의 시대

내셔널 지오그래픽이 선정한 세기의 여행담

마크 젠킨스 엮음 | 안소연 옮김

지호

| 차례 |

알래스카의 '만 개의 연기가 피어오르는 골짜기'를 탐사하는 원정대의 일원이 진흙 협곡에서 경탄에 차 있다. 화산이 만들어낸 광경은 너무도 놀라웠으며 마치 새로운 행성이 탄생하는 듯했다.

인간은 여러 가지 이유로 여행을 한다. 유목민들은 어쩔 수 없이 여행을 한다. 호기심 많은 사람들은 그럴 필요가 있다고 생각하기 때문에 여행을 한다. 무역업자들은 돈에 이끌려 여행을 한다. 제국주의자들과 군인들은 권력을 좇아 여행을 한다. 광신도들은 신의 명령에 따라 여행을 한다. 죄수들은 탈출하려고 여행을 한다.

그러나 전 세계의 많은 사람들이나 이 책을 읽고 있는 대부분의 독자들과 마찬가지로 나는 그런 이유들보다는 훨씬 명확하지 않은 이유로 여행을 한다. 나는 기본적이고 강력한 두 열망을 만족시키기 위해 여행을 한다. 나를 포함한 많은 사람들이 이 두 가시 열망 모두를 어린 시절에 품었다. 또 적어도 내 경우는 이런 열망들을 내가 여행을 처음 가보기 훨씬 전에 품었다.

그 첫번째 열망은 열 살 때쯤에 뚜렷해졌다. 대도시 런던을 방문할 때마다 부모님은 내가 가장 좋아하는 코스를 돌도록 해주었다. 그때는 언제나 저녁이었고, 노랗게 소용돌이치는 안개가 낀 쌀쌀한 날씨여서 늘 11월인 것 같았다. 아버지가 포드 파퓰러를 헤이마켓 남쪽 끝에 주차하고 서둘러 팰맬 거리를 지나 콕스퍼 스트리트의 건너편으로 가면 나는 어린아이답게 환호성을 지르며 기뻐했다. 왜냐하면 그곳에는 모든 해운회사의 본사가 있었고, 불빛이 새어나오는 각 본사 창문 안에는 당시에 세상에서 가장 먼 곳의 항구까지 여행객들을 실어 날랐던 대형 원양여객선의 엄청나게 큰 모형이 있었다. 이 모형은 오크, 티크, 철, 정교하게 돋을새김한 놋쇠로 만들어져 있었다.

키플링은 대형 증기선이 보물을 실어오는 것을 보고 놀라서 이렇게 썼다.

아, 모든 대형 증기선 너희들은 어디로 가려는가,
모든 대형 증기선 너희들은 그것들을 어디에서 실어 오나,
너희들이 가버리면 나는 어디에서 너희들에 대해 쓸까?
"우리는 멜버른, 퀘벡, 밴쿠버에서 이것들을 실어 오네.
호바트, 홍콩, 봄베이에 있는 우리에게 편지를 띄워주오."

나는 몇 시간씩 이 배들을 꿈꾸듯 황홀하게 쳐다보았다. 그곳에는 인도행 증기선을 볼 수 있는 대형 '페닌슐라 앤 오리엔탈 해운' 본사가 있었다. 또 그곳의 '화이트 스타 해운'에는 돛대가 네 개인 멋진 옛 모형도 있었다. 아마 세인트헬레나와 케이프까지 가는 유니언 캐슬 증기선도 있었을 것이다. 카리브 해 급행용으로 설계된, '비비 앤 더 엘러먼 해운'의 바나나보트 모형도 있었다. 기억이 조금 희미하긴 하지만, 근처의 큐나드 본사에는 활 모양의 커다란 창문 안

에 굴뚝이 세 개인 '퀸 메리' 증기선의 청색과 흰색의 커다란 모형이 있었고, 이 모형 옆에는 퀸 메리보다 더 작고 멋진 신형 증기선 '엘리자베스'의 120대 1 축소 모형이 있었을 것이다.

나는 그곳 웨스트엔드 포그에 서서 아주 멋진 상상을 했다. 내가 부자여서, 마치 영화 〈여섯번째 행복〉의 글래디스 아일워드나 〈인도로 가는 길〉의 아델라 퀘스티드가 하듯이, 높은 책상 앞에 앉은 직원에게 당당하게 걸어가면 그 직원이 장거리 항해 티켓을 손으로 직접 써서 내게 주는 상상 말이다. 이제야 그 꿈들이 어디에서 왔는지 알게 되었지만 나는 어린 시절에 항해 여행의 여러 가지 기쁨 모두를 꿈꾸었다. 하지만 그 시절을 되돌아보면 그것은 단지 상상의 여행에 불과했다. 목적지들은 모두 너무나 이국적이어서 실제로 떠올려볼 수가 없었다. 내 마음은 여행 과정의 세부 사항을 상상하는 것만으로도 만족했다.

그래서 나는 끝없이 천천히 펼쳐지는 항로, 사무장과 여객 계원과 항해사, 갑판 위에서 먹는 맑은 고기 수프, 저녁 만찬을 위한 해군의 옷차림, 포트사이드★의 시몬 아츠 백화점에서 구입한 밀짚모자나 토피 모자를 꿈꾸고, 수에즈 옆의 부두에서 마술을 보여주는 이집트 마술사들을 지켜보는 꿈을 꾸었다. 나는 테너리프(Tenerife)에서 처음으로 날치를 보거나 남극해에서 앨버드로스를 치음 보는 상상을 했고, 적도 무풍지대에서 땀을 흘리며 꾸벅꾸벅 졸거나, 위도 45도의 해양 폭풍지대의 큰 파도에 놀라거나, 테이블 마운틴 위의 식탁보처럼 펼쳐진 구름, 아덴의 사구(砂丘) 위로 가물거리는 열

★ Port Said, 수에즈 운하의 지중해 쪽에 있는 항구

기를 보거나, 그린란드 근처의 차가운 대서양에서 첫 빙산을 찾아낼 때까지 머무르는 상상을 했다. 그리고 나는 우리의 목적지가 아닌 항구, 단지 경유지 역할을 하며 잠시 매혹을 느끼는 장소, 쉽게 애착을 버릴 수 있는 곳에 들르는 상상을 했다.

얼마 후, 그동안 피카딜리의 평범한 상점을 구경하던 부모님은 몽상에 빠진 나를 깨웠다. 아버지가 가야 한다고 큰 소리로 말하여 나는 곧 차 뒷좌석으로 돌아갔다. 우리 가족은 북쪽의 교외 주택지를 향해 갔고, 우중충한 런던 안개가 여전히 반짝이는 증기선의 모습을 전부 삼켜버려 저녁에 꾼 내 꿈은 모두 안개 속에 희미해졌다. 마치 증기선이 파도를 헤치고 나아갈 때 짙은 바다 안개 때문에 증기선이 희미하게 보이는 것과 같았다.

나는 열일곱 살 때 처음으로 배를 타고 여행을 했으며 이때 두번째 열망을 느끼게 되었다.

그때 탄 배는 캐나다 퍼시픽 해운의 빨간 체크무늬 굴뚝 마크가 있는 하얀색의 2만 5천 톤급 증기선 엠프레스 오브 브리튼(Empress of Britain)이었다. 나는 배 밑 만곡부 근처에 있는 제6갑판의 창 없는 4인용 선실의 작은 침대 한 자리 티켓을 사려고 2년 동안 80파운드를 모았다. 선실이 비좁고 음식은 기억할 만한 것이 아니었지만 닷새 동안 리버풀에서 대서양을 건너 몬트리올까지 가는 동안 다른 모든 것은 내가 상상한 바로 그대로였다.

나는 캐나다를 보여주겠다고 약속한 친구들과 함께 탐험하러 가는 길이었는데 정말 콕스퍼 스트리트 해운회사 본사에서 한 직원이 티켓을 손으로 직접 써서 내게 주었다. 정말 아침에 김이 모락모락 나는 맑은 고기 수프를 커다란 머그잔에 마시며 4월의 갑판 추위를 녹였다. 파도가 그렇게 높지 않을 때는 원반밀어치기 놀이를 하는 사람들이 있었다. 나는 선교(船橋)에 가도 좋다는 선장의 허락을 받아서 매일 오전 차트를 열심히 보고 배가 서서히 서쪽으로 가고 있는지 확인했다. 어느 날 오후 잠시 흥분되는 일이 생겼다. 케이프 페어웰(Cape Farewell) 남쪽으로 두 시간 갔을 때 유빙 조각에 우리 증기선의 키가 손상되었다. 그러나 선원들이 응급키를 하나 더 가지고 있어서 우리는 속도를 반으로 줄여 느릿느릿 세인트로렌스 내포(內浦)에 조금 늦게 도착했지만 바다에 관한 이야깃거리가 더 생겼다.

그리고 북아메리카 대륙을 처음 보게 되었다. 나는 증기선 모형을 보고 꿈을 키운 지 10년이 지난 후 그때까지 여행의 단순한 기술과 도착지 하나하나에 모두 황홀해했지만, 그 순간부터는 신세계의 지리에 특히 매료되었다. 그래서 당연히 나는 그곳에 도착한 첫 순간을 음미하고 싶었다.

캐벗 해협(Cabot Strait)에 안개가 짙게 깔려서 낮에 케이프 브리튼 섬(Cape Breton Island)을 볼 수 없었고 뉴펀들랜드의 남단도 찾을 수 없었다. 배가 서서히 움직이는 바람에 우리는 새벽 5시경에야 퀘벡을 보게 되어 있었다. 그래서 나는 밤새 춥고 어두운 제1사장 옆에 서 있다가 갑자기 케이프 가스페(Cape Gaspé)의 빛이 반짝이는 것을 보았다. 나는 거의 움직일 수가 없었다. 아메리카의 땅을 찾을 때까지 육지를 계속 보고 또 보았다. 나는 계속 그 땅을 떠올렸다. 그리고 벼랑길의 헤드라이트 불빛 속에서 개똥벌레가 나는 모습을 볼 수 있어서 너무나 기뻤다. 나는 이 헤드라이트를 비춘 사람이 우유 배달을 하는 농민이라고 생각했다. 캐나다 우편배달부나 『몬트리올 가제트*Montreal Gazette*』배달 소년일 것이라고 생각했다. 이곳은 이국적인 풍취로 가득했고 아주 낭만적이며 낯설고 놀라운 것으로 가득했다.

그리고 우리는 강둑에 가까이 갔고, 낯선 느낌에 서서히 익숙해졌다. 그리고 점심시간이 되어 퀘벡 시의 대형 캔틸레버 다리 아래로 서서히 미끄러져 내려가고 있었다. 퀘벡 시를 지날 때 우현 쪽으로 샤토 프롱트낙(Chateau Frontenac) 호텔이 분명히 보였다. 그리고 우리 증기선은 저녁에 몬트리올에 정박했다. 그곳의 부두 지대에는 내 친구들이 있었다. 나의 아메리카 모험은 이제 막 시작되었다. 이 아주 길고 다채로운 모험 중에 나는 수천 킬로미터를 여행하며 수백 가지 이야기를 얻었다.

계속된 내 여행 모두를 뒷받침한 두 가지 중요한 요소는 이 두 가지 에피소드에서 모두 나왔다고 생각한다. 첫번째 에피소드는 안개 낀 저녁 런던의 밝은 가게 앞에서 상상의 나래를 펼친 것이었고 두 번째 에피소드는 열일곱 살 때 타고 간 배가 몬트리올에 도착한 오랫동안 기대했던 순간이었다. 나는 다음과 같이 이를 요약할 수 있다. 어린 시절 여행에 관한 나의 개념은 아주 단순하게 낭만과 환상과 꿈에 이끌렸다. 그리고 학생이 되고 나서는 이런 생각이 두번째 요소에 따라 바뀌고 변형되고 조정되었다. 내가 새롭게 원한 것은 모험을 하고 경험을 하고 기억할 만한 사건을 겪는 것이었다.

그리고 나는 이 내 마음대로 붙인 '두 방식으로 된' 접근 방식이 모든 사람들의 여행에 관한 열망을 뒷받침하는 것이라고 생각한다. 한편으로는 낭만을, 다른 한편으로는 모험을 기대하는 두 가지 열망이 우리 모두를 가끔은 편안한 거실에서 벗어나 야외 활동을 하게 하는 중요한 동기가 된다고 나는 희망하고 싶다.

모든 여행자들은 분명히 이런 나의 주장을 받아들일 것이다. 또 이 주장을 받아들이는 사람이라면, 이런 낭만과 모험에 대한 갈망의 근원이 무엇인지 궁금해할 것이다. 이에 대해 현재보다는 50년 전에 더 분명했을 답변은 다음과 같다. 이러한 갈망은 그저 읽고 **쓰는** 활동으로 인해 나타나기 시작했다는 것이다. 사람들이 지구의 가장 외딴 지역에서 경험한 놀라운 모험을 솔직하고 꾸밈없이 설명한 이 책에서 볼 수 있는 종류의 글에서 낭만과 모험에 대한 갈망이 탄생했다. 대부분이 남성이었지만 간혹 여성들도 포함된 이 모험가들은 돌격하는 느낌, 생기, 필사적인 용기, 낭만에 이끌려 나가서 전 세계의 이야기를 집에 있어야만 했던 사람들에게 들려주었다. 또 이런 종류의 글을 읽은 사람들 다수가 안락의자에서 일어나 정말 말 그대로 그전에 갔던 사람들의 발자취를 따라갔다.

물론 키플링의 증기선에 관한 시는 열 살이던 내게 마법으로 작용했다. 그후에는 존 버컨, 서머셋 모음, 그레이엄 그린, E. M. 포스터, 어스카킨 칠더스의 소설들에 영향을 받았다. 또 로버트 바이런, T. E. 로렌스, 윌프레드 세시저, 토르 헤위에르달(이 책에 등장한다), 리처드 버튼, 제임스 카메론, 로버트 루이스 스티븐슨의 글에도 영향을 받았다. 이 여행자 모두의 이야기와 우리 세대가 어릴 때 들은 이야기 천여 가지에도 영향을 받았다. 그래서 우리 세대는 끝없는 항해와 멋진 열차 여행 이야기, 이국적인 정글 도시와 잃어버린 문명에 도착한 이야기, 외딴 초원과 멀리 떨어져 잊혀진 섬 왕국에서 겪은 고난을 이겨낸 이야기 등에 익숙해졌다.

아마 『내셔널 지오그래픽』은 그중에서도 가장 영향력이 컸을 것이다. 우리는 이 책에 나오는 에세이들을 읽었다. 우리는 다게스탄에 관한 조지 케넌의 글과 대풍자유(大風子油, Chaulmoogra Oil)에 관한 조셉 락의 글을 읽었다. 우리는 엘리자 시드모어가 쓴 바라나시와 일본 지진 해일에 관한 에세이도 읽고 기억했다. 시드모어는 워싱턴에 벚나무를 처음 심기도 했다. 우리는 얼음과 추위의 놀라운 힘에 대해서 섀클턴과 피어리와 리처드 버드가 한 설명을 진실이라고 굳게 믿었다. 우리는 바다 밑의 세계에 대해서는 비브와 쿠스토의 설명에 만족했으며 구름 위의 높은 하늘에 대해서는 린드버그와 피카르드의 설명에 만족했다. 노란 테두리의 월간지 『내셔널 지오그래픽』은 매달 매년 이 모든 내용을 실었다. 우리들 중에 이 에세이들을 실시간으로 읽었거나 그 글을 알 만한 시기에 가까이 태어나기라도 한 사람은 정말 특권을 받았다고 할 수 있다.

그리고 우리는 이 모든 작가들로부터 똑같이 치유 불가능한 영향을 받았다. 우리는 그들 이야기의 낭만에 끌렸고, 그들이 아주 교묘하게 짠 모험의 망에 걸려들었다. 그래서 우리도 여행을 했다. 우리는 그 여행가들만큼 멀리 높이 깊이 가지는 못했지만, 똑같은 정신으로 갔고, 우리가 여행에서 돌아왔을 때는 똑같은 보상을 얻었다고 느꼈다.

또 우리는 운이 좋기 때문에 그렇게 할 수 있었다. 당시 여행은 현재 하는 여행과는 전혀 달랐기 때문이다. 우리가 여행을 하는 당시에는 이 작가들의 영향은 분명해 보였지만 지금은 그 영향이 그대로인 것 같지 않다.

이제 콕스퍼 스트리트에 증기선 모형은 모두 사라졌다. 우리에게 항해 티켓을 써서 건네주는, 높은 의자 위에 앉은 직원은 없을 것이다. 이제 더 이상 케이프에 가는 증기선은 없고, 카리브 해로 향하는 바나나보트도 없다. 내가 처음으로 엠프레스 오브 브리튼을 타고 여행을 시작한 지 불과 6개월 후에 엠프레스 오브 브리튼은 '비경제적인' 대서양 횡단 항해를 중단했으며, 이제는 평화운동가와 정치가들을 싣고 토파즈(Topaz)라는 이름으로 삐걱거리며 전 세계를 돌고 있다.

그러나 여행은 다른 방식으로도 바뀌었다. 나의 이집트 여행 경험을 보면 잘 알 수 있다. 나는 1966년 카이로 센트럴에서 열차를 타고 사막이 보이는 전망차에서 이집트 대추야자술을 마시며 룩소르로 향했다. 윈터팰리스 호텔의 넓고 어두운 스위트룸에서 천정에 달린 낡아빠진 선풍기의 삐걱거리는 소리에 나는 잠을 한 숨도 자지 못했다. 테라스에서 카르카디(karkady), 즉 히비스커스차를 마시면서 펠러커 선이 오기를 기다렸다. 우리는 펠러커 선을 타고 서서히 나일 강을 건너 왕가의 계곡으로 갔다. 왕가의 계곡 끝에는 소형 2륜마차가 있었다. 이 2륜마차를 타고 우리는 따가닥 따가닥 소리를 내며 투탕카멘 무덤까지 갔다. 투탕카멘 무덤에서 더위를 피하려고 수박을 먹고 있던 눈먼 안내원에게 동전 몇 개를 내고 들어가서 석관을 보고 1922년에 카나본 경이 발견한 것에 감탄했다.

나는 일 년 전에 룩소르를 다시 찾아갔다. 이제 윈터팰리스 호텔 옆에는 단체 관광객들을 위한 대형 글라스 타워가 있다. 카르카디는 이제 거의 구하기 힘들어졌으며 에어컨이 작동되는 테라스에서는 카르카디가 제공되지 않는다고 한다. 펠러커 선은 붕 하고 나일 강을 순식간에 건너는 수중익선으로 교체되었다. 소형 2륜마차는 디젤 모터 버스로 교체되었다. 이제는 자갈길 대신 고속도로가 깔려 있다. 또 무덤에는 순번제가 있어서, 불가리아, 일본, 대만의 관광버스 세 대에서 승객들이 내리는 동안 한 시간이나 기다려야 했고, 수백 명과 함께 가지 않고 홀로 투탕카멘 왕을 보고 싶다는 생각은 이상하고 편리하지 못한 것이 되었다. 나는 혼란을 피하기 위해 독일인들 한 그룹과 함께 움직이며 이것이 내가 보러 온 것을 보는 가장 나은 방법이란 말을 들었다.

현대의 여행 상황을 한탄하고 싶지는 않다. 단지 세계의 절반이 계속 이동하고 있고, 예를 들면 중국 중산층 여행자 1억 명이 에펠탑, 피사의 사탑, 왕관의 보석(Crown Jewels), 베네치아 등을 구경하러 해외여행을 나설 때 지구는 이동하는 사람들로 초만원 상태가 된다는 현실을 지적하고 싶을 뿐이다. 그리 오래전이 아닌 시절에는 여행의 강력한 동기였던 낭만이 결과적으로 현재의 여행 과정에서는 이미 완전히 사라졌다. 모험 역시 더 이상 여행의 가장 변덕스러운 요소가 아니다. 즉 예전에는 우리가 책과 잡지 기사를 읽고 그 내용에 이끌려 낭만과 모험의 두 가지 충동 요소에 자극받았지만, 이러한 자극이 지금 우리 대부분이 할 수 있는 종류의 여행에는 더 이상 동기가 되지 않는다.

또한 상황을 이상하게 급박하게 만든 것은 이 변화가 한 사람의 생애보다 짧은 50년 내에 이루어졌다는 사실이다.

그러나 내가 어렸을 때 그리고 청년이 되었을 때 이 책에 실린 종류의 에세이들은, 나와 다른 세계인들이 하는 여행 종류와 큰 관련이 있었다. 조셉 락과 엘즈워드 헌팅턴, 에드워드 키스-로치 소령은 우리와 우리의 여행에 영향을 끼쳤다. 이들의 글은 우리에게 영향을 주었으며 우리를 설득했고 우리에게 아이디어와 영감을 주었다.

　그러나 내가 중년이 되자 이 같은 남녀의 영향에서 벗어나, 이 작가들이 말하는 것에 여행 자체가 거의 영향을 받지 않게 되었다. 낭만과 모험이 여행자들의 여행 동기에 별로 역할을 하지 않았기 때문이다.

　그래서 누군가는 질문을 할지도 모른다. 관광버스를 타고 조셉 락이 사랑했던 쓰촨(Szechuan)을 가는 현대 여행자에게 조셉 락의 글이 어떤 영향을 끼칠 수 있을까? 버지니아 해밀턴이 사랑했던 보르네오에 골프를 치러 가는 한국인들에게 해밀턴의 글이 어떤 영향을 끼칠까? 로스빙붕(Ross Ice Shelf)에 나와 함께 여행 가서 네트를 세우고 고국의 팀에게 보여줄 사진을 찍던 테니스 선수가 리처드 버드 같은 사람의 글에서 무엇을 배울까?

　그러나 아직은 이 모든 사실에도 불구하고 나는 강력한 희망을 품고 있다고 말하고 싶다. 나는 오늘날 우리가 여행하는 방식을 좋아하지 않는다. 고백컨대 나는 50여 년 전에 우리가 세계를 태평하게 탐험하던 방식을 열망한다. 또한 현재 생각 있는 여러 여행자들은 나와 똑같은 생각을 할 것이며, 일종의 반란이 일어날 날도 멀지 않을 것이다. 가능하다면 이전의 여행과 비슷하게 여행을 회복하는 운동이 일어날 것이다.

　불론 지금처럼 계속 진행된다면 그런 일이 일어나지 않을 것이다. 그러나 이러한 회복을 향한 열망이 있다면 이 책의 글이 단순한 호기심 이상의 결과가 되어 우리가 여행 초기 시대의 진귀함과 방랑벽을 우아하게 떠올리는 것 이상을 얻을 것이다. 아마 이 에세이들과 이들의 목소리가 낭랑하게 울려 퍼지며 새로운 역할을 할 것이다. 그것은 이전과 같은 여행을 하자는 목소리이다. 이 책은 우리 세

계의 낭만과 우리 세계 전체의 모험에 대한 열망에 자극받는 여행이
어떤 식으로든 부활되어야 하며 또한 가능할 것이라는 목소리가 될
것이다. 이 책의 모든 글은 처음 읽었을 때 보이는 것보다 훨씬 귀중
한 가치를 지닐 것이다.

— 사이먼 윈체스터

1983년 리처드 귄돈은 "『내셔널 지오그래픽』 정기구독 재개 축하하는 포스터 가족에 결코 작은 문제가 아니다"라는 설명글이 달린 식탁 앞에 앉은 초로의 부부를 묘사하는 만화를 발표했다.

이 부부가 재개한 것은 정기구독만이 아니다. 이 부부는 다시 회원이 되었다. 정기구독권과 회원권 사이에는 미묘하지만 중요한 차이가 있다. 내셔널 지오그래픽 소사이어티는 잡지 한 권을 받는 것 이상의 의미가 있었기 때문이다. 내셔널 지오그래픽 소사이어티는 귄논의 만화가 인식한 일종의 참여의 의미도 포함했디. 이 부부는 일 년간 더 안락의자에서 모험을 즐길 준비를 하면서 적절한 복장을 갖추었다. 포스터 씨는 자귀풀의 심으로 만든 차양 모자를 쓰고 있다.

포스터 부부가 내셔널 지오그래픽 소사이어티에 처음 가입했을 때로 우리가 상상하는 1930년대에는 이와 비슷한 만화들이 주류를 이루었다. 괴상하고 얼빠지고 열광적이며 익살스러운 탐험가들이 정글에 실수로 들어가거나 식인종의 솥 앞에 끌려가면서 『내셔널 지오그래픽』에 대한 유쾌한 말을 하는 모습이 만화에 담겼다. 이들은 턱수염을 길렀으며 확대경, 곤충망, 쌍안경, 카메라 등의 짐을 지고 늘 사파리 옷을 걸쳤으며 포스터 씨처럼 차양 모자를 썼다.

이 책에는 그렇게 우스꽝스러운 캐리커처가 없다. 이 책의 남녀 주인공들 다수는 실제로 열대 국가에서 일사병을 막아준다고 널리 알려진 자귀풀의 심으로 만든 차양 모자를 썼을지도 모른다. 그러나 또 다른 사람들은 인도와 동아프리카에서 인기 있는 챙이 넓은 이중 펠트 모자를 썼을지도 모르고, 군대 교관용 모자, 선원용 모자, 조종사 고글, 터번을 썼거나 심지어 특이하게 가죽으로 된 미식축구 헬멧을 쓰기도 했을 것이다. 어떤 경우는 위기일발이었지만 모두가 용케 머리가 무사한 채 돌아왔다.

그러나 실제나 캐리커처 모두 같은 출처에서 나온다. 그 출처는 다락방에 고이 쌓아둔, 고전적으로 품위 있게 오크와 월계수를 테두리로 한 표지를 단 예전 『내셔널 지오그래픽』이다. 잡지를 처음 출간할 때부터 이 식물 테두리를 표지에 쓴 것은 아니었다. 1910년부터 그렇게 했지만 현재는 표지 디자인이 바뀌었다. 그러나 20세기 초반에는 이 표지 디자인이 여행과 모험 이야기 모음집인 이 잡지의 한 시대를 나타냈다.

원래 『내셔널 지오그래픽』은 잡지명을 적고 소사이어티의 인장을 그린 테라코타 표지를 그렇게 자랑하지 않았다. 1888년 1월 13일 워싱턴 코스모스 클럽에 모여서 난롯불 열기 속에 '지리 지식의 확대와 확산'을 위한 협회를 설립한 학자, 과학자, 탐험가 33명 중에서 기자나 작가라고 주장하는 사람은 한 명뿐이었다. 그 한 명은 러시아 전문가 조지 케넌이었다(조지 케넌은 냉전 기간 동안 소련의 확대 정책을 견제하는 봉쇄정책을 내세운 조지 케넌의 증조부이기도 하다). 그러나 케넌은 『내셔널 지오그래픽』에는 코카서스 산맥 여행을 자세히 설명하는 글만 하나 썼을 뿐이며 이것도 여러 해가 지난 후의 일이었다. 학구적인 경향의 작은 조직에서 가끔씩만 발간되는 간행물에서 여행 이야기는 그렇게 중요한 요소가 아니었다. 1890년대에 여행 작가 엘리자 시드모어가 부주필이 되어 일본 지진 해일이 일으킨 엄청난 피해에 관한 내용의 글을 쓰는 등 자극적인 면을 곁들이기는 했지만 『내셔널 지오그래픽』은 여전히 건조하고 전문적이었다.

소사이어티의 2대 회장인 다재다능한 알렉산더 그레이엄 벨(Alexander Graham Bell)은 소사이어티의 회원 수가 줄고 재정 상태가 악화된 문제에 직면하여 회원을 늘리기 위한 방법으로서, 지리학 학술지였던 『내셔널 지오그래픽』을 대중적인 정기 간행물로 변모시키기로 결정했다. 나중에 벨의 사위가 되는 길버트 호비 그로스브너(Gilbert Hovey Grosvenor)는 1899년부터 1954년에 은퇴할 때까지 오랜 재직 기간 동안 벨의 임무를 위임받아 딱딱한 소형 간행물을 세계에서 가장 오랫동안 대중적 인기를 끌 잡지로 재탄생시켰으며, 2천 명도 안 되던 소사이어티 회원을 2백만 명 이상으로 늘렸다. 그는 사진을 혁신적으로 이용하고 독자들의 아이디어를 중요하게 생각했기 때문에 성공했다. 안락의자 여행가들은 연간 회비를 내는 대신에 벨의 표현에 따라 '세계와 세계 속의 모든 것'을 가져다주는 잡지를 받을 뿐만 아니라, 탐험가들을 전 세계의 오지에 보내는 일도 함께했을 것이다. 『내셔널 지오그래픽』은 독자들의 의견을 아

주 진지하게 반영했기 때문에, 소사이어티 회원권을 받은 한 할머니
가 탐험 신청을 여러 차례 했으며, 매번 "탐험에 참가하기에는 너무
연세가 많으시다"고 친절하게 설명하며 참가 불가 통보를 보냈다.

독자가 탐험에 참여하게 되면서 자연스럽게 기고도 하게 되었다.
그 결과 20세기 초반은 아마추어 지리학자들의 황금시대가 되었다.
여행가, 탐험가, 외교관, 박물학자, 교수, 고고학자, 여행자, 전 대통
령은 자신의 글이 발표될 기회를 얻었을 뿐만 아니라 자신의 모험을
독자들과 공유해서 '소사이어티의 활동을 장려'할 수 있는 기회를
맞았다. 그들이 많은 글과 사진을 기고해서 여러 해 동안 전문 기자
들보다도 『내셔널 지오그래픽』의 더 많은 페이지를 차지한 결과, 여
행 이야기가 잡지 전체의 중요한 부분이 되었다. 이 아마추어들 중
에는 필연적으로 일부 유명 인사들도 포함되었다. 길버트 그로스브
너는 무뚝뚝한 빅토리아 시대 인물 같아 보였을지 몰라도 이국적인
콘스탄티노플에서 태어나고 자랐기 때문에, 북극점 탐험으로 유명
한 로버트 E. 피어리(Robert E. Peary), 마추피추(Machu Picchu)를
발견한 것으로 유명한 하이램 빙엄(Hiram Bingham), 기이하게도
스스로를 괴롭히며 중국의 변방지역을 자주 들락거린 식물사냥꾼
조셉 락을 자기편으로 끌어들이는 방법을 알고 있었다. 이들은 그로
스브너의 지원에 감사해하며 전 세계에 그로스브너의 이름을 뿌렸
다. 남극에는 그로스브너 산이 있고 알래스카에는 그로스브너 호수
가 있으며 유타에는 그로스브너 아치가 있다. 그뿐만 아니라 여러
새, 물고기, 중국 약초, 화석에도 그로스브너의 이름이 붙었다.

1930년대에 『내셔널 지오그래픽』은 해외에서 광범위한 임무를
수행해온 경력이 대부분인 비(非)상주 사진작가 겸 필자단뿐만 아니

라 해외 편집 인원도 갖추었다. 이들을 이끈 단장은 사교적이며 개방적인 메이나드 오언 윌리엄스(Maynard Owen Williams)였다. 윌리엄스는 "우리의 임무는 모험이 아니라 우정을 구하는 것이다"라고 말했으며, 이것은 그도 한때 활동했던 선교사로서의 행복한 열정을 가지고 추구한 임무였다. 윌리엄스는 백여 편의 글을 거뜬히 발표하며 『내셔널 지오그래픽』 독자들에게 세계를 열어주었다. 윌리엄스가 특종을 잡은 지역은 보통 그리스부터 아프가니스탄, 극동까지 광범위한 국가들이었다. 윌리엄스는 투탕카멘 무덤을 본 최초의 기자들 중 한 명이었고, 불굴의 시트로엥-하르트 원정대(Citroen-Haardt Expedition)와 함께 지중해 해안에서 황해(Yellow Sea)까지 자동차로 아시아를 횡단했다.

그러나 『내셔널 지오그래픽』의 '전형'이라고 불린 인물은 윌리엄스의 동료 루이 마덴(Luis Marden)이었다. 박학다식한 마덴은 훌륭한 작가이자 뛰어난 사진작가였으며 학자이면서 동시에 활동가였다. 마덴이 유명한 바운티 호의 잔해를 조사하고 자세하게 쓴 글은 『내셔널 지오그래픽』에 실렸다. 그는 이 잔해를 1957년 1월에 발견했는데 그즈음에 소사이어티에 새 시대가 왔다. 혁신적인 편집자의 아들 멜빌 벨 그로스브너가 편집을 물려받아 텔레비전 다큐멘터리, 지구본, 시도책 등을 도입했고 이 잡지의 표지에 사진을 싣는 것을 포함한 다른 여러 가지 흥미로운 변화를 시도했다. 물론 표지 사진은 『내셔널 지오그래픽』의 오크와 월계수 테두리의 시대에 막을 내렸다. 그러나 이때까지도 이 잡지와 다양한 기고자들은 전복적인 만화가들이 웃음의 소재로 삼을 만한 인기 있는 대중문화를 만들었다.

이 책에 모은 글들은 『내셔널 지오그래픽』의 한 시대를 나타낼 뿐만 아니라 국민 관광시대가 도래하기 전 여행 황금기의 여명기를 나타낸다. 또 하루 중요한 날은 1957년 최초의 점보제트기 보잉 707기가 일관작업대에서 생산 완료되어 다음해 민간 운항을 기다리는 날이었다. 프로펠러 비행기는 승객 수십 명을 태울 수 있는 데 비해 점보제트기는 처음부터 170명까지 태울 수 있었으며 여행 시간을 반으로 단축할 수 있었다. 이삼 년이 지나자 어느 곳도 이전에 생각했던 것만큼 멀게 느껴지지 않았다.

따라서 제트기 시대 바로 이전의 시대가 현재의 지친 관광객들에게는 특별한 매력이 있다. 결국 그때는 열차나 원양여객선 같은 현대 교통수단이 있어서 어느 때보다도 쉽게 여행을 할 수 있었지만 교통수단이 그렇게 빠르거나 어디에서나 이용하여 거리를 무시할 수 있을 정도인 것은 아닌 시대였다. 정말 흥미로운 곳을 가는 데에는 시간이 걸렸으며 여정이 도착만큼 중요했다. 현대 제트기를 타면 홍콩에서 태평양과 북아메리카를 건너 런던까지 22시간밖에 안 걸리지만, 1930년대 팬암 프로펠러식 대형 여객기를 탄 승객은 샌프란시스코를 출발하여 며칠씩 걸려 바다를 건너 호놀룰루, 미드웨이, 웨이크 아일랜드, 괌, 마닐라 등을 경유한 후에 홍콩의 범선이 가득한 항구에 도착할 것이다. 홍콩에서 런던까지 배로 가면 몇 주가 걸렸다. 증기선은 싱가포르, 콜롬보, 봄베이, 수에즈에 들렀다 가기 때문에 승객들이 각 항구의 상황과 경치를 본 후에 옷을 차려입고 식사를 하러 나갈 수 있었다.

또한 그때는 전 세계가 세계화로 동질화되기 전의 시대였다. 사람들과 장소는 여전히 문화적으로 뚜렷한 차이점을 보였고, 서양에서 멀리 떨어진 곳일수록 더 많은 남녀가 아주 오랜 전통에 따라 살았다. 일부 외딴 지역에서는 많은 사람들이 외국인 혐오증을 나타냈고, 아프가니스탄, 티베트, 네팔은 중세 사회를 보호하기 위해 외국인에게 출입을 '금지'하거나 길을 폐쇄했다(이러한 장벽은 선택적으로 통과해 들어갈 수 있었다. 우리는 아라비아의 고립된 하드라마우트 지역의 숨 막히는 골짜기에 서양 탐험가들에 앞서 자동차가 들어간 것을 볼 것이다).

그럼에도 불구하고 이전 생활방식은 점차 사라지기 시작하여, 모험을 즐기는 여행자들은 그런 생활방식을 영원히 사라지기 전에 일부러 찾아냈다. 예를 들어 이 책에는 한때 사하라 사막을 건너고 실크로드를 걷던 낙타 대상(隊商)에 관한 이야기, 돛의 시대가 쇠퇴하던 때 커다란 가로돛배가 바다를 헤치고 나아가는 이야기, 현대화가 고대의 순례 형태를 바꾸기 전에 메카로 가는 순례 행렬 이야기 등이 나온다.

그러나 여행이 현재보다 더 흥미로웠지만 더 제한적이기도 했다면, 그것이야말로 집에 머물러 꿈을 꾸는 사람들이 『내셔널 지오그래픽』을 그렇게 욕심내서 읽은 이유였을 것이다. 오크와 월계수 표지 시대에, 내셔널 지오그래픽 소사이어티 회원 중 90퍼센트 이상은 미국에 거주했으며 이 중 대부분은 미국을 떠난 적이 없었다. 일반적인 여행담도 이국적으로 보였을 때, '바깥'이나 '먼 곳'이라고 불린 곳에 대한 글은 훨씬 더 이국적이었을 것이다. 식물사냥꾼 조셉 락은 베네치아 곤돌라 여행이나 옛 폴란드 관광 같은 주제를 이 잡지에 싣고 싶지 않았다. 락이 바깥세상을 여행하는 것은 전혀 달랐다. 소위 『내셔널 지오그래픽』 독자 세대가 가장 좋아한 이 인물을 존중하는 뜻에서, 이 책에는 곤돌라 여행이나 관광 여정은 담지 않았다. 그런 이유에서 이 책에는 우리에게 친숙한 북아메리카와 유럽의 풍경은 어느 것도 나오지 않는다.

이 책의 이야기들은 지나간 시대의 태도를 필연적으로 반영한다. 큰 사냥감을 쫓는 사냥은 그때까지도 대단한 모험이라고 널리 인식되고 있었지만, 아프리카 사파리의 황금시대에 쓴 펠릭스 셰이(Felix Shay)의 사자 사냥 이야기는 뜻밖에도 현대적으로 보인다. 제국의 세력이 약화된 시대에 산 우리 작가들은 비유럽인들을 내려다보고 있었던 것 같다. 그러나 금지된 단칼리(Dankali) 해안을 항해하는 이다 트리트(Ida Treat)의 훌륭한 이야기는 다르다. 아시아를 묘사하는 전형의 복합체를 '불가사의한 동양'이라고 받아들이는 태도를 뜻하는 '오리엔탈리즘'적인 편견을 찾는 독자들은 아마 예상하는 내용을 찾을 수 있을 것이다. 『내셔널 지오그래픽』은 그 시대를 반영하는 거울이었기 때문이다.

이 책은 또한 탐험 역사의 과도기를 반영한다. 1888년 저녁에 코스모스 클럽 난로 앞에 모였던 사람들은 제2차 발견의 시대라고 불리는 시대의 석양에 물들어 있었다(제1차 발견의 시대는 마젤란과 콜럼부스의 시기이다). 제2차 발견의 시대는 17세기 말부터 20세기 초까지 걸친 시기였으며 제임스 쿡과 세계지도를 완성한 다른 사람들의 여정을 포함했고, 남북극점 도달과 1953년 지구의 세번째 '극점'이라고 불리는 에베레스트 산 정복까지 이어지며 끝났다. 에베레스트 산 정복은 기계보다 사람에 더 의존한 탐험의 마지막 위업이었다. 그 오래전 밤에 내셔널 지오그래픽 소사이어티를 창설한 사람들 중에 해양학 선도자들과 미국 서부 탐험가들이 연합하여 간 두 차례의 실패한 북극 원정 중에 살아남은 사람들이 있었다. 그중 한 명인

이스라엘 러셀(Israel Russell)이 1890년 당시 북아메리카에서 가장 높은 봉우리라고 알려진 알래스카의 엘리어스 산을 등반한 시도가 내셔널 지오그래픽 소사이어티의 첫번째 현장 원정이었다. 러셀의 생생한 이야기는 이 책에 실린 글 중에서 가장 오래된 글이다.

제2차 발견의 시기에 훌륭한 탐험 박물학자들이 한창 활약했다. 이들 중에는 낭만적인 유형의 식물사냥꾼이 있었다. 20세기 초에 프랭크 킹돈워드(Frank Kingdon-Ward)와 조셉 킹은 역시 이 책에서 볼 수 있듯이 산적들과 군벌들과 지진을 피하며 아시아의 식물이 풍부한 레퓨지아(refugia, 다른 곳에서는 멸종한 종이 살아남아 있는 특수 지역/옮긴이)를 샅샅이 조사하여 여러 신종을 서양에서 재배하도록 도입했다. 이와 같은 시기에 자연사 원정대는 아프리카, 아시아, 남아메리카 전역을 뒤지며 옛날 방식으로 표본을 수집했다. 이들은 큰 코끼리든 작은 새든 총으로 쏘아 잡아서 박제 표본을 만들어 박물관에 전시하도록 했다. 열대 탐험가들이 자귀풀의 심으로 만든 차양 모자를 써서 햇빛을 가렸고, 퀴닌을 복용하여 말라리아를 치료했고, 끝없고 무한해 보인 정글로 들어갔던 시대였다.

남북극에 모두 도달했지만, 아직도 탐험할 신세계가 남아 있었다. 새로운 도구, 그중에서도 비행기 덕분에 새로운 가능성과 가망이 열렸다. 『내셔널 지오그래픽』은 비행과 함께 성장했으며 항공기 발전의 새로운 단계를 모두 기록했다. 예를 들어 이 책에 실린, 로스 스미스 경이나 앤 모로 린드버그가 쓴 열정적인 글을 찬찬히 잘 읽어본다면 누구나 당시 비행의 환희를 조금은 느낄 수 있을 것이다. 비행기는 정글, 사막, 산, 바다를 넘을 수 있었기 때문에 탐험가들은 아마존, 뉴기니, 남극 등 도달하는 데 오랫동안 시간이 많이 걸렸던 곳의 탐험 속도를 높일 수 있었다.

리처드 버드(Richard Byrd)가 최초로 북극점을 비행했든 아니든 (역사가들은 동의하지 않는다), 버드가 남극에서 거둔 업적은 의심의 여지없이 훌륭했다. 1929년 버드가 최초의 남극점 비행을 지휘했을 때, 그는 이전에 본 적이 없는 산들을 차례로 한 번에 본 이 지구상의 마지막 사람이 되었다. 버드가 얼어붙은 대륙을 대대적인 군대식으로 강습한 것은 제3의 발견 시대의 전주곡이 되었다. 제3의 발견 시대란 우주와 심해 같은 이질적인 세계에 첨단 기술로 돌격하는 시대를 말한다. 이 제3의 발견 시대는 보통 1957년부터 시작된 것으로 본다. 1957년은 국제지구물리관측년(International Geophysical Year)이 시작된 해로서, 이때부터 과학자 5천 명이 지구를 하나의 기능하는 시스템으로 연구하기 시작했으며, 소련은 세계 최초의 인공위성 스푸트니크 호를 발사했다.

윌리엄 비브(William Beebe)와 앨버트 스티븐스(Albert Stevens)와 자크 이브 쿠스토(Jacques-Yves Cousteau)는 바다와 하늘로 탐험 범위를 늘리는 데 선도적인 역할을 했다. 이들은 용기와 통찰력, 발랄한 개성이라는 측면에서 이전 시대의 탐험 영웅들과 똑같았다. 물론 쿠스토는 세계적으로 유명해졌고, 비브는 구형 잠수 장치로 심해 8백 미터 깊이까지 들어가는 기록을 세웠고, 스티븐스는 기구 익스플로러2를 타고 2만 2천 미터 위로 올라가 성층권까지 진입하는 기록을 세웠다. 이 세 사람 모두 각자의 쥘 베른 식의 성과를 멋지게 반영했다. 내셔널 지오그래픽 소사이어티는 이렇게 높은 곳까지 도달하며 깊은 곳까지 내려가고 지구 끝을 향하는 노력을 지지하면서 당시로서는 결정적인 탐험 업적을 공유했다.

이집트의 탐험가 아흐메드 하사네인(Ahmed Hassanein)에게는 사막에서 끓인 대상의 차가 강한 약이었다. 여행에 활력과 흥분감과 열망을 주는 이 차를 우리는 은유적으로 모험의 영약(靈藥)이라고 할 수 있으며 소화시킬 수 있는 남녀만 마실 수 있다고 할 수 있다. 이 책에 등장하는 모든 사람들은 이런 자극제를 맛만 보았든지 맛나게 먹었든지 간에 모두 복용했다. 이들이 결과로 내놓은 이야기는 불안과 위험, 타향에서의 외로움으로 가득하지만 유머와 기쁨과 매혹 역시 가득 차 있다. 대상의 차는 분명히 효능 있는 차다. 우리 중 몇몇은 편안한 안락의자에 앉아서 오크와 월계수로 테두리를 만든 모험담을 손에 들고 즐기는 '문명의 활기 없는 차' 쪽으로 마음이 기울지도 모른다.

소설가 조셉 콘래드(Joseph Conrad)가 알고 있었던 것처럼 어떤 컵을 선호하든지 두 부류의 차를 마시는 사람들 모두가 한 사회를 구성한다. 1924년 3월호 『내셔널 지오그래픽』에 발표된 마지막 에세이 「지리학과 탐험가들」에서 콘래드는 다음과 같이 썼다.

"모든 과학 중에서 지리학은 행동에서 기원을 찾는다. 또한 그 모험스러운 행동은, 교도소에서 수감자들이 자유의 모든 고난과 위험을 꿈꾸듯이, 앉아서 일하는 사람들에게 위험스러운 모험의 꿈을 꾸게 한다."

여러분이 안락의자를 찾든 낙타를 기다리는 줄을 찾든, 자귀풀의 심으로 만든 차양 모자를 잊지 말기 바란다.

—마크 젠킨스, 워싱턴 D. C., 2006년 2월

1부

야생이 숨 쉬는 아프리카

야만인과 야수

WILD MAN & WILD BEAST IN AFRICA

테오도어 루스벨트 (1858~1919)

군인, 저자, 사냥꾼이자 미국 대통령인 테오도어 루스벨트는 웬만한 사람들은 따라오지도 못할 만큼 격렬하게 인생을 살았다. 그러나 루스벨트는 백악관에서 8년을 보낸 후 육체적인 힘의 절정기는 지났다고 생각했다. 그는 오십을 바라보는 나이에 한쪽 눈은 거의 실명 상태였고 통풍(痛風)을 앓았으며 배는 튀어나와 나중에는 스와힐리어 별명인 브와나 툼보(bwana tumbo) 또는 '배 경(Sir Belly)'이라고 불렸다. 그래서 그는 사냥감이 풍부한 동아프리카 사바나로의 혹독하고 위험한 수렵 여행이 자신이 언제나 입버릇처럼 강조한 노력을 요하는 삶을 완성하는 일이라고 확신했다. 그러나 그는 그답게도 이 여행을 자연사 탐험으로도 계획하여, 워싱턴의 스미스소니언 협회에 기증할 표본을 채집할 준비 또한 했다.

1909년부터 1910년까지 진행된 이 수렵 여행은 지금까지도 동아프리카 최대의 수렵 여행으로 남아 있다. 박물학자, 박제사, 안내원, 짐꾼 등으로 이루어진 한 무리가 11개월 동안 케냐, 우간다, 수단의 덤불과 사바나를 뚫고 구불구불한 길을 나아갔다. 이들은 포유류, 조류, 파충류, 양서류, 어류, 곤충류, 연체류에 이르기까지 수천 종을 채집하여 워싱턴으로 운반했다. 한 일행이 아프리카에서 이렇게 많은 종을 채집해간 적은 없었다.

여행 중에 루스벨트는 원기왕성하게 활동했다. 그에겐 잠도 없는 듯했다. 사자나 코끼리를 잡는 데 혈기를 시험해보지 않을 때 그는 조류를 연구하거나 소년처럼 즐겁게 새의 위 속에 무엇이 있나 확인해보았다. 다른 사람들이 낮잠을 자는 휴식 시간 동안 루스벨트는 성경부터 셰익스피어, 마크 트웨인의 소설까지 이번 여행을 위해 특별히 가져온 60권의 책 중의 한 권을 읽었다. 저녁에 그는 코끼리 코로 끓인 수프, 오릭스의 혀, 타조의 간 등으로 저녁 식사를 하고 의자에 편히 기대 앉아 늘 열심히 밤늦게까지 이야기를 했다. 루스벨트의 안내원들은 엄격한 절대금주주의자인 전 대통령이 술을 금지했기 때문에 힘들었다고 토로했다.

루스벨트가 아프리카 덤불을 뚫고 가는 동안 언론과 대중이 그를 가까이에서 뒤따랐으며 루스벨트가 미국으로 돌아간 후 내셔널 지오그래픽 소사이어티의 후원으로 워싱턴에서 첫번째 대중 강연이 열렸다. 생생한 일화를 바탕으로 한 이 강연은 『내셔널 지오그래픽』 1911년 1월호에 실렸다. 다음이 『내셔널 지오그래픽』에 실린 루스벨트의 강연의 내용이다.

저는 우리가 아프리카에서 가져온 것보다 아프리카나 아시아에서 더 나은 표본을 실어 온 원정대는 없을 것이라고 장담할 수 있습니다. 우리가 채집한 표본들 중에는 특히 대형동물의 표본이 훌륭합니다. 예컨대 흰코뿔소, 그물무늬기린, 큰일런드영양, 봉고, 북부세이블영양, 리치위영양, 본스콥의 가죽과 골격들은 유럽 어느 박물관의 전시물 전체와도 비교할 수 없을 정도입니다. 우리는 포유류, 조

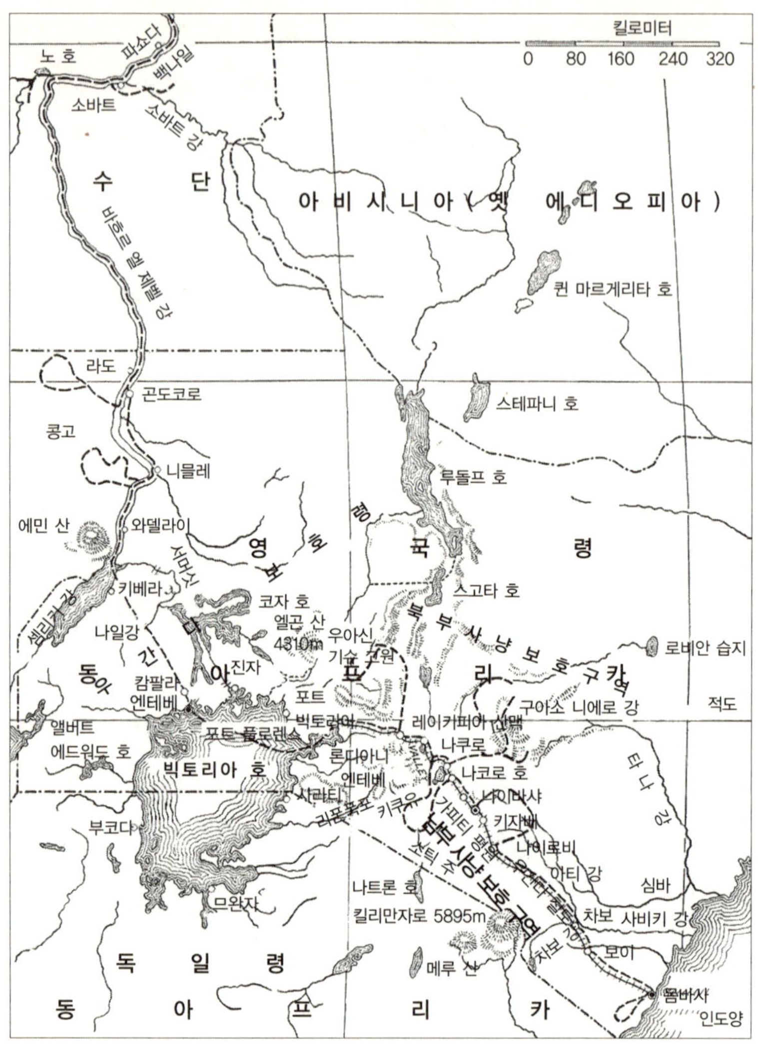

아프리카 최대의 사냥 행렬인 테오도어 루즈벨트의 사파리 행렬이 케냐와 우간다를 지나 수단으로 구불구불한 길을 나아가던 1910년 영국령 동아프리카.

류, 파충류, 어류 등 총 1만 4천 점의 표본을 가져왔습니다.

다시 말하지만 저와 함께 간 동료들이 이 원정대에서 한 역할은 아무리 강조해도 지나치지 않습니다. 우리 원정대의 가장 큰 성과는 제가 총으로 동물들을 쏘아 잡은 것이 아니라 함께 간 박물학자들이 월코트 씨의 지휘 아래 이 동물들의 표본을 보존하고 채집한 것입니다. 야생에 나가서 코끼리나 흰코뿔소, 그물무늬기린이나 큰일런드 영양을 잡는 것은 별로 어려운 일이 아닙니다. 그러나 이 동물들의 사진을 잘 찍는 것은 매우 어려운 일이며 많은 표본의 가죽과 두개골을 보존처리해서 운반하는 것은 더욱 어려운 일입니다. 우리는 이 여행에서 가죽을 절여서 보존하는 데 소금을 10톤이나 썼으며(매번 현지 짐꾼들이 소금을 옮겨주었습니다) 사냥한 코끼리 한 마리의 두개골을 운반하는 데 장정 스무 명을 동원했습니다. 우리가 얼마나 많은 일을 했는지 아실 수 있을 겁니다.

저는 어느 날 저녁 암사자를 잡았을 때의 기억을 영원히 잊지 못할 겁니다. 저와 함께 간 짐꾼들은 언제나 그렇듯이 사자를 잡는 것에 아주 기뻐했습니다. 왜냐하면 사자들은 사람을 종종 잡아먹으며 많은 원주민들이 사자에게 희생되었기 때문입니다. 원주민들은 보복하고 싶은 마음에 사자들이 죽는 모습을 보는 것을 좋아합니다. 저는 이 암사자를 저녁 늦게 잡았습니다. 짐꾼들은 이 암사자를 통째로 천막까지 운반해도 되냐고 허락을 구했습니다. 저는 속으로는 그렇게 할 수 없을 것이라 생각했지만 해보라고 허락했습니다. 그들은 암사자를 교대해가며 운반하기 시작했습니다. 암사자는 굉장히 무거운 짐입니다. 얼마 후 이들은 생각보다 암사자가 무겁다는 것을 깨달았습니다. 우리는 천막에서 16킬로미터 떨어진 곳에 있었는데 어두워지기 시작했는데도 1.6킬로미터밖에 가지 못했습니다. 밤에 아프리카의 평원을 지나는 것은 흥미로운 경험입니다. 모든 야생동물이 보금자리를 나와 평원을 돌아다닙니다. 문제의 상황에서 우리 옆을 사자 한 마리가 30분 동안 어슬렁거렸습니다. 저는 그 사자가 우리가 무엇을 하고 있는지 잘 알지 못했다고 생각합니다. 그 사자는 죽은 암사자의 냄새를 맡을 수 있었을 것이고 우리 냄새도 맡았을 것입니다. 그러나 실제 무슨 일이 일어났는지 그 사자는 알지 못한 것 같습니다. 그래서 그 사자는 끙끙대기도 하고 하품도 하며 우리와 3킬로미터 정도를 함께 걸었습니다. 물론 우리는 그 사자를 조심스럽게 지켜봐야 했습니다. 저와 다른 백인 동료는 제가 앞에 서고 그가 뒤에 서거나, 아니면 그 반대로 하면서 짐꾼들을 가까이 붙어서 가게 했습니다. 사자가 여행자들을 공격할 때는 뒤쳐진 사람을 잡을 가능성이 높기 때문입니다. 여전히 사자가 우리 한쪽 옆에서 걷는 동안 갑자기 다른 한 쪽에 증기를 뿜는 증기 엔진 같은 거센 콧바람이 보였습니다. 코뿔소 두 마리가 그쪽에서 나타났습니다.

코뿔소는 머리가 나쁘다는 단점과 용기가 넘친다는 장점이 있습니다. 그래서 코뿔소를 다루다보면 분통이 터집니다. 코뿔소는 우리가 자신을 해칠 수 있다고 생각하지는 못하는 반면 우리를 해치고 싶어 하는 나쁜 기질이 있기 때문에, 죽이는 것 말고는 다른 방법이 없을 때가 많습니다. 물론 우리는 우리에게 필요한 것이 아니면 어떤 동물도 죽이고 싶지 않았지만 우리 목숨을 잃는 것은 더욱 원치 않았습니다. 달도 뜨지 않은 칠흑같이 어두운 밤에 별빛만 빛났습니다. 우리는 이 코뿔소의 콧김 소리를 듣고, 앞으로 달려가 무릎을 꿇거나 땅에 엎드려서 지평선의 코뿔소 모습을 포착했고, 만약 더 가까이 다가온다면 총을 쏠 준비를 했습니다. 저는 한두 명이 죽는 일이 생기더라도 뿔뿔이 흩어지지 말라고 짐꾼들을 부드러운 말로 단속했습니다. 마침내 우리는 사자와 코뿔소를 모두 남겨두고 우리 캠프에서 4킬로미터 떨어진 마사이족의 가축우리에 도착했습니다. 암사자를 운반하던 짐꾼들은 너무 지쳤고 그래서 저는 여기에 머물러 암사자의 가죽을 벗기는 것이 최선이라고 생각했습니다. 그래서 우리는 가축우리 안의 사람을 불러서 우리가 안으로 들어가 암사자의 가죽을 벗기도록 해달라고 요청했습니다. 가축우리는 큰 울타리로 둘러싸여 있으며 가장자리에 오두막이 놓여 있습니다. 밤에는 소를 이 가축우리 중앙에 둡니다. 마사이족 주민은 소들이 암사자 냄새를 맡고 겁에 질려 달아날 것이기 때문에 안 된다고 대답했습니다. 제 생각엔 그들이 우리를 좀 의심스러워 한 것 같습니다. 우리 동료 한 명이 소총을 건네어 우리가 수상한 사람이 아니라고 증명하려고 했지만 그들은 여전히 안 되겠다고 말했습니다. 그들은 그런 것을 원하지 않았습니다. 그들은 우리에게 횃불을 건넸고 우리는 불을 지폈습니다. 결국 그들은 우리가 온순한 사람들이라는 걸 믿게 되었으며 우리가 암사자의 가죽을 벗기는 것을 보러 나왔습니다. 짐꾼들은 활활 타오르는 불 앞에 쭈그리고 앉았고 총을 가진 사람들은 암사자의 가죽을 벗기기 시작했습니다. 저는 함께 온 오스트레일리아인 탈톤과 함께 뒤에 서서 말고삐를 잡고 있었습니다. 마사이족 전사들과 여자들은 나와서 짐꾼 주위에 둥그렇게 모여서 함께 시시덕거리며 놀았지요……

세계에서 영국령 동아프리카의 작은 수도 나이로비로 가는 열차여행만큼 가치 있는 열차여행이 또 있을까요. 영국 정부는 이 나라의 일부를 사냥 금지 구역으로 정했습니다. 기차여행은 해안에서 시작됐으며, 몸바사에서 정중하게 저를 만나러 온 잭슨 총독과 위대한 영국 사냥꾼 셀로스 그리고 저는 기관차의 소막(선로에 누워 있는 소를 다치지 않기 위해 기관차 앞머리에 달아둔 장치/옮긴이)에서 시간을 보냈습니다. 마치 아담과 이브가 없는 에덴의 정원을 지나는 것 같았습니다. 우리는 한 곳에서 기린 여섯 마리 내지 여덟 마리가 갑자기 특유의 흔들거리는 걸음걸이로 달아나는 것을 보았고 화사한 색의 사슴영양 한 무리도 발견했습니다. 사슴영양들은 열차에는 전혀 신경 쓰지 않더군요. 열차가 커브를 돌 때 기관사는 경적을 세게 울려 얼룩말들을 선로에서 쫓아내려 했습니다. 얼룩말 무리의 맨 뒤에 있는 녀석은 발로 차고 뛰어 오르며 40여 미터를 가서는 다시 열차를 뒤돌아보더군요. 그리고 우리는 코뿔소 한 마리가 한쪽에 떨어져 오는 것도 보았습니다. 이것 말고도 동물들은 끊임없이 나타났습니다.

나이로비에는 오륙천 명의 주민이 거주하고 있습니다. 제가 보기에 나이로비는 작지만 아주 매력적인 마을입니다. 마을 주민들은 듬성듬성 흩어져 살고 있으며 마을 어귀에는 야생동물이 나타납니다. 친구인 맥밀란 씨가 마을에 있는 동안 쓰라고 자기 집을 빌려주었는데 어느 날 밤에 표범 한 마리가 개 뒤를 따라 현관까지 들어오더군요. 또 한번은 현지의 지역 감독관이 양복을 입고 당연히도 무장을 하지 않은 채 저녁을 먹으러 자전거로 나가다가 하마터면 사자 한 마리를 칠 뻔했습니다. 다행히도 이 사자는 아주 겁에 질려서 도망갔지요. 저는 이틀 연속 숙소에서 만찬을 열었습니다. 만찬 때는 워싱턴이나 런던 같은 다른 어느 곳과 마찬가지로 여성들은 아름답고 부드러운 드레스를 입었고 남성들은 문명 세계에서 보통 입는 연미복을 입었습니다. 집들은 보통 400미터씩 떨어져 있습니다. 며칠 전에는 한 젊은 여성이 초저녁에 '배심원 재판(Trial by Jury)' 예행연

습에 참석하려 자전거를 타고 다른 집으로 가던 도중 얼룩말 떼에
밀려 넘어져 중상을 입고는 예행연습을 포기했다더군요……

　제가 가장 흥미로워 하는 야생동물은 대부분의 사냥꾼들과 마찬
가지로 코끼리와 사자입니다. 동아프리카에서 코끼리를 보호하기
위한 노력이 실제로 성공을 거두고 있습니다. 수컷의 경우 엄니가
어느 정도까지 자란 것만 사냥을 할 수 있으며 암컷과 새끼를 사냥
하는 것은 아예 허용되지 않습니다. 그 결과 물론 코끼리 숫자가 감
소하긴 했지만 이제 아프리카 중동부의 여러 곳에서는 코끼리 수가
일정하게 유지되고 있다고 저는 생각합니다. 코끼리는 언제나 흥미
롭습니다. 코끼리들은 조심스럽게 관찰해야 하기 때문에 서식지에
서 코끼리를 연구하는 일은 아주 흥미진진합니다. 코끼리가 우리를
발견하면 위험해질 수도 있습니다. 저는 코끼리가 물소만큼 위험하
다고는 생각하지 않으며 사자보다는 훨씬 덜 위험하다고 생각합니
다. 그러나 어떤 코끼리들은 성질이 거칠어서 사람들을 여럿 죽입니
다. 다가가서 잠시 관찰하면, 코끼리들이 끊임없이 움직인다는 점을
알 수 있습니다. 저는 단 한 번도 코끼리가 완벽하게 정지한 모습을
본 적이 없습니다. 코끼리는 한 쪽 귀를 펄럭이다가 갑자기 코를 말
아 올려서 냄새 맡을 것이 있나 보고 나서는 다른 발을 내딛어 이동
할 겁니다. 코끼리는 한시도 가만히 있는 것 같지 않습니다. 우리가
라도(Lado)에서 야영하며 흰코뿔소를 사냥했을 때 주변에 코끼리가
많았습니다. 우리는 코끼리는 이미 충분히 잡았기 때문에 이들을 괴
롭히려고 하지 않았습니다. 한번은 우리가 천막에서 2.4킬로미터 정
도 걸어갔을 때 하얀 쇠해오라기 200마리와 함께 가고 코끼리 오륙
십 마리를 만났습니다. 우리가 처음 이 코끼리들을 보았을 때 이 코

테오도어 루즈벨트가 거대한 동물의 시체 옆에 서는 전형적인 포즈를 취하고 있다. 이 코끼리 수컷은 과학 연구용으로 희생되었다. 루즈벨트의 수렵 여행 역시 자연사 원정대로서 스미스소니언 협회를 위해 표본을 채집했다.

끼리들은 긴 풀이 불에 타 없어진 너른 평지에 있었습니다. 코끼리들이 짧은 풀 사이를 걸어 갈 때 쇠해오라기들은 그 옆에서 종종거리며 메뚜기를 잡았습니다. 긴 풀이 있는 곳에 가자 쇠해오라기들은 모두 날아올라 코끼리의 등에 내려앉았으며 작은 새끼 코끼리의 분홍색 등 위에도 두 마리가 탔습니다. 코로 새들을 쫓아내지 않는 것을 보면 코끼리들은 이 새들을 신경 쓰지 않는 것 같습니다. 우리가 너무 가까이만 가지 않으면 코끼리들은 우리에게도 무관심했습니다. 우리가 코끼리를 지켜보는 동안 먼즈 박사가 야영지 주위에서 새들을 총으로 쏘았지만, 코끼리들은 이 소리에도 아랑곳하지 않더군요. 코끼리들이 근처에 이틀간 머물러서 우리는 원하는 대로 코끼리를 가까이에서 관찰할 수 있었습니다. 우리는 단 한 마리의 코끼리도 다치게 하고 싶지 않았습니다. 코끼리 암컷은 코끼리 새끼를 위협한다고 생각하면 그 사람을 공격하곤 하기 때문에 우리는 너무 가까이 가지 않도록 주의해야 했습니다.

코끼리는 사냥감 중에 가장 지능이 높은 동물입니다. 코뿔소는 지능이 높지 않기 때문에 코끼리만큼 흥미롭지 않았습니다. 코뿔소 사냥을 마치고 난 후에는 어떻게 코뿔소를 피하면서 우리가 원하는 다른 동물들을 잡을지가 큰 문제였습니다. 우리가 얼마나 빨리 코뿔소를 골치 아픈 존재로 당연스레 받아들이게 되었는지 생각하면 참 신기합니다. 문명사회에서 어떤 사람에게 코뿔소를 쫓아내달라고 정중히 부탁한다면 그 사람은 황당한 얼굴로 쳐다보겠죠. 그러나 아프리카에서는 그것이 당연한 일이었습니다. 근처에 있는 코뿔소는 어리석기 때문이든 공포나 분노 때문이든 언제든지 공격할 수 있습니다. 문제는 코뿔소가 공격할지 하지 않을지 우리가 알 수 없다는 점이지요. 코뿔소가 25미터 정도까지 접근했다가 방향을 바꾸어 가버리는 경우도 가끔 있습니다. 그러니 독심술사가 아닌 이상 어떤 코뿔소가 공격하려 하는지 아닌지를 알 수가 없지요. 우리의 수렵 여행을 준비한 커닝햄은 우리 대열에 너무 가까이 있는 코뿔소를 쫓아내기 위해 저를 보내곤 했습니다. 저는 아주 조심스럽게 임무를 수행했습니다. 커닝햄과 제가 구아소 나이로(Guaso Nairo)에서 물소를 사냥하고 있을 때였습니다. 우리는 물소 한 무리를 추적하고 있었는데 갑자기 커닝햄이 멈춰 서더니 실망한 기색으로 돌아보며 말했습니다. "아— 루스벨트 씨. 저 코뿔소 좀 보십시오." 저도 대답했지요. "네, 녀석 좀 보세요." 그는 계속 말을 이었습니다.

"저는 이 물소의 흔적을 잃어버리고 싶지 않습니다. 가서 코뿔소를 쫓아내주시겠습니까? 물소를 놀래키면 안 되니까 큰 소리를 내지는 말아주세요."

그래서 저는 근처를 어슬렁거리며 물소는 그대로 두면서 코뿔소를 쫓아내려면 소리를 어느 정도나 내야 할지 생각했습니다. 저는 적절하게 소리를 낼 수 있었습니다. 코뿔소는 잠시 주저하다가 귀와 꼬리를 올리고 지그재그를 그리며 빠른 걸음으로 달아나 우리가 지나가도 안전할 정도까지 갔습니다. 우리는 반 마일 정도 앞에서 물소를 발견하고 몰래 다가가기 시작했습니다. 우리 뒤에서 영혼이 울부짖는 것 같은 울음소리가 들렸을 때 추적은 끝이 났고 물소는 멀리 사라졌습니다. 우리는 돌아가서 우리가 코뿔소를 쫓아내기 위해 멈추었을 때 짐꾼 한 명이 칼을 잃어버렸으며 우리가 물소에게 몰래 다가가는 동안 그 짐꾼과 다른 짐꾼 두 명은 칼을 찾으러 돌아갔다는 걸 알게 되었습니다. 그때 코뿔소가 돌아온 것이죠. 그 코뿔소는 자신의 위엄을 우리가 해쳤다고 생각해서인지 짐꾼들에게 돌진해서 짐꾼 한 명을 내던졌던 것입니다. 그래서 우리는 당분간 물소를 포기하고 돌아가 부상당한 짐꾼을 치료해야 했습니다.

우리가 아프리카에서 본 가장 흥미로운 것은, 우리가 소총으로 한 어떤 것과도 비교하지 못할 놀라운 위업이었습니다…… 그것은 제가 알고 있는 사냥 중에서 정말 가장 주목할 만한 묘기였습니다.

우리는 난디족 창병들이 사자를 창으로 찔러 죽이는 것을 직접 보았습니다. 이 이야기로 이 강연을 마치고자 합니다. 난디족은 마사이족의 북쪽 일족으로 키가 크고 근육이 발달한, 신체적으로 훌륭한 부족입니다. 난디족 전사들은 수소 가죽 방패와 2미터가 훨씬 넘는 길고 아주 무거운 창을 사용합니다. 이 창의 앞부분에는 유연한 철로 된 긴 날이 달려 있으며 늘 날카롭게 다듬어져 있습니다. 뒷부분의 철 끝에는 긴 못이 박혀 있으며 손으로 잡을 수 있을 정도의 남은 부위만 나무로 만들어졌습니다. 난디족들은 창으로 사자를 어떻게 죽이는지 제게 보여주려고 왔습니다.

우리 중 몇 명은 이들과 함께 말을 타고 사자를 잡으러 갔습니다. 말에 탄 사람 여섯 명과 수소 가죽 방패와 창을 든 벌거벗은 건장한 야만인 삼사십 명이 함께 서너 시간은 계속 갔습니다. 이윽고 우리는 멋진 갈기를 가진 사자 한 마리를 성나게 만들고 나서 이삼 킬로미터를 달린 후에 덤불 아래에서 이 사자를 둘러쌌습니다. 그러자 난디족 창병들이 서둘러 다가갔습니다. 제가 본 어떤 장면보다 멋진 장면이 펼쳐졌습니다. 달려온 첫번째 창병은 사자의 55미터 앞에서 멈췄습니다(우리는 소총을 들고 사자가 이 첫번째 창병을 공격하지 않나 지켜보았죠). 그러더니 이 사람은 사자 앞에 수소 가죽 방패를 들고 무릎을 꿇어앉고 방패 너머로 사자를 보았습니다. 그리고 한 사람 한 사람 다가와 사자 주위로 원을 그리며 모두 무릎을 꿇었습니다. 사자는 덤불 아래에 서 있었습니다. 이들이 사자에게 다가가자 사자는 점점 더 화가 나 포효하면서 이쪽저쪽을 노려보면서 꼬리를 격렬하게 흔들었습니다. 창을 든 이들이 열성적인 얼굴로 원형을 이루고, 사람을 잡아먹는 무시무시한 야수가 중앙에서 점점 더 화를 내는 모습은 정말 굉장했습니다. 원형이 완성되자마지 창병들은 일제히 일어서서 사자에게 가까이 가기 시작했습니다. 그러자 사자는 원형의 가장 약한 부분에 바로 달려들었습니다! 맨 앞 사람이 이에 반격했습니다. 청동 동상 같은 근육이 불끈불끈 움직였으며 대여섯 명이 함께 맞서 싸웠습니다. 사방의 가장 가까운 곳에서 두세 명씩 나와 사자가 바로 앞 사람을 공격할 때 사자를 잡으려고 시도했습니다. 사자가 2미터 앞에 왔을 때 맨 앞 사람이 창을 던졌습니다! 그는 팔을 뒤로 젖히지 않고 손목을 이용해 창의 무게에 의지해서 던졌습니다.

사자가 앞으로 움직이자 창은 사자의 왼쪽 어깨에 꽂혀 대각선으로 오른쪽 엉덩이 앞까지 관통했습니다. 뒷발로 일어서는 말처럼 이 사자는 뒷발로 서서 방패를 누르며 창을 던진 사람을 발톱과 이빨로 갈기갈기 찢으려 했습니다. 이와 동시에 다른 사람이 한쪽에서 일어나 창을 던졌습니다. 창의 앞부분이 햇빛 속에서 하얀 불처럼 빛났습니다. 이 창은 사자의 그쪽 편에 가로질러 꽂혔습니다. 사자는 창을 던진 사람한테 몸을 돌렸지만 물 수는 없고 발톱으로 긁기만 했을 뿐입니다. 또 다른 창이 사자 몸에 다시 꽂히자 시지는 쓰러졌습니다. 사자는 입속에 들어간 창을 물어 편자처럼 휘어뜨렸습니다. 다음 순간 창병들이 사자를 공격하고 나서 사자 사냥은 끝이 났습니다. 고작 10초 만에 끝났지만, 누구라도 보고 싶은 10초일 정도로 멋진 광경이었습니다.

루스벨트는 9년간의 여생 동안 대통령직에 다시 한번 도전했으며 브라질의 의심의 강(River of Doubt)으로 고난의 여행을 강행했다. 그러나 그는 늘 아프리카 모험을 떠올릴 때면 신이 나서 떠들었다. 그는 그보다 가치 있는 여행을 한 적이 없었다고 열정적으로 말했다. 루스벨트의 친구 칼 애클리의 다음과 같은 말이 맞을 것이다. "아프리카 여행에 그렇게 몰두할 수 있는 사람이 별로 없기 때문에, 아프리카 여행에서 그렇게 많은 것을 얻은 사람도 별로 없을 것이다."

아프리카 적도 지방의 코끼리 사냥

ELEPHANT HUNTING IN EQUATORIAL AFRICA

칼 애클리 (1864~1926)

칼 애클리 같은 사람은 웬만해선 겁에 질리지 않는다. 그는 늘 파이프를 입에 물고 조용하게 있었지만 재미있는 이야기를 할 때면 싱글싱글 웃었다. 그는 맨손으로 표범을 잡다가 상처를 입은 유명한 대형동물 사냥꾼이었다. 애클리는 박물관 박제사였으며 최초로 자연 환경을 묘사한 축소 세트에 동물들을 현실감 있게 배치해 유명해졌다. 또 그는 뛰어난 동물 조각가이자 훌륭한 야생 사진작가로서 자신만의 영화 카메라를 발명하기도 했다.

그러나 애클리는 1910년부터 1911년까지 동아프리카에서 힘겨운 수렵 여행을 하는 동안 끊임없이 공포를 느꼈나. 애클리는 뉴욕의 미국 지연시박물관에 전시용으로 사용할 코끼리를 사냥하기 위해 부인 델리아와 함께 여행을 갔다. 코끼리는 매혹적이지만 사진 찍히는 것을 싫어해서 코끼리 가까이 가는 것은 극히 위험했다. 매일 무시무시한 코끼리가 주위 덤불 속을 걸어 다녔기 때문에 이 부부는 신경이 과민해져서 수차례 쓰러질 뻔했다. 위기일발의 순간들이 이어지다가 결국 이 글의 사건들이 일어나기 두 달 전에 애클리는 케냐 산의 경사면에서 코끼리 수컷 때문에 크게 다쳤다. 갈비뼈가 부러지고 폐에 구멍이 나고 머릿가죽이 거의 벗겨져 나갈 뻔했고 뺨의 살이 찢어져 이까지 드러날 판이었지만 애클리는 살아남았다. 애클리는 다시 현장으로 돌아가 임무를 완수했지만, 애클리가 계속 코끼리에게 몰래 다가간 것을 보여주는 다음 글에서 그가 웃음으로 무마하려 했어도 마음속 깊은 곳에서는 공포를 숨기고 있었다는 사실을 엿볼 수 있다.

현재 칼 애클리는 비룽가 산맥(Virunga Mountains)의 미케노 산(Mount Mikeno)과 카리시미 산(Mount Karisimi) 사이의 산등성이에 묻혀 있다. 그곳은 애클리가 최초로 고릴라를 체계적으로 연구하다가 1926년에 질병으로 사망한 곳이다. 미국 자연사박물관에서 많은 관람객들의 인기를 모으고 있는 아프리카 포유류 애클리 관은 지금껏 남아 있는 애클리의 유산이다. 애클리 관의 중심에는 애클리와 델리아가 1910년부터 1911년까지의 힘들었던 여행에서 얻은 멋진 코끼리 무리의 표본이 있다.

우간다에서 코끼리를 찾아 하루를 허비하고 낙담해 있던 어느 날 저녁, 우리는 문득 동쪽 멀리에서 코끼리의 울음소리를 들었다. 코끼리의 뿌우우 하는 나팔 같은 소리가 점점 빈번하고 뚜렷하게 들렸고, 한 시간 후에 우리는 코끼리 떼가 우리 쪽으로 천천히 오고 있다는 사실을 깨달았다. 11시에 이 코끼리 떼는 우리 쪽 세 방향으로 야영지에서 180미터 떨어진 곳까지 왔다. 코끼리는 나무를 넘어뜨리고 뿌우우 하고 나팔 같은 소리를 내며 먹이를 두고 싸우다가 마침내 이전에는 한 번도 듣지 못한 큰 소리까지 냈다.

우리는 우리가 야영하고 있던 질경이 숲을 갑자기 코끼리가 급습할까봐 두려워서 불을 여러 곳에다 계속 피웠다. 그리고 새벽에 나는 그날의 사냥을 떠났다. 코끼리 떼는 야영지에서 40분이면 가는 숲 쪽으로 이동했다. 실제로 코끼리 여러 마리가 숲으로 들어갔다. 우리는 3킬로미터쯤 태풍이 강타한 것 같은 파괴 현장을 지나갔다. 이곳저곳에 띄엄띄엄 남은 '섬'을 제외하고는 2미터가 넘는 풀이 납작하게 짓밟혔다. 띄엄띄엄 남은 나무의 절반은 뒤틀려 있었고 나무 껍질이 벗겨지고 나뭇가지와 잎도 모두 떨어져 있었다.

우리는 코끼리들이 새벽녘에 작은 무리를 지어 한 줄로 걸어간 흔적을 제외하면 풀이 그대로 남아 있는 숲에 몇백 미터 정도 다가 섰다. 우리는 나무가 우거진 작은 협곡을 건너려다가 멈춰서 상황을 파악하는 것이 현명하겠다고 생각했다. 바위 더미 위에서 보니까 소 한 마리가 불과 20미터밖에 떨어지지 않은 곳에서 풀을 뜯고 있었고 다른 소들도 우리와 숲 사이의 긴 풀이 자라는 풀밭에 있었다.

왼쪽에 바위들이 덮인 고지로 올라가는 길이 90미터쯤 나 있었 다. 그곳으로 올라가 20미터 높이에서 본 아프리카의 모습은 나에게 영원토록 남을 강렬한 인상을 남겼다.

그곳에는 바람이 전혀 불지 않았으며 아침 햇살에 반짝이는 숲은 동쪽과 서쪽으로 북쪽으로 경사면을 따라 몇 킬로미터까지 뻗어 있 었다. 우리가 있는 곳과 숲 가장자리 사이에 270미터 정도 긴 풀이 자란 초원이 펼쳐져 있었고, 여기서기에서 코끼리들이 혼자서니 여 럿이서 먹이를 먹으며 빈둥거렸다. 울창한 숲의 어두운 그림자가 초 원을 덮고 있었다.

내가 얼마 전에 건넌 협곡에서 코끼리 25마리 내지 30마리가 걸 어 나왔다. 그들은 웅덩이에서 물을 마시고 목욕을 했으며 물과 진 흙을 새로 발라 몸이 반짝거렸다. 보통 코끼리 떼들이 그렇듯이 이 코끼리 떼도 작은 무리로 갈라져 숲으로 들어갔고 이제 마지막 무리가 나무들 속으로 사라졌다. 나는 순간 주변 환경에 한층 더 감탄했다. 사방에서 코끼리 떼의 소리가 울려 퍼졌다. 이 코끼리들은 얽혀 있는 식물을 지나며 나무를 짓밟으면서 숲의 규칙과는 전혀 상관없이 서로 싸우고 놀고 먹이를 찾았다.

협곡 바닥에 있는 작은 개울이 숲으로 들어가는 곳에서 검은색과 흰색이 섞인 콜로부스원숭이들은 나무들 사이를 뛰어다니며 코끼리들에게 욕설을 퍼부었다. 이 숲속 더 깊은 곳의 나무 꼭대기에서는 침팬지 두세 무리가 다른 무리나 아니면 다른 모든 것들에 소리를 질렀고, 비비원숭이는 울부짖었으며, 고뿔새들은 시끄럽고 귀에 거슬리는 울음소리로 다른 모든 소리를 압도하려고 최선을 다했다.

갑자기 우리 바로 앞의 숲 가장자리에 있던 코끼리 암컷이 특유의 날카로운 경고 울음 신호를 냈다. 코끼리들뿐만 아니라 숲의 다른 모든 동물들이 긴장하면서 침묵이 온 숲을 덮었다. 좀 전의 소음도 섬뜩했지만 고요한 이 분위기가 더 섬뜩했다. 그리고 산들바람에 잎이 흔들려 바스락거리는 듯한 작은 소리가 들렸다. 이 소리는 점점 커지더니 나중에는 숲속에서 강한 폭풍이 이는 듯했다.

나는 어디에서 그 소리가 오는지 둘러보았다. 쌍안경으로 숲 여기저기를 보았지만 나뭇잎이 움직이는 것은 보이지 않았다. 그때 나는 이 소리가 코끼리가 움직일 때 나는 소리라는 사실을 깨닫고 위험으로부터 서둘러 빠져나왔다. 이 소리는 코끼리들이 마른 잎이 깔린 땅 위에서 발을 끌고 덤불의 마른 잎에 옆구리를 문지르는 소리였다. 어찌 보면 이 소리는 엄청나게 큰 소음이나 뒤이은 죽음처럼 조용한 고요보다도 훨씬 더 인상적이었다.

이 나이든 코끼리 암컷은 사람이 더럽힌 공기를 감지하고 경고 신호를 보냈으며 모든 동물들이 이 코끼리의 경고를 따랐다. 얼마 후에 이 바스락거리는 소리는 잦아들었고, 원숭이와 새들은 평소 상태로 돌아갔다. 코끼리들은 분명 멀리 가지 않고 자리를 잡은 듯했다. 그러나 그날은 아주 가끔씩만 벌을 받는 새끼의 울음소리나 나무를 부러뜨리는 소리가 들렸다.

나는 총을 든 사람들과 함께 숲속에 들어갔다. 발자국들은 사방으로 교차해 있어서 어떤 거리의 특정 발자국을 따라가기가 불가능했다. 코끼리 열두 마리 정도는 우리가 들어 온 냄새를 맡고 혼란 속에 우리 근처를 지나갔지만 덤불이 워낙 복잡하게 얽혀 있어서 나는 그 코끼리들을 얼핏 볼 수 있었을 뿐이다. 숲으로 1.6킬로미터를 가니 불규칙한 공터가 나왔다. 이 공터는 180미터에서 450미터까지 뻗어 있으며 숲의 '반도'로 거의 양분되었다.

이 반도의 맨 아래 쪽에서 상당수의 코끼리를 발견했을 때 나는 어린 코끼리 수컷 한 마리와 부딪칠 뻔했다. 이 코끼리 떼 전체는 반도의 맨 끝을 향해 가기 시작했고 나는 바깥 가장자리를 돌며 코끼리들을 피했다. 대장 코끼리가 맨 끝에서 나타났을 때 이 코끼리 떼는 우리를 보았거나 바람에 섞인 우리의 의심스러운 냄새를 맡고 돌아갔다. 나는 그 숲으로 가서 코끼리들을 세대로 보려고 했다. 나는 곧 아주 어린 새끼를 염려하는 코끼리 암컷과 마주쳤다. 이 암컷은 몸을 휙 돌려 경계를 늦추지 않으면서 나를 위협했다.

다행히도 이때 우리는 작은 나무들의 덤불 뒤에 반쯤 가려져 있었으며 움직이지 않고 가만히 있었기 때문에 이 코끼리 암컷도 곧 불안을 떨치고 다시 돌아서 새끼를 코로 밀어주며 코끼리 떼를 따라

갔다. 코끼리 떼는 반대편의 공터를 향해 이동하고 있었다.

내가 서둘러 끝 쪽으로 갔을 때 이 코끼리 떼는 공터에 밀집해서 보이지 않는 적의 존재를 의식하고 있었다. 코끼리 약 25마리가 있었으며 대부분 암컷이었다. 이 무리에는 큰 수컷은 없다고 생각하며 내가 좀더 안전한 곳으로 물러섰을 때, 멋진 엄니 한 쌍이 근처에서 나타났다. 덤불 수풀 덕분에 가까이 접근하는 내 모습이 가려져 나는 신속하게 이 코끼리의 18미터 앞까지 갔고, 녀석이 앞다리를 내딛었을 때 나는 녀석의 심장을 쏠 절호의 기회를 잡았다. 나는 재빨리 복식 라이플 총 양쪽 포신을 모두 발사했다.

완전히 아수라장이 된 상황에서 나는 두번째 소총을 들고 녀석이 바로 달려들지 않는다는 것을 확인한 후에 50미터 정도 뒤의 개미탑 위로 물러나서 무슨 일이 일어나는지 볼 수 있었다. 내가 이야기를 듣고 그토록 확인하고 싶었던 현장을 그때 목격했다. 수컷이 총에 맞은 곳에서 27미터나 굴러갔으며 암컷 여러 마리가 이 수컷에게 모여들었다. 암컷들은 엄니와 코를 써서 최선을 다하여 이 수컷을 일으키려고 했다. 나머지 암컷들은 정찰 임무를 맡아 점점 원을 크게 그리며 뛰어다니면서 문제를 일으킨 원흉을 찾아다녔다. 문제를 일으킨 것이 나였기 때문에 나는 안전거리로 물러나 상황이 진정되기를 기다렸다.

이 코끼리 수컷의 어깨까지의 높이는 3미터 47센티미터였고, 엄니는 각각 43킬로그램, 50킬로그램이었으며, 앞발바닥의 둘레는 1미터 71센티미터로서 기록된 코끼리 중에 가장 컸다.

다음 날 나는 숲으로 다시 가서 곧 코끼리 떼를 보았지만 수풀이 너무 울창해서 코끼리들을 자세히 볼 수가 없었다. 우리는 이 코끼리들과 몇 시간 동안 신경전을 벌인 끝에 결국 코끼리들을 앞이 트인 곳으로 몰아가는 데 성공했지만 안타깝게도 풀이 길어서 나는 유리한 지점을 얻지 못했다. 코끼리들은 으르렁거리며 화를 내더니 숲으로 돌아갔다.

나는 이 코끼리들을 쫓아가면서 왼쪽으로 약 360미터 떨어진 숲 가장자리의 덤불에서 일어난 소란에 주의를 집중했다. 다른 코끼리 무리가 초지로 나왔다. 개미탑 위에서 보니, 이 코끼리들은 45미터 떨어져 있는 언덕을 넘어갔다. 암컷 열한 마리가 있었다. 보통 그렇듯이 이들을 따라서 수컷이 올 것이라고 생각하며 잠시 기다렸다. 그러나 이 암컷들은 270미터 내지 360미터 멀리 지나갔고 나는 개미탑을 떠나 야영장으로 돌아가려고 했다. 그때 코끼리 암컷들의 방향으로부터 먼 곳에서 치는 천둥처럼 낮고 불길하게 우르르 하는 소리가 들렸다. 이것은 자주 들은 코끼리가 화를 내는 우르르 소리와 크게 다르지 않았지만 이번엔 신호가 뚜렷했고 문제가 생긴 것이 분명했다.

우리는 황급하게 주위를 둘러보고 나서 할 수 있는 것은 한 가지뿐이라고 확신했다. 즉 우리는 우리가 코끼리를 볼 수 있는 위치인 현재 있는 곳에 서서 공격을 받을 수밖에 없었다. 우리가 한쪽이나 숲으로 피하려고 하면, 코끼리가 우리 쪽에 나타나기 전에 긴 풀에 가려 코끼리를 볼 수 없을 것이다.

우르르 하는 소리는 두세 차례 계속되면서 소리가 점점 커졌고, 뒤이어 화가 난 코끼리 암컷 한 마리가 사납고 날카로운 소리를 냈으며 즉각 다른 코끼리 열 마리가 우리에게 다가오며 우르르 소리를 냈다. 코끼리들은 절반쯤 다가오더니 잠시 멈추었다. 그들은 냄새의

자신이 죽인 코끼리의 엄니를 배경으로 하여 사진을 찍은 델리아 애클리는 박물학자 칼 애클리의 부인이다. 1910년부터 1911년까지 이 부부가 미국 자연사박물관을 위해 수렵 여행을 하는 동안 델리아 애클리는 남편이 아프거나 부상당한 몇 주 동안 현장에서 원정대를 이끌었다.

방향을 잃어버렸지만 곧바로 다시 찾아 약간 높은 곳을 보며 두 배의 에너지로 다시 으르렁거렸다. 정말 보는 이들을 아연케 하는 장관이었다. 코끼리들은 커다란 귀를 활짝 펴고 코를 무섭게 휘두르며 큰 소리로 으르렁거렸다. 미친 듯 날뛰는 40톤 코끼리 암컷들의 복수였다. 나는 그때 떠나온 고향을 떠올린 것을 기억한다.

코끼리들이 똑바로 계속 36미터를 갔다. 그리고 우리는 한쪽으로 달려서 이 코끼리들에게서 벗어나 안전해질 수 있었다. 그러나 이 코끼리들이 거의 우리 정반대쪽에 있을 때, 코끼리들이 우리를 다시 보았든지 냄새를 맡았든지 다시 몸을 똑바로 돌리며 높은 소리를 냈다. 대형 무연화약 소총에 맞은 대장 코끼리 암컷은 멈췄지만 다른 코끼리들에게서 용기를 얻은 이 암컷은 계속 앞으로 갔고 결국 두번째 총을 맞고 쓰러졌다. 다른 코끼리들은 이 암컷 주위로 모여서 코를 쿵쿵거리다가 결국은 도망갔다. 쓰러진 코끼리 암컷은 천천히 다시 일어나서 비틀거리며 도망갔고 우리는 깊이 감사하는 마음으로 야영지로 돌아갔다.

다르푸르 동부 모험

ADVENTURES IN EASTERN DARFUR

에드워드 키스-로치 소령 (1885~1954)

1920년대 초반, 『내셔널 지오그래픽』의 편집자 길버트 H. 그로스브너는 워싱턴 오찬회에서 영국 외교관 에드워드 키스-로치를 만나 흥미로운 이야기를 듣는다.

앵글로이집트수단에서 가장 거칠고 외딴 지역인 다르푸르는 반(半)독립적인 술탄이 다스리고 있었다. 그는 제1차 세계대전 중에 멀리 떨어진 수도 하르툼에서 다르푸르를 원격 통치하던 영국에 저항하여 반란을 일으켰다. 결국 이 술탄은 패배하여 사망했고, 영국은 권력을 확장하여 반란이 일어났던 다르푸르까지 직접 통치하게 되었다. 그래서 1916년 당시 영국이 지휘하는 이집트 군에 소속되어 있던 에드워드 키스-로치 소령이 다르푸르 동부의 지역 감독관으로 임명되었다. 로치 소령은 1880년대의 광적인 반(反)서방 지하드주의자 마흐디가 이끄는 부족의 땅을 감독하는 일을 맡았다. 그 지역은 아일랜드만큼이나 넓었으며 통치에 어려운 점이 많았다. 또 그는 대부분 혼자서 이 일을 해야 했다. 그가 일주일간 낙타를 타고 여행을 하는 동안에 다른 유럽인은 한 명도 볼 수 없었다.

교구 목사의 아들이며 은행가 출신인 당시 31세의 키스-로치는 다가올 일에 겁을 먹을 부류의 사람이 아니었다. 키스-로치는 파이프를 입에 물고 전통적인 영국식 방법으로 일에 착수했다. 1916년부터 1920년까지 근 4년간 그의 본부는 짚으로 만든 오두막이었다. 이 오두막은 모래 속에서 무수한 세대 동안 상아, 타조 깃털, 노예, 메카를 향하는 순례객들을 싣고 대상(隊商)들이 지나갔던 길 두 갈래가 만나는 지점에 있었다. 이곳 사람들은 아랍어를 쓰는 아프리카 흑인들로서, 서양인들에게 잘 알려져 있지 않아서 때로는 '이슬람의 사라진 부족'이라고 불리기도 했다. 이들 사이에서 키스-로치는 통치자이자 재판관이자 의사이자 지도제작자였다.

길버트 그로스브너는 키스-로치 소령의 이야기에 매료되어 키스-로치 소령이 쓴 글을 『내셔널 지오그래픽』 1924년 1월호에 실었다. 이 글 중 일부가 다음 내용이다. 현재 인종 학살이 자행되고 있는 나르푸르의 뉴스를 생각할 때 다음 글을 읽는 것은 가슴 아픈 경험이 될 것이다.

나는 포트사이드(Port Said)에서 출발하여 열차를 타고 하르툼으로 가서 이틀간 3년 이상 혼자 살 준비를 한 후에, 다시 열차를 타고 남서쪽으로 약 560킬로미터 떨어져 있는 엘 오베이드(El Obeid)로 갔다. 그곳에서 나는 구입한 낙타에 짐을 싣고 앞으로 내가 살 곳까지 480킬로미터 정도를 더 갔다. 낙타 여행은 3주 동안 계속되었고 나는 이른 아침에 본부인 움 케나나(Um Kedada)에 딩도했다는 말을 들었다. 그리고 호위대를 앞질러 낙타를 타고 마지막 모래 언덕까지 올라가보니 원주민 군인들 몇 명과 우물이 보였다.

이 여정은 길고 힘이 들었다. 우리는 낙타를 쉬게 하는 자정의 두 시간을 제외하고는 정말로 밤새도록 행진했다. 우리는 낮에 낙타가 풀을 뜯는 동안 나무 그늘에서 잠을 청하려고 했지만, 작열하는 태양이 하늘에서 점점 더 높이 올라갔기 때문에 야전침대 위치를 계속 바꿔야 했다. 정오에 그늘의 온도는 섭씨 43도 내지 49도였지만 햇볕이 비추는 곳은 훨씬 더 뜨거웠다.

가는 길에는 이전에 길을 지나간 대상의 으스스한 유골이 여기저기 흩어져 있었다. 낙타는 살아 있을 때도 거만하지만 죽은 모습은 더 거만하다. 낙타는 옆으로 누워 윗입술을 당기고 혹에 거의 닿을 정도까지 머리를 올려 이 모든 자세를 통해, 자신이 남기고 가는 세계에 대한 철저한 경멸을 나타낸다.

밤에 행진하는 것 자체는 매혹적이다. 내가 탄 낙타는 다른 낙타들보다 짐을 덜 실어 빠른 속도로 대체로 앞서갔기 때문에 나는 아프리카의 아름다운 밤에 홀로 남곤 했다. 보름달 빛은 책을 읽을 수 있을 정도로 밝았고, 북쪽에서 산들바람이 모래 평원을 건너 불어서, 풀잎 하나하나가 바스락거리며 고개를 숙였다. 여기에 귀뚜라미 한 마리가 귀뚜르르 울었고, 저쪽에는 나무비둘기가 짝을 향해 꾸꾸우 울었고, 위쪽으로는 올빼미가 한 나무에서 다른 나무로 둥지를 옮기면서 부엉부엉 울었다. 이런 모습이 1.6킬로미터마다 나타났으며 밤의 정적 속에서도 낙타가 터벅터벅 걷는 소리는 거의 들리지 않았다. 나는 때때로 원주민 대상들을 지나며 길에서 정중한 인사를 주고받았다.

"케이프 할락? 타이 빈! 엘 함드 엘 알라. 마사 살라미(안녕하세요? 네! 신을 찬미할지어다. 잘 가세요)."

희미한 목소리가 밤의 정적을 깬다.

달이 진 지 얼마 지나지 않은 이른 시간에 잠시 붉은빛이 연보라색 아지랑이 속에 빛났다. 다음 한 시간 정도 경쟁 상대도 없이 별들이 어두운 세계 속에서 다시 빛을 냈고 한두 번씩 유성이 하늘을 가로지르며 불의 흔적을 남겼다. 6시 무렵 동쪽은 온통 연분홍 장밋빛으로 물들었고 몇 분이 지나자 해가 떠올랐다. 마법은 끝나고 다시 삶은 현실로 돌아왔다. 나는 본능적으로 헬멧을 더듬어 찾고 천막을 칠 곳을 찾아보았다.

올해 초 우리 군대가 엘 파셔(El Fasher)로 행군할 때 군 기지였던 움 케다다는 전망이 좋은 높은 땅에 위치했으며 낮은 언덕의 단층애(斷層崖)에 둘러싸여 있었다. 이곳은 귀중한 자산인 물을 공급하는 곳으로 유명하다. 우물은 넓고 꽤 깊으며 주위에는 거친 바위가 반쯤 둘러 있다. 옛 술탄이 여러 해 전의 반란 중에 이 우물을 팠다. 이 술탄은 그의 약탈 부대를 돕기 위해 코르도판까지 이어지는 우물들을 연이어 만들었다. 이 약탈부대는 주변의 소 떼를 주기적으로 급습했다. 아, 이제 구획을 정해 우물을 파는 옛날 방식은 이 사람들의 기억에서 사라진 기술이 되고 말았다.

사하라 사막 근처에 살기 전까지는 우물 하나가 어떤 의미인지를 제대로 상상하기 힘들다. 나는 480킬로미터를 가는 동안 우물이 하나라도 있는 장소를 두 곳밖에 보지 못했고, 움 케다다에 도착했을 때는 6일 동안 낙타에 실었던 물로 버틴 상태였다. 낙타들은 그때까지 계속 물을 전혀 마시지 않았다.

우물에 모인 모든 사람들이 인사를 하고 동물들은 물을 마시고 사람들은 쉬었다. 나는 임시 주택을 짓기 편리한 곳을 찾아보았다.

사람들이 오른쪽에서 왼쪽 방향으로 글을 쓰고, 집에 들어갈 때 신발을 벗고 모자는 벗지 않는 정반대의 땅에서, 우리는 자연스레 건물도 지붕부터 만들기 시작해서 아래 부분을 만들었다. 원주민들의 투클(tukle, 혹은 오두막)은 말린 기장 줄기로 만들며 짚으로 된 벌집 모양이고, 꼭대기는 작은 장식 술로 마무리되어 있다…… 땅 끝까지 닿는 여덟 개의 긴 가지들을 놓아 이를 중앙에서 묶고 작은 가지들로 긴 가지를 매어 전체가 종 모양의 군용 텐트가 되도록 만든다. 이것이 지붕이 되며, 이 지붕은 바닥부터 위로 기장 줄기로 이어져 맨 꼭대기에서 작은 장식 술까지 단단히 묶여 있다.

이 물건은 지상 1미터 20센티미터 높이 기둥 위에 V자를 거꾸로 뒤집은 모양으로 얹힌다. 가장자리를 짚으로 이으면 이제 이 저택은 거주인을 맞을 준비를 모두 갖춘다. 밤낮으로 늘 부는 모래 바람 때문에 문과 창문이 문제다. 그래서 창문은 없으며 창문 쪽에 위치한 장애물 같은 것이 문 역할을 한다……

다르푸르 동부를 책임지는 관리는 행정가, 치안 판사, 수금원, 십일조 농작물 평가인, 경찰 지휘관, 수의사, 조사관, 의사여야 하며, 그밖에 질서가 잘 잡힌 사회를 이루기 위한 모든 일을 맡아야 한다. 그래서 조직의 체계를 세우는 데 여러 달이 걸렸다. 마을을 책임지는 족장들을 임명했으며, 여러 마을을 다스리는 권한을 갖는 옴다스(omdas)를 배치해 명령을 집행할 수 있도록 제한된 권한을 부여했다. 또 경찰을 모집하여 훈련시켜야 했고 덤불 사이에 길을 놓거나 길을 넓혀야 했다. 이 모든 일을 한 곳에서 다른 곳으로 여러 주 동안 낙타를 타고 가서 해야 했다.

마을들은 띄엄띄엄 있었다. 다르푸르 동부 지역 전체에 마을은 300개밖에 없었으며 각 마을마다 주민 수는 약 30명에서 200명 사이였다. 다르푸르 동부 지역은 대부분 덤불 지역으로서 하스카니트(haskaneet)라는 풀로 덮여 있다. 이 풀의 씨에는 작은 가시가 많았

으며 음식, 옷, 머리, 피부 등 모든 것에 박혀서 불쾌한 염증을 일으
켰다. 이 풀은 우기에 돋아나며 한 달 후에는 갈색으로 바싹 마른 씨
앗 꼬투리가 하늘을 날기 시작한다……

나는 보통 한 달에 15일씩 낙타를 타고 다녔지만 한번은 두 달
이상 걸려 긴 여행을 가기도 했다. 나는 수확기에 먼 곳까지 낙타를
타고 가서 세금을 부과하기 위해 농작물을 평가하는 감정인들을 예
고 없이 방문하곤 했다.

사실 지역 전체를 그린 지도가 없었기 때문에, 나는 낮에 여행할
때 한 사람이 앞에서 주행계를 미는 동안 각기둥 나침반으로 위치를
확인하며 이동하는 거리를 점검하고, 정오에 야영하는 동안 지도에
표시를 했다……

아이들은 관심을 끄는 대상이다. 아기들은 어머니의 등에 업힌
다. 어머니가 한 아이의 손목을 잡더니 솜씨 좋게 등에 아이를 매달
리게 해서 허리 양쪽으로 다리를 하나씩 내놓게 하고 팔은 안으로
넣고 옷으로 묶는다. 어머니가 일을 하는 동안 아기는 몇 시간 동안
작은 머리를 밖으로 빼고 이상하다는 듯 세상을 바라본다. 어머니
옷 속에서 손을 움직이지 못하는 아이의 불쌍한 작은 두 눈에 파리
가 앉곤 한다. 햇볕과 파리를 견디다 못한 아기가 훌쩍거리며 울자
어머니는 토베(tobe, 면 옷)의 반대쪽을 아기 머리 위에 덮고 아기가
잠들 때까지 흔들어준다.

남자 아이들과 여자 아이들 모두 어렸을 때 뺨에 부족의 표시를
새긴 후 상처 부위를 남기려고 소금으로 그 부위를 문지른다. 어린
소녀들은 가죽 끈들이 벨트에서 드리워져 있는 짧은 치마인 라하드
(rahad)를 입는다. 소녀들이 걸을 때마다 라하드는 킬트처럼 아름답

게 흔들린다. 몸을 쌀 만한 거친 천이 있으면 소년들은 팔을 넣는 구
멍이 있는 자루 같은 치마를 입는다. 그렇지 않으면 소년들은 신이
만든 그대로 벌거벗고 돌아다닌다……

다르푸르의 남자 원주민들이 주로 하는 일은 빈둥거리는 것이며
평균 일과는 다음과 같다. 남자 원주민은 일찍 일어나서 여자들을
우물이나 테벨디 나무(빗물 저장소 역할을 하는 구멍 난 바오바브나
무)에 보내어 물을 떠오도록 시킨다. 남자가 소유하고 있는 동물이
꽤 있다면 그는 여자들과 함께 가서 돕는다. 그리고 남자는 어린 소
년이 동물들을 초원으로 몰고 가는 것을 지켜본다. 소년은 밤에 동
물들을 다시 데려오도록 되어 있다. 이렇게 그의 낮 동안의 일은 끝
이 난다.

아내는 물을 뜨고 돌아와 완두콩 수프처럼 걸쭉한 발효 맥주를
만들기 위해 곡물을 준비하느라고 바쁘다. 이 발효 맥주는 중요한
생계 수단이다. 이렇게 아내는 사실상 하루 종일 일을 한다. 그동안
남편은 해가 질 때까지 자고 일어나 원기를 회복한다. 남편이 힘이
넘치면 아마 면실을 좀 잣거나 옷감을 좀 짜고, 오두막 밖에 쭈그리
고 앉아서 아내를 감시하며 게으름을 피우지 않나 볼 수도 있다.

첫 비가 내리자마자 이 남자는 아내 한 명 혹은 여러 명을 데리고
나가 한 번에 한 명과 함께 각각의 밭으로 간다. 아내들은 각자 집이
따로 있는 것처럼 씨앗도 저마다 각자 사용한다. 남자는 한쪽에 대
개 작은 철 괭이가 달린 거의 직각으로 구부러진 나뭇가지를 양손에
들고 농경지로 느릿느릿 걸어간다. 왼쪽 발이 땅에 닿을 때마다 남
자는 왼쪽의 땅을 나뭇가지로 파서 모래를 조금 옮긴다. 그는 50걸
음 정도 가서 다시 돌아 다른 줄과 평행하게 새로운 줄을 만든다. 그

의 성실한 아내는 마른 수박 껍질 속에 기장 씨앗을 넣고서 그의 뒤
로 걸어가며 몸을 구부리지 않고 구멍에 씨앗을 두세 개씩 떨어뜨린
다음 발로 다듬는다. 그리고 그렇게 계속한다. 이들은 하루 동안 넓
은 지역에 씨앗을 심을 수 있다.

　남자가 씨앗을 뿌린 시기가 비가 오기로 되어 있는 때가 아니라
면, 씨앗을 모두 심고 나서 남녀는 씨앗이 싹을 틔울 때까지 기다린
다. 이때 남자는 강렬한 열망으로 기다리는데 남자가 유일하게 이런
모습을 보이는 시기가 바로 이때다. 그리고 한 달 동안 가뭄이 계속
되어 곡물이 죽어 일을 다시 해야 하는 경우가 자주 있다……

　바티크흐(Batikh), 즉 수박은 야생에서 자라지 않는다. 사람들이
개간지의 넓은 지역에 수박 씨를 흩뿌린다. 수박이 익으면 낮게 초
가를 이은 오두막 아래에 저장한다. 일몰이 가까울 때 참을성이 많
은 당나귀를 들판에 보내 다음 날 쓸 만큼 충분한 수박을 등에 싣고
온다.

　여자는 연기로 더럽혀진 오두막에서 바닥에 구멍이 뚫린 토기를
가져와서 그 옆에 앉는다. 여자는 수박 한 개를 주먹으로 깨서 청결
과는 거리가 먼 손으로 수박 속을 파내고 수박 껍질을 다시 모래에
던진다. 여자는 수박 속을 모두 파낸 후 잘게 잘라 짜서 섬유질을 모
두 부순다. 껍실은 한 곳에 모아놓고 수박 즙은 짚으로 걸러낸다.

　수박 껍질을 나무줄기로 만든 그릇 속에 넣고 부서뜨려 가루로
만든다. 수분을 가능한 만큼 모두 빼고 나머지는 당나귀, 염소, 가금
류에게 주어 먹고 마시게 한다. 한번은 내가 지도를 완성하려고 여
행하던 중에 6주 동안 이 수박만을 물 공급원으로 이용했는데, 면도
를 하지 못한 것 이외에는 그다지 불편한 점이 없었다. 그러나 억지

로 짠 수박 즙으로 만든 차를 한번 마셔보면 정말 끔찍한 맛을 느낄 수 있을 것이다……

여러 의식에 참석해보니 이들 의식에 똑같은 점이 많다는 걸 알 수 있었다. 다음은 여러 의식 중의 전형적인 절차이다. 마을의 추장은 추장의 오두막 밖에서 성대한 의식과 함께 나를 맞이했고, 나를 안으로 안내하여 그의 원주민식 침대에 앉게 했다. 이 오두막에서 앉을 수 있는 곳은 이 침대뿐이었다. 추장은 침대 밑에서 수박을 꺼내 큰 조각으로 잘라서 내게 그 조각을 주고, 내 발 밑에 앉아서 내가 한입 가득 수박을 베어 무는 것을 계속 지켜보았다.

밖에서 한동안 계속되던 이상하고 열띤 논쟁이 그치더니 턱수염이 난 추장의 아들 둘이 음식을 가져왔다. 기장가루로 만든 크고 납작한 케이크, 달걀과 시큼한 우유를 휘저은 요리, 훌륭한 닭고기 냄비 요리 등이었다. 추장은 손으로 닭고기를 뜯어서 내 앞의 작은 풀 돗자리에 놓았다. 이 식사를 마치자 손잡이 없는 작은 잔으로 훌륭한 커피가 나왔다. 나는 이제 식사가 끝났다고 생각하고 커피를 세 잔 마셨지만, 또 오래된 찻주전자가 나왔고, 강하고 쓴 맛에 메스꺼울 정도로 설탕을 많이 탄 차 한 잔을 마셔 내 식사량을 넘겼다.

추장과 나는 여러 이야기를 나누었으며 나는 그의 식수 공급량, 가축, 경작지를 조사한 후에 떠나려고 했다. 추장의 두 아들은 말을 타고 내가 가는 길을 배웅할 준비를 하고 있었다. 추장은 내게 멈추라는 신호를 보냈다. 그러나 두 청년은 어느 정도 거리를 느리게 나아가더니 갑자기 휙 돌아서 쿠르박스(kurbags, 코뿔소 가죽 채찍)로 말을 내리쳐 전속력으로 내 바로 앞까지 돌진했다. 거품을 문 말들은 내 앞에 불과 15센티미터 정도만 남기고 섰다. 말이 방문객 가까

키스－로치 소령이 아일랜드만 한 크기의, 지도에도 나오지 않는 아프리카의 땅을 통치한 몇 년 동안 짚으로 이은 오두막, 투클에 본부를 두었다. 흔치않은 공식적인 환영회에 마을 추장, 족장, 제복을 입은 이집트 직원들과 수단 직원들이 모였다.

이 갈수록 방문객에게 더 큰 찬사를 보내는 것이라고 한다……

어느 날 아침 늙수그레한 남자가 내 집무실에 들어와서, 수사자 한 마리와 암사자 한 마리가 24킬로미터 떨어진 자기 마을의 평온을 깨뜨리고 있다고 말했다. 그는 내가 가서 그 사자들을 물리쳐주기를 바랐다. 나는 다음 날 가겠나고 약속했지민 불행히도 살인 사건 수사 문제를 신경 쓰느라 가지 못했다.

그 다음 날 그 노인은 내 앞에 와서 밧줄 끝에 무언가를 매달고 왔다. 처음에는 매달린 것이 벌꿀색 가죽이라고 생각했지만 다시 보니까 그것은 암사자의 머리였다. 그는 내가 마을에 가서 상처를 치료해준 주인공들의 그날 오후 이야기를 들려주었다. 열대여섯 살 정도(아랍인들은 자신의 정확한 나이를 알지 못한다. 그 대신 놀라운 사건이 일어난 때를 기준으로 나이를 추정한다)인 소년 세 명이 각각 작은 투창 하나씩을 들고 밭에 나갔다가 덤불 아래에 있는 수사자와 그 짝인 암사자를 보았다. 첫번째 소년이 사자를 향해 창을 던졌지만 빗나갔고, 그 사자는 또 다른 덤불 아래로 향했다. 그 다음 소년이 던진 창 역시 빗나갔다. 세번째 창은 가장 어린 소년의 팔에서 출발하여 바람을 가르며 암사자의 옆구리에 꽂혔다. 암사자는 곧장 돌아서서 단숨에 뛰어올라 창을 던진 그 소년의 어깨를 잡고 땅에 내동댕이치고 목을 물기 시작했다.

소년 중 한 명이 입고 있던 긴 옷을 벗어 재빨리 오른팔에 묶고, 암사자의 왼쪽 귀를 왼손으로 잡고 오른팔을 암사자의 목 아래로 밀어 넣었다. 암사자가 이 소년의 팔에 이빨을 가까이 댔을 때 세번째 아랍 소년이 작은 손도끼를 들고 암사자의 머리를 수차례 내리쳐서 결국 암사자가 소년들의 발아래 쓰러져 죽었다.

소년들은 곧 부상에서 회복되었고 그후 몇 주 동안 이 소년들의 용감한 행동에 찬사를 보내는 의미로 이 마을의 모든 소녀들은 사자 고기의 작은 조각을 머리에 달고 다녔다.

카이로에서 멀리, 케이프타운까지

CAIRO TO CAPE TOWN, OVERLAND

펠릭스 셰이

펠릭스 셰이는 아프리카에 발을 들여놓기 전까지는 아프리카에 대해서 전혀 모르고 있었다고 거리낌 없이 인정했기 때문에, 에와트 그로건은 분명히 들어본 적이 없을 것이다. 그로건은 1900년에 케이프타운에서 카이로까지 걸어간 최초의 인물이었다. 그로건은 그렇게 해서 사랑하는 연인으로부터 약혼 승낙을 얻고자 했다.

셰이는 성공한 광고인이었으며 1923년에 아내 포터와 함께 오랫동안 세계를 항해했다. 아프리카는 원래 여행 일정에 없었지만, 갑자기 마음이 바뀌어 "특이한 보험이나 해볼까" 하며 셰이는 카이로에 상륙했고, 강을 건너는 증기선, 열차, 자동차 그리고 최소한 640킬로미터는 걸어서 135일 후에 케이프타운까지 갔다. 이 부부는 일생의 추억이 될 만한 경험을 겪었으며, 아마도 에와트 그로건이 개척한 낭만적인 경로를 쫓은 최초의 미국인 부부였을 것이다.

그리고 셰이는 또 하나의 놀라운 위업을 달성했다. 그는 『내셔널 지오그래픽』의 편집자들을 설득해서 자신이 청탁받지도 않은 2만 단어나 되는 방대한 원고를 검토해달라고 했고 편집자들은 이 글을 발표했을 뿐만 아니라 1925년 2월호 전체를 이 글로 채웠다. 편집자 한 명은 셰이에게 다음과 같이 편지를 썼다. "선생님은 일반 독자들이 같은 분량의 다른 어떤 이야기로부터 상상할 수 있는 것보다 아프리카를 더 잘 상상할 수 있도록 했습니다."

이 글은 솔직하고 개방적인 문체로 아프리카뿐만 아니라 셰이 자신에 대한 내용도 많이 담고 있지만 여전히 생생하다. 원기왕성하고 열정적이며 때로는 욱하는 성격에 자기비하적인 유머 감각을 지닌 셰이는 빈틈없는 실무가였지만, 새롭게 경험하는 세계에서는 마치 어린아이처럼 들뜬 감동을 받았다. 다음 케냐에서의 익살스러운 사자 사냥 이야기에서 셰이는 동아프리카 황금기의 황혼에 있던 드넓고 사냥감이 풍부한 사바나에 경탄한다.

모험은 위험을 내포한다. 경험을 생생하게 만드는 것은 위험의 냄새이다. 그러나 우리를 위협하는 것이 늘 사자는 아니다. 펠릭스와 포터(아마추어이자 어느 정도 무모한 모험가 두 사람)가 서로의 동행을 얼마나 즐겼는지를 이 글에서 느낄 수 있다. 그러나 1930년대 말에 이들의 좋은 시절은 끝이 났다. 펠릭스 셰이는 의사도 알지 못하는 병에 걸려 워싱턴 불치병 환자 요양소에 입원했다. 셰이는 아프리카에서 수면병, '만성 뇌염'이나 어떤 다른 치명적인 질병에 걸렸을 것이다.

우리가 처음 화이트 헌터(White Hunter, 동아프리카의 전문 안내인)와 이야기를 나눌 때 헌터는 우리에게 무엇을 잡고 싶은지 물었다. "아, 우리는 사자를 잡고 싶습니다." 그전까지 나는 내가 무엇을 잡고 싶은지 아무 생각이 없었다. 나는 평생 사냥을 해본 적이 없었다.

"좋습니다. 사자를 찾을 수 있을 겁니다."

그는 이렇게 대답했다. 그래서 우리는 우연히 무모하게 사자 사냥에 나서게 되었다.

우리는 오전 7시에 작은 미국제 차를 타고 나이로비를 출발하여 사자가 나타나곤 하는 길을 120킬로미터쯤 나아갔다.

나이로비에서 1.6킬로미터 밖으로 나가면 도로는 키가 작은 풀이 드넓게 펼쳐진 초원을 가로지르는 4륜차용의 질퍽한 진흙길로 바뀌었다. 우리는 차바퀴에 내내 체인을 감고 있었다. 그런데도 우리 차바퀴는 수차례 진흙에 빠졌다. 우리는 그때마다 차 밖으로 나가 차를 밀어야 했다. 우리 차는 도처에서 옆으로 미끄러졌다. 타이어도 세 번이나 펑크가 났다.

케냐 식민지에서는 이것이 주요 도로다.

마사이족은 여전히 아프리카 부족 중에서 가장 호전적이며, 사람들의 두려움의 대상이다. 마사이족은 소를 키우는 부족이다. 그들은 우유와 암소의 피를 먹고 산다. 그들은 농사를 수치스러운 행위로 생각한다. 그래서 그들은 필요한 소량의 밀가루 등은 거래를 통해 얻는다.

언젠가 소 진드기 열병이 소 떼 전체에 퍼지자 마사이족은 마을 경계에 격리소를 세워 케냐에서 감염이 더 이상 퍼지지 않도록 막았다. 이 격리소는 기둥 위에 세운 방 한 칸짜리 창고로 우리가 사자를 사냥하는 동안 우리의 본부가 되었다. 우리는 이렇게 해서 텐트를 사서 운반할 비용을 절약했다.

세계의 여러 풍경들을 보았지만 이 격리소에서 8킬로미터 떨어진 케동 밸리(Kedong Valley)에 도착했을 때의 전율을 결코 잊을 수 없을 것이다. 아프리카에서 사냥할 큰 동물을 보기를 기대했고 몇 마리를 보기도 했다. 그러나 사냥이란 밖에 나가서 동물을 찾아다니다가 동물이 수평선에 나타나면 그때 재빨리 총을 쏘고 운에 맡기면 되는 것이라고 순전히 머릿속으로만 생각했다. 그런데 우리 차 반경 200~300미터 안에 동물원에서 볼 수 있는 것처럼 한가로이 풀을 뜯어 먹는 동물 수천 마리가 장관을 이루고 있다고 상상해보라. 우리는 정말 놀랐으며 즐거워했다.

우리는 이 장관을 제대로 보기 위해 차를 멈추었으며 벌거벗은 용사 두 명과 대화를 나누었다. 이 용사들은 잘 차려입고 회합 장소로 가는 길이었다. 이들은 머리를 방울술 장식 형태로 올려 기름을 섞은 붉은 진흙을 바르고 가는 끈으로 땋았다. 이들의 몸에는 하얀색으로 묘한 나선 모양이 그려져 있었다. 이들은 귀걸이에 코걸이까지 했다. 이들은 매우 당당하고 예의발랐으며, 아주 호기심이 많았고 특히 포터에게 관심을 보였다.

케동 밸리는 완만하게 굽어진 일련의 평원과 구릉지대 사이로 쑥 들어간 호주머니 모양의 목초지로 이루어져 있다.

우리는 다음 날 아침 동틀 녘에 밖으로 나갔다. 120센티미터 길이의 풀은 젖어 있었다. 우리는 100미터도 걷기 전에 허리까지 젖었다. 그러나 우리 앞에 가장 재미있는 스포츠가 기다리고 있었기 때문에 그런 것을 신경 쓰는 사람은 없었다. 골프 마니아는 대형동물 사냥 마니아와는 비교가 안 된다.

첫날 아침 해가 떠오르자 평원에는 일런드영양, 콩고니(kongoni), 영양, 그랜트가젤, 톰슨가젤, 얼룩말, 타조, 기린, 하이에나, 여우, 들개, 재칼 등 문자 그대로 동물 수천 마리가 보였다. 우리는 총을 쏘러 왔다는 것을 잊고 경이로운 광경을 보고 발걸음을 멈추어 감탄했다.

우리는 야영지에서 1.6킬로미터 떨어진 곳에서 얼룩말 한 떼가 60미터 앞에 꼼짝 않고 서서 우리를 노려보고 있는 것을 발견했다.

화이트 헌터는 "자 어서 총을 쏘세요"라고 말했다.

나는 한쪽 무릎을 꿇고 총을 쏘았다.

내가 쏜 얼룩말은 발뒤꿈치를 힘껏 내딛어 어딘가로 도망갔다.

사냥감을 놓칠 것 같아도 낙담하거나 당황할 이유는 없다. 아무렴, 놓치는 것이 더 낫지. 나는 사냥하고 싶은 생각이 없다. 나는 생물을 죽이는 것을 좋아하지 않는다.

우리는 다시 앞으로 갔고 그 '영광'은 이제 포터의 것이었다.

우리는 바위 접점의 모퉁이를 돌았다. 평원에서 우리 아래로 180미터 떨어진 곳에 콩고니 무리가 보였다. 콩고니는 사슴영양의 변종으로서 다 자라면 몸무게가 약 150킬로그램 나간다. 포터는 전문가처럼 앉아서 무릎 위에 총을 놓고 겨냥하여 재빨리 콩고니 수컷 한 마리를 쏘아 넘어뜨렸다.

포터가 처음으로 사냥에 성공했다. 우리는 이 콩고니를 매만진 후에 포터와 콩고니의 사진을 찍었다. 포터는 득의만면한 표정을 숨기려 했지만 소용없었다. 캐나다 출신의 포터는 대형동물 사냥꾼의 기질이 있다. 포터는 이에 짜릿짜릿한 흥분을 느끼고 있다.

"자", 우리의 스승이자 안내인은 이렇게 제안했다. "우리 아침을 좀 먹을까요?" 우리는 기꺼이 찬성했다.

평원을 가로질러 가면서 포터는 내 자세의 문제점을 설명해주었고 어떻게 하면 총이 흔들리지 않는지 지적했다. 포터는 넌지시 내게 균형을 못 맞춘다고 암시했다. 당연히 나는 풀이 푹 죽었다. 그래도 사람은 사실을 받아들어야 한다.

그런데 안내인이 물었다. "저 나무 아래에 뭐가 있죠?" 그는 쌍안경으로 보았다. 그것은 죽은 얼룩말이었다!

우리가 걸어가는 동안 나는 포터를 보지 않았다. 나는 요행을 바라고 있었다. 분명 그 나무 아래에서 어깨에서 15센티 아래에 총상을 입고 죽은 것은 나의 얼룩말이었다! 목표물의 중앙에 바로 맞춘 것이다!

내가 혼자서 흡족하게 웃었을까? 아니다! 나는 포터에게 한마디 했다. 화이트 헌터가 듣고 있지 않았을 때 조용하게 적절한 표현으로 "역시 여자한테는 집이 어울려"라고 말했다……

구구족 원주민 두 명이 갑자기 오두막에 찾아왔다. 우리는 한 사람당 하루에 1실링씩을 주고 총을 나르고 가죽을 벗기고 전반적인 모든 일을 돕도록 고용했다. 이 사냥 일은 복잡해지고 있었다.

중앙아프리카의 '사냥'을 이해하려면 우리는 한 사람의 지갑 사정을 이해해야 한다. 사냥은 계속 있다. 많은 부자들이 중앙아메리카에 혁명을 일으킬 만큼 많은 총을 가지고 이곳에 온다. 부자들은 원주민 100여 명의 수렵대를 고용한다. 이들은 열두 명 이상의 요리사, 야영 사환, 개인 사환을 대동한다. 이들은 호화로운 텐트를 가져간다. 이들은 포도주와 식품도 여러 상자 싸 간다. 이들은 두셋 이상의 명사수 전문 사냥꾼을 고용한다. 이들은 사냥감을 찾아 몰아넣을 몰이꾼 스무 명과 함께 간다. 그들은 야외에서도 집에서처럼 편리하고 편하게 생활한다. 이러한 단기 사냥을 하는 데 5천 달러 내지 2만 5천 달러의 비용이 든다.

나는 나이로비를 떠나기 전에 우리는 속임수나 전리품을 바라는 것이 아니라 즐기기만 하면 된다고 화이트 헌터에게 말했다. 우리는 총을 쏘고 놓치거나 총을 쏘고 맞히는 특권을 원한다고 말했다. 그는 우리가 좋은 사냥감을 놓치기 전에는 총을 쏘지 않았다. 동물이 쓰러지면 그 동물은 그의 것이다. 우리는 동물을 가지고 싶지 않았다. 또 우리는 동물들을 학살하고 싶지 않았다. 사냥을 한 기념으로 한두 마리 정도면 우리에게 충분했다.

그도 기꺼이 동의했다. 전문 사냥꾼들 중에 무자비한 도살에 공감하는 사람은 거의 없다. 다른 곳처럼 이곳에서도 '사냥 욕심쟁이'는 인기가 없다.

우리는 점심을 먹고 나가서 사자를 사냥할 미끼로 죽은 얼룩말을 준비했다. 하이에나, 재칼, 도처의 많은 독수리들이 접근하지 못하도록 낮에는 얼룩말 시체에 가시덤불을 덮어두었다가 해가 지면 덤불을 치웠다.

이것은 사자 사냥이었다는 것을 기억하자! 사자가 미끼를 물어야 했다.

죽은 얼룩말을 그렇게 고정시켜놓고서 우리는 평원 주위 16킬로미터 반경의 원 안에 동물 수백 마리가 쏘기 쉬운 거리에 있는 것을 보았지만 생각을 접었다. 이 자연의 땅에서 아름답고 신기한 동물들이 한가롭게 두려움 없이 풀을 뜯는 장관을 보는 그 자체가 아주 만족스러운 모험이었다.

그날 오후 늦게 우리는 넓은 평원에서 거대한 타조 다섯 마리가 한 줄로 줄지어 다니는 것을 보았다. 평원에는 다른 아무것도 없었으며 50미터도 채 안 되는 거리였다. 하얗고 멋진 꼬리 깃털이 달린 검은 수컷 세 마리와 암갈색 암컷 두 마리가 있었다. 우리가 앉아서 지켜보는 동안 이 타조들은 전혀 서두르지 않고 당당하게 활보했다.

그날 밤 사자들은 사방에서 포효했다. 아프리카 평원에서 사자의 포효 소리를 들어본 적이 없는 사람은 세상에서 가장 장엄한 소리를 듣지 못한 것이다! 우리 두 사람은 J. H. 패터슨 대령의 『차보의 식인사자 *The Man-Eaters of Tsavo*』라는 책을 다 읽은 지 얼마 되지 않았다. 그는 이 책에 몸바사부터 나이로비까지 철로를 건설하는 엔지니어로 일할 때 겪은 식인사자의 이야기를 담았다. 이 사자들은 백인 몇 명과 인도의 쿨리 스물여덟 명, 원주민 수십 명을 죽였다. 이 차보 사자들 때문에 철로 노동자들이 공포에 떨어서 실제로 몇 달 동안 이 철로 건설이 지연되었다……★

이 책은 사람을 두려움에 떨게 만드는 책 중에서 최고의 작품이며 그 목적을 완벽히 달성한다. 아주 가까운 곳에서 들려오는 포효가 우리가 아침에 싸워야 하는 짐승의 소리라는 사실을 떠올리고는 우리 용감한 사자 사냥꾼들이 그날 밤 담요 사이에서 떨지는 않을지 걱정이 되었다.

우리는 새벽 3시 30분에 밖으로 나가서 첫 새벽빛에 미끼 위의 사자를 보았다. 즉 가슴을 뛰게 하는 시간인 일출 전에 우리가 사자를 죽이든지 사자가 우리를 죽이든지 할 것이었다!

나는 가장 강력한 총인 영국제 375구경 라이플을 가지고 갔다. 그러니 내가 먼저 쏘아야 했다.

……한 가지 무시무시한 사실은 사자가 상처를 입으면 돌격하고 엄청난 속도로 움직인다는 것이다. 사자가 순식간에 70미터나 갈 수 있는 능력은 상상을 초월한다. 모두 사자의 그런 움직임을 한번 봐

★ 이 식인사자 이야기는 〈고스트 앤 다크니스〉라는 제목으로 영화화되기도 했다

봐야 한다…… 그 거리에서는 사자가 동물 중에 가장 빠르다. 그후
에 사자는 금방 지친다.

젖어 있는 키 큰 풀 사이에 아무도 밟지 않은 길이 이어졌다. 주
변은 여전히 어두웠다. 우리 앞에 크고 검은 형체가 어른거렸다.
"쉿! 이게 뭐지?" 우리는 소총을 올렸다. 이 동물 등의 윤곽을 얼핏
보니 큰 하이에나라는 걸 알 수 있었다.

다른 하이에나와 재칼들은 숨어 있었다.

이 동물들이 미끼를 물지 않았다면 사자 한 마리가 미끼를 문 것
이 확실했다.

그렇고 말고! 이것이 진정한 **스포츠**지! 이게 바로 **스릴**이라는
거야!

이날 아침은 **정말** 추웠다. 동아프리카에서 낮은 찌는 듯 덥고 밤
은 등골이 오싹하게 춥다. 우리는 털스웨터와 두꺼운 옷을 입었지만
그래도 추웠다. 우리는 손을 호호 불어서 좀더 따뜻하게 만들어 소
총을 잡기 편하게 했다. 5분이 지난 후 우리는 미끼가 있는 장소에
도착했다!

우리는 그 땅에서 마지막으로 일어나 미끼를 전체적으로 보았다.
"저기 있다! **쌰! 쌰!**"
분명히 사자가 거기 있었다!

얼룩말 위에 납작 누워 있는 것은 멋진 갈기가 난 커다란 수사자
였다. 풀은 우리 무릎 위를 덮을 정도로 길었다. 나는 총을 어깨에
대고 쏘아야 했다. 수사자는 우리를 노려보았지만 움직이지 않았다.
나는 소총을 어깨에 대고 만물을 주관하는 하나님께 짧은 기도를 드
린 후 발사했다.

다리에 구리 발찌를 찬 마사이족 여성들이 카메라를 응시하고 있다. 마사이족은 동아프리카 사바나를 지배하는 부족이다.

이 커다란 짐승은 옆모습 전체를 드러내며 55미터 거리에 서 있었다.

나는 천천히 대담하게 어깨 바로 뒤에 있는 급소를 겨냥했다. 드디어 총을 발사했지만 총알은 빗나갔다!

나는 내 총알이 빗나간 것을 몰랐다. 나는 당연히 내가 수사자를 맞혔다고 생각했고 또 다른 문제에 신경 썼다. 나는 첫번째 총알을 발사하고, 탄창을 밀어 사용한 틴피를 버렸다. 이전 탄피는 나갔지만, 나이로비 총기 거래상이 완벽한 상태라고 자랑했던 이 총의 탄창은 제대로 작동하지 않았다.

탄피가 걸린 게 아니었다. 탄창의 스프링이 약해서 다음 탄환을 포신으로 밀지 못했을 뿐이다. 나는 위를 올려다볼 수 없었다. 문제는 내 손 아래에 있었다! 나는 엄지손가락을 탄창에 넣어 스프링을 움직여보려고 했지만 내 엄지손가락 살갗만 까졌을 뿐이다. 나는 헐거운 탄환을 찾아 총신에 딱 소리를 내며 넣고 고개를 들었다. 나는 내 앞에 사자가 있을 것이라고 생각했고 "내가 아침식사에 너무 늦었나?" 하고 물어보았다.

총과 씨름하는 동안 소총 소리를 희미하게 들었다. 내게는 그 소리가 아주 먼 곳에서 사냥하는 소리로 들렸다. 그 소리는 내가 처한 곤란과는 관계가 없다고 생각했다. 내가 올려다보았을 때 그 수사자는 왼쪽, 오른쪽, 뒤쪽에 총상을 입고 멀리 언덕으로 허겁지겁 도망갔다. 이 사자가 풀 사이를 뛰어오르는 동안 포터와 화이트 헌터는 총의 탄창을 모두 비웠다.

두 사람은 내게 와서 몹시 화를 내며 **나** 때문에 사자를 놓쳤다고 비난했다! 뭐, 부끄럼을 무릅쓰고 말다툼할 수 없을 때도 있는 법이다.

그날 우리는 흥분했다. 우리는 사자를 잡는 것에 집착하게 되었다. 작은 동물들은 갑자기 매력 없어 보였다.

아침식사를 하자마자 우리는 미끼로 쓸 얼룩말을 한 마리 더 죽이러 나갔다. 가능하면 특정 장소에서 죽여서 미끼가 좀더 사냥하기 유리한 곳에 놓이도록 하려고 했다.

이것은 쉬운 일이 아니었다. 얼룩말은 우리가 원하는 곳으로 오지도 않았고 우리가 몰아올 수도 없었다. 두 시간 동안 얼룩말을 몰래 쫓아갔지만 효과가 없어서 우리는 회의를 열었다. 우리는 너른 지역에서 얼룩말 한 마리를 죽이고 나서 이 지방 황소를 빌려 이 얼룩말을 끌고 가기로 했다. 넓은 평원을 3킬로미터 정도 가로질러 넘새를 남기고 우리가 원하는 정확한 지점에 갔다두기로 했다. 우리는 각각 흩어져서 1.6킬로미터 떨어진 너른 땅에 있는 얼룩말 한 떼에 가까이 다가갔다.

포터와 화이트 헌터가 동시에 총을 쏘았다. 화이트 헌터는 총알로 얼룩말의 심장을 뚫었으며, 포터는 얼룩말의 가슴을 정통으로 관통시키면서 얼룩말을 넘어뜨렸다.

그리고 우리는 근처 풀로 만든 오두막에 살고 있는 빨간 외투를 두른 쿠쿠족 원주민을 불렀다. 이 원주민은 꼭 필요한 황소들을 구해주었다. 원주민은 황소들을 얼룩말 두 마리에 연결하여 가시덤불과 작은 니무가 있는 고지로 끌고 갔다.

우리는 보마(boma)를 쌓을 계획을 세웠다. 이 건물이 자연스러워 보이려면 근처의 배경과 비슷해야 한다. 보마는 가시덤불을 써서 원형으로 만드는 작은 요새이다. 이 보마는 사자로부터 사냥꾼을 보호해줄 것이다. 사자는 이 방벽을 덫으로 알고 두려워할 것이다. 사실 우리는 이런 추측이 정확하기를 바랄 뿐이었다.

우리는 사자가 와서 식사를 할 때까지 앞에 미끼를 두고 부마 안에서 밤새워 기다릴 계획이었다. 포터가 첫번째로 총을 쏘기로 했다. 나는 사자에게 동정을 금치 못했다.

나는 마음속으로 우리 집 거실 바닥에 사자 가죽을 둘 곳을 고르기 시작했다.

우리는 오두막에 점심을 먹으러 천천히 돌아갔다. 길을 따라가며 우리는 작은 여우 다섯 마리를 덤불에서 몰아냈다. 이 여우들은 집고양이 정도 크기밖에 안 됐다. 오후에 우리는 앞으로 잡을 사자가 두려워서 도망가지 않도록 사격을 그만두었다. 우리는 대신 준비하는 의미에서 낮잠을 잤다. 해가 지자 우리는 습기와 추위에 몸을 보호하기 위해 각자 갑판 의자용 무릎 덮개를 들고 방벽으로 출발했다.

보마 안에 들어가면 우리는 쥐 죽은 듯이 조용히 있어야 한다. 한 시간 동안 그렇게 하기는 쉽다. 그러나 열 시간 동안 말하지 않고 꼼짝도 하지 말아야 하다니! 그날 밤 나는 약속을 충실히 지켰지만, 그런 일은 다시는 하지 않을 것이다.

그러나 동물 수천 마리가 배회하는 평원의 밤은 정말 잊을 수 없는 기억이었다. 이상하고 위협적인 소음, 기묘한 소리, 냄새, 침묵, 광대함, 섬뜩한 달빛까지. 나는 결코 잊지 못할 것이다.

밤에 한번은 작은 재칼 무리가 와서 우리에게 깽깽 소리를 냈다. 한번은 하이에나가 근처에서 웃었다. 하이에나의 웃음소리는 무언가를 암시하는 것 같다. 사자는 한 번도 오지 않았다. 포터는 사자를 한 번도 죽이지 못했다! 응접실의 깔개는 페샤와르산 아프간 모포로 해야 할 것 같다.

한편 나는 가정용 식사 나이프와 포크를 만들 가젤 뿔을 한 쌍 구하기로 결심했다. 나는 180미터 떨어진 곳에 있는 아주 멋지고 긴 뿔이 달린 톰슨가젤 수컷을 겨누었다. 이 작은 동물들은 염소 정도의 크기로서 검은색과 흰색이 섞인 줄이 암갈색 옆구리까지 내려와 있다. 이 톰슨가젤은 꼬리밖에 맞출 데가 없었다. 톰슨가젤은 비난하는 눈빛으로 자기 왼쪽 어깨 너머로 돌아보았다. 내가 이 톰슨가젤을 겨누는 동안 동료들은 초조하게 기다렸다.

그리고 나는 중포로 이 톰슨가젤을 쏘았다.

나는 톰슨가젤의 뒷다리를 맞추었다. 탄알이 튀면서 날아올라 머리를 관통했다. 그리고 톰슨가젤은 즉사했다. 나는 사냥꾼으로서의 명성을 되찾았고 이 지구상에서 나의 마지막 가젤에게 총을 쏘았다. 살아 있을 때 톰슨가젤은 아름답고 우아한 작은 동물이지만, 죽고 나면 피투성이의 덩어리에 불과하다.

매일 아침 우리는 사자 사냥에 나섰지만 한 번도 성공하지 못했다. 틈틈이 우리는 사슴영양의 여러 변종을 쏘아 신선한 고기와 기념품을 챙겼다.

어느 날 우리가 평원에서 거닐다가 거대한 어미 기린과 새끼 한 마리와 마주쳤다. 어미는 도망갔지만 미련한 새끼는 멈춰 서서 우리를 쳐다보았다. 새끼 기린은 우리의 30미터 앞에 멈추었다. 한 시간 후에 우리는 기린 여덟 마리와 마주쳤다. 여섯 마리는 다 자란 기린이고 두 마리는 새끼 기린이었다.

어찌나 아름답던지!

가족의 대장인 몸집이 큰 수컷은 앞으로 나와서 우리를 자세히 조사했다. 이 동물들은 아프리카에서 귀한 사냥감이다. 특별 허가증이 있는 사냥꾼만 기린을 사냥할 수 있다. 그래서 기린이 총에 맞는 일은 드물기 때문에 그 결과 기린들은 사람을 두려워하지 않는다. 늙은 수컷은 굉장한 사나이로, 큰 갈색 무늬가 있고 머리가 하얀 색이었다. 그는 35미터 가까이 와서 나무 꼭대기 너머로 우리를 묘하게 쳐다보았다.

우리가 평원에서 총을 쏠 때마다 숨을 곳을 찾아(혹은 멀리 도망가기 위해) 달리는 동물 발굽의 덜커덕거리는 소리가 천둥처럼 울렸다.

아프리카는 경이로운 땅이다……

삼륜차 아프리카 탐험

THREE-WHEELING THROUGH AFRICA

제임스 C. 윌슨 (1900~1995)

제임스 C. 윌슨이 오토바이를 타고 아프리카를 횡단할 계획이라는 말을 들었을 때 아프리카를 좀 알고 있던 사람이라면 윌슨에게 불가능하다고 말했을 것이다. 아프리카에는 도로가 너무 드물고, 위험한 동물이 너무 많고 가솔린은 너무 적다. 또 여행 중에 오토바이 부품 찾는 것은 그렇다고 쳐도 기본적인 공급품은 어디에서 얻을 것인가? 그러나 아프리카 대부분의 지역에서 모터 차량을 본 적도 없었던 1928년에, 이렇게 용감한 모험의 가능성만으로도 상상은 불타올랐다. 윌슨은 친구 프랜시스 플러드와 함께 인도로 화물선을 타고 가던 중에 우연히 같은 배를 탄 승객과 대화를 하다가 이런 대담한 생각을 하게 되었다. 용감한 두 사람은 나이지리아의 라고스에 상륙하여 사이드카를 장착한 오토바이 두 대를 구입하고 구할 수 있는 예비 부품을 모아 조립하고 기어를 넣고 출발했다.

두 사람은 익살맞게 '플러드-윌슨 아프리카 횡단 오토바이 원정대'라고 이름 짓고 사람들이 많고 활기찬 나이지리아 마을에 부릉부릉 소리를 내며 들어갔다. 5개월 동안 6,116킬로미터를 여행한 후 두 사람과 오토바이 모두 홍해 해변에서 멈추었다. 이들은 아마 멀리 떨어진 프랑스 성채부터 또다른 프랑스 성채까지 모래와 풀을 헤치며 차드 호 북부 기슭을 따라 동력 수단을 이용해 여행한 최초의 인물들일 것이다. 전진 기지의 가솔린과 공급 물자는 대상들이 가져와야 했다. 예비 부속품 같은 경우는, 여기에 생생하게 기록되어 있듯이 윌슨과 플러드가 임시변통으로 만들어야 했다.

윌슨은 사하라 사막에서 초지가 드문드문 난 지역인 사헬의 거칠고 너른 풍경을 박학다식한 안목으로 설명했다. 윌슨은 네브래스카 대초원에서 자랐으며 그곳으로 돌아가기 전에 농사, 교육, 여행 강의, 음악 연주 등 여러 가지 일을 시도했대(윌슨은 늘 밴조를 들고 다녔을 뿐만 아니라 재즈 시대의 뉴욕에서 색소폰을 연주했으며 아이오와 대학교의 교가 〈아이오와의 종〉를 작곡했다). 윌슨은 네브래스카로 돌아가서 대초원 풀과 야생화의 새 종자를 개발했고, 그 사이 선구적인 아프리카 모험으로 오토바이를 타는 사람들 사이에서 점차 전설이 되었다. 그는 90대까지도 건강하게 잘 살다가 자신이 태어난 집에서 세상을 떠났다.

응귀미(N'Guimi)에서 마오(Mao)까지 가는 길은 모래가 많아서 우리 오토바이가 사이드카까지 장착하고는 전혀 전진할 수 없었다. 그래서 우리는 사이드카를 떼어 우울해 보이는 낙타의 혹에 걸쳐놓고 오토바이 뒷바퀴 타이어에서 공기를 더 뺐다. 그리고 여러 차례 실험에서 큰 피해를 본 끝에 수상스키를 타는 사람들처럼 부드러운 모래 위를 두 바퀴로 미끄러지듯 지나가는 법을 배웠다.

오토바이를 한 번도 타 본 적이 없던 플러드는 첫날 열여섯 번이나 넘어졌다. 우리의 맨 다리는 연기 나는 실린더 핀에 화상을 입어 얼룩말처럼 줄무늬가 생겼다.

그리고 플러드의 짐받이는 두 동강이 났다. 우리는 응귀미에서

96킬로미터 떨어진 곳에 있었으며 가장 가까운 자동차 수리소가 있는 카노(Kano)는 800킬로미터 멀리 있었다. 그러나 우리 도구 상자에는 놋쇠 막대, 붕사, 큰 손도끼가 있었고 근처의 웅덩이에는 죽은 나무들이 있었다. 그러나 용광로가 없었다! 우리는 빈 가솔린 통과 오토바이 핸들 한 쌍으로 용광로를 만들었고 플러드와 함께 큰 손도끼를 모루로 삼아 풀무를 써서 짐받이를 다시 붙였다.

다음 날 플러드의 마그네토 차단기 상자 뚜껑이 떨어지면서 작은 진주 크기의 작고 단단한 고무 베어링이 모래에 떨어졌다. 우리에게는 진주보다 더 귀한 물건이었다. 오토바이는 이 고무 베어링 없이 움직이지 않으며, 우리에게는 여분의 베어링도 베어링을 만들 재료도 없었다. 우리에겐 반드시 그 베어링이 있어야 했다. 그러나 세 시간 동안 기어 다니며 찾아봐도 거기 없다는 사실만 분명해졌다. 사하라 사막이 베어링을 삼켜버렸다.

그러나 플러드는 위 앞니 네 개가 없어서 대신 금방 분리할 수 있는 의치를 부분적으로 하고 있었다.

"플러드, 이빨을 뱉어봐. 의치를 좀 보자…… 만세! 단단한 고무다!" 이 의치를 깎아서 베어링을 만들어 우리는 아프리카 횡단을 다시 할 수 있게 되었지만, 플러드는 치과의사를 서둘러 찾아가야 했다. 가장 가까운 치과의사는 2400킬로미터 떨어진 하르툼에 있었다.

이곳은 아프리카의 주인 없는 땅, 차드의 사막 남쪽 변방이다. 그러나 물이 있는 곳이라면 주인 없는 땅에서도 사람들이 산다. 웅덩이에 풀로 만든 오두막 몇 채가 모여 있었고, 그곳에서 여위고 햇볕에 피부가 마른 마을 사람 열다섯 명 내지 스무 명이 빈약한 기장 밭을 열심히 갈면서 굵은 낟알을 많이 수확해서 한 절기를 넘길 수 있기를 소망하며 살아간다.

이 거주민들은 아주 용감하다. 이들은 가난이 계속되는 곳에서 살아남기 위해 필사적으로 노력한다. 너무 험하고 단순해 보여서 삶을 지탱하려는 노력이 거의 가치가 없어 보일지라도 말이다.

때로는 바위 깊은 곳에 물이 있다. 우리는 로프가 내려진 한 우물 앞에서 내렸다. 이 로프는 47미터 길이였다. 당연히 낙타는 물을 마시고 싶다면 스스로 윈치가 되어 길어 올려야 한다. 또 낙타는 당연히 일주일에 한 번 정도 갈증을 느낀다.

그런데 누가 우물을 팠을까? 프랑스인? 그렇다. 프랑스인들이 지난 30년 동안 상당한 수의 우물을 팠다. 그러나 이 땅의 구멍 다수는 성경보다도 오래되었을 것이다. 나는 특히 우리가 물을 마신 곳이 기억난다. 우물의 둘레 테두리를 이루고 있는 단단한 통나무 네 개는 우물 로프와의 마찰로 수십 군데가 거의 둘로 갈라질 지경이었다.

새로운 둘레 테두리가 이전 둘레 테두리 위에 얹혔고 또 닳았다. 그리고 그 위에 또 새로운 둘레 테두리가 계속해서 놓인다. 단단한 통나무 열여섯 개가 로프와의 마찰로 닳아버렸다. 이 외딴 지역에 과거 얼마나 여러 차례 둘레 테두리를 연이어 놓았는지는 우리가 알 수 없다. 목마른 사람과 낙타가 이 물에서 퍼 간 물이 가죽 부대로 몇 개나 될지 궁금하다.

가장 흥미로운 우물은 땅에서 자라나는 우물이다. 한 전설에 따르면, 페르세우스가 메두사를 죽인 후에 메두사의 머리를 들고 아프리카를 건너갔는데, 이때 모래에 떨어진 핏방울이 꿈틀거리는 뱀으로 변했다고 한다.

아프리카를 걸어서 횡단: 수단 유목민 부족인 메세리아(Messeria)족 추장이 화려하게 장식한 수소 옆에 서 있고 수소에 아내 중 한 명이 타고 있다.

바오바브나무의 뒤틀린 가지를 보라. 누가 이 전설이 거짓이라고 말할 수 있을까?……

사막에도 짧은 우기는 있어서 비가 오고 난 후에는 골짜기에 작은 개울이 흐른다. 마을 주민들은 이 개울을 댐으로 막고 마치 물이 빛나는 금이라도 되듯이 조심스럽게 모아서 바오바브나무의 속이 빈 줄기에 부어눈다. 제법 큰 나무는 500갤런 내지 1000갤런의 물을 수개월간 신선하고 깨끗하게 보관한다. 마을 주민 수십 명에게는 이 나무숲만 한 공급원이 없다. 이 원주민들은 귀중한 물을 나무줄기 꼭대기의 구멍에서 염소 가죽 주머니로 길어서 조심스럽게 저장한다……

이곳에서 건기는 비극을 뜻한다. 무서운 사하라 사막은 서서히 남쪽으로 확장되고 있으며 사바나는 사구로 바뀌고 건조하기만 하던 곳은 황폐해지고 있기 때문에 건기가 점점 자주 온다. 차드 호의 기슭 곳곳이 지난 100년간 수 킬로미터씩 후퇴하고 있다.

용감하고 작은 마을들은 싸움에서 지고 있다. 오래된 바오바브나무는 있지만 어린 나무는 거의 없다. 백 년 전만 해도 쓸 만했던 우물이 이제는 모래 속의 마른 구멍이 되었다. 어제의 기장 밭이 내일은 바람에 노출된 황무지가 될 것이다. 그리고 남자는 슬프게 고개를 숙인 채 아내와 아이들을 낙타에 태우고 보잘것없는 짐을 실은 후 녹초가 되어 냉혹한 운명이 정해준 길을 따라갈 것이다. 그들은 좀 덜 모질고 덜 적대적인 곳을 찾아 헤매며 몇 년쯤 더 살다가 죽을 것이다.

한 소년이 모래 위에 풀로 되는 대로 지은 벌집 모양 오두막 몇 곳으로 우리를 안내했다. 이 오두막은 수단 중앙에 산재해 있는 작은 정착촌의 전형적인 집으로서, 세계의 다른 곳에 사는 사람들에게는 비현실적이고 이상해 보이겠지만 이곳에서 태어나 살다가 죽는 단순한 사람들에게는 푸근하고 안전한 집이었다.

그곳의 거의 모든 오두막 앞에는 작은 취사용 화롯불이 있었고 한 여자가 냄비에 무언가를 끓이느라고 바빴다. 남자 두 명은 작은 기름 접시 속에 담은 새끼줄로 홈을 파서 영양의 가죽을 벗기고 있었다. 어린 소년 네 명은 불 근처에 쭈그리고 앉아서 모래 구멍 속에 자갈을 떨어뜨리는 놀이에 열중해 있었다. 한 오두막에서 오래된 곡조의 부드럽고 그리움이 가득한 대나무 피리 소리가 들려왔다. 또 다른 오두막에서는 여자가 아기에게 자장가를 들려주고 있었다.

열여덟 명 내지 스무 명이 딱딱 소리를 내며 밝게 타고 있는 장작

불 주위의 땅 바닥에 앉아서 경건하게 나무 판의 코란 구절을 계속 읊고 있었다. 그들은 체구가 작고 머리 위에 머리카락을 한 줌만 남기고 땋아 내렸으며 하얀 옷을 입고 있었다. 턱 끝에 텁수룩한 흰 수염이 난 나이 많은 족장은 이 광경을 조심스럽게 감독했다.

우리는 안내인을 따라 마을 중앙을 가로질러 다른 오두막보다 조금 큰 한 오두막으로 갔다. 그 안내인은 안으로 가서 이상하게 바라보는 원주민들 가운데에 우리를 남겨두었다. 원주민들은 어두운 곳에 서서 우리를 두고 서로 은밀하게 속삭였다.

다음 날 아침 우리가 추장에게 감사와 작별의 말을 전하러 갔을 때, 추장은 자신의 오두막에 들어가서 더럽고 너덜너덜해진 사진 한 장을 가지고 나왔다. 이 사진에는 1924년부터 1925년까지 프랑스 시트로엥 원정대에 참여했던 백인 여섯 명이 볕을 가리는 헬멧을 쓰고 반바지를 입고 트랙터형 차 세 대 앞에 서 있다.

추장이 이 사진을 가지고 있는 것은 우리의 평판을 좋게 하는 데 효과가 있었다. 추장은 이전에 백인과 '붕붕'을 본 적이 있었다. 그리고 역시 '붕붕'을 타고 온 백인들인 플러드와 윌슨이 몇 년 후에 그렇게 지나갔을 때 아주 친절한 대접을 받았다는 사실은, M. 하르트(M. Haardt)와 그의 동료들과 추장과 부족민들 모두에게 바치는 가장 높은 수순의 잔사가 될 것이나.

흙속에 여러 차례 파묻히고 땀 흘리며 사막을 힘들게 횡단하면서 매일 밤마다 희망을 버리기도 했지만 매일 아침 새 희망을 품었다. 마그네토 체인이 고장 나기도 한다. 나는 이 마그네토 체인을 바퀴 덮개로 고친다. 우리 낙타들은 일이 끝나기 전에 우리를 따라잡는다. 이제 모래가 그렇게 나쁘지 않아서 사이드카를 다시 부착할 수

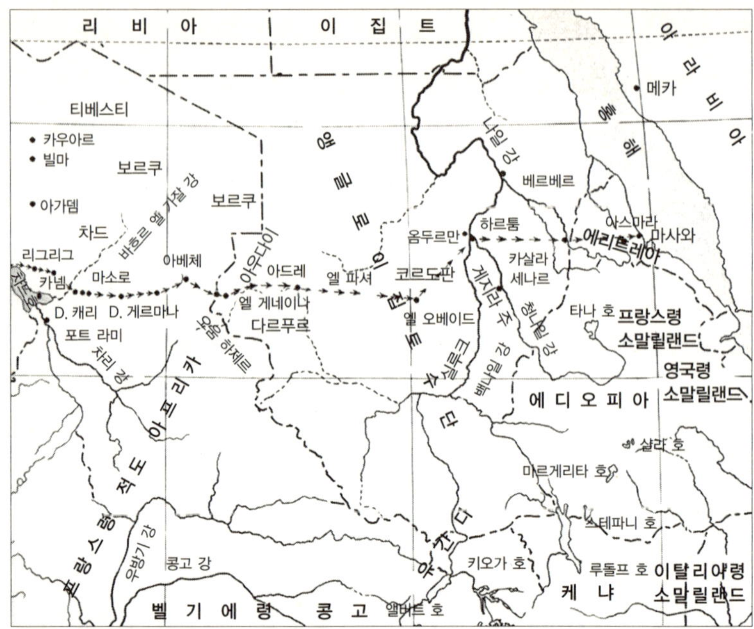

플러드와 윌슨은 나이지리아 라고스에서 여행을 시작했지만, 차드 호(지도 왼쪽으로 잘렸다)와 홍해(오른쪽)사이의 모래가 많은 초지가 오토바이를 타고 가기에 가장 힘든 곳이라는 사실을 알 게 되었다.

있다. 스프링도 하나 끊어졌다. 또 미등 브래킷이 떨어져 최선을 다 해 묶어두었다. 석유통 또 하나가 새기 시작해서 타는 햇볕 아래에 서 납땜을 했다. 우리는 연이은 절벽과 갈라진 틈을 거쳐 뜨거운 작 은 골짜기에 가서 가시로 덮인 땅에 들어갔다. 열여섯 번이나 타이 어에 펑크가 나고서야 뭐가 문제인지 알고 멈추었다. 그러나 근처에 마을이 하나 있었다. 우리는 무두질한 영양 가죽을 얻어 가늘고 길 게 잘랐다. 친절한 원주민들이 가시를 뽑아낸 후에 타이어 외피 여 섯 개에 모두 펑크 방지용 가죽을 붙였다. 더 이상은 타이어에 펑크 가 나지 않았다!

아프리카의 거의 절반을 횡단했을 때 물이 바닥이 나고 길을 잃었다! 우리가 지난번 이런 곤경에 빠졌을 때 나는 재칼을 4마일 정도 따라가서 냄새 나는 작은 물웅덩이를 찾아 시체 두 구를 건져내고 찌꺼기를 걸러낸 후에 차를 만들어 마셨다. 그러나 우리는 몇 시간 동안 재칼을 한 마리도 보지 못했다. 16킬로미터를 되돌아가면 마을이 하나 있다고 했지만 우리는 이 마을을 찾지 못했다. 길을 잘못 들어선 것이 틀림없다. 그러면 우리는 우리 낙타들을 잃어버릴 것이다. 보통 우리는 하루에 물 1갤런을 마시고 이를 땀으로 배출한다. 오늘 우리 둘이 마신 양은 그 4분의 1도 안 됐다.

길고 외로운 밤은 조금도 즐겁지가 않다. 우리는 잘 수도 없고 말할 수도 없고 삼킬 수도 없다. 우리 혀는 오돌도돌한 배처럼 부어 있다. 갈증으로 죽는 건 너무 끔찍하다!

그러나 누가 죽음에 대해 무언가 말을 했나? 아침 10시에 이곳에 한 이슬람 순례자가 당나귀를 앞으로 몰고 터벅터벅 걸어왔다. 그는 자비로운 알라의 이름으로 호리병박을 우리에게 주었다. 인종, 신앙, 피부색 등의 하잘것없는 모든 구분이 이 인간의 선한 행동에 대한 물밀듯 밀려오는 감격에 휩쓸려 사라졌다.

이 순례자가 떠나기 전에 우리 낙타가 언덕 꼭대기 위로 나타났다. 알라는 역시 위대하다. 우리는 어쨌든 맞는 길로 가고 있었다!

2부

열사의 사막을 지나

뜨거운 하드라마우트 속으로

INTO BURNING HADHRAMAUT

다닐 판 데르 묄런(1894~1989)

하드라마우트는 남아라비아 지도에 이름이 있긴 했지만 수세기 동안 고대 유향 길의 일부였다는 것 외에는 별로 알려진 것이 없었다. 그곳에 접근하는 것은 매우 어려웠고 주민들은 전쟁을 즐기고 외국인을 혐오해서 20세기 초반까지 하드라마우트를 여행한 서양 탐험가들의 숫자는 손가락으로 셀 수 있을 정도였다. 1929년에 아덴의 가까운 영국군 기지에서 영국 공군 비행기가 비행하여, 줄지어 늘어선 오아시스들을 염주처럼 잇는 진흙 마천루 도시들이 위치한, 바위투성이 대지 아래에 숨은 멋진 협곡을 처음으로 위에서 내려다볼 수 있었다.

하드라마우트인들의 조국은 숨겨져 있었지만, 하드라마우트인들 자신은 그렇지 않았다. 수천 명이 외국, 특히 네덜란드령 동인도제도(현재 인도네시아)에서 일하며 경제적으로 상당한 영향력을 발휘했기 때문에 네덜란드 정부는 하드라마우트인들의 신비한 탄생지를 좀더 알아야겠다고 결정했다. 이 임무를 맡은 것이 바로 구약성경의 선지자를 신봉한 30대 후반의 원칙주의 네덜란드 칼뱅주의자, 외교관 다닐 판 데르 묄런이었다. 판 데르 묄런은 네덜란드 통치에 반대

하는 유혈 저항이 들끓던 수마트라에서 이가 부러지기도 한 사람으로, 하드라마우트의 부족들과 그들 사이의 끝없는 내전을 다룰 능력이 있었다.

판 데르 묄런은 1931년에 독일 지리학자 헤르만 폰 비스만과 함께 남아라비아의 중심 항구 무칼라(Mukalla)를 출발했으며 북쪽으로 돌이 많은 대지를 횡단해서 하드라마우트의 와디(wadi, 건조한 계곡)로 통하는 인상적으로 깊게 갈라진 균열까지 갔다. 두 사람은 협곡의 미로를 내려가 640킬로미터의 장대한 와디 하드라마우트를 건너면서, 간혹 경계심과 적대감을 드러내는 사람들을 만나기도 했지만 대체로 호의적인 대접을 받았다. 판 데르 묄런이 내셔널지오그래픽에 기고했을 때, 두 사람은 그곳의 여러 지역을 최초로 본 서양 탐험가들이었다. 그렇지만 그곳에서는 이들이 낙타 등에 부품을 조금씩 싣고 가서 조립한 자동차가 더욱 놀라운 대상이었다. 이 책에 쓴 에피소드에는 하드라마우트의 가장자리에 두 사람이 도착한 일, 이 골짜기의 반짝이는 꿈의 도시 중 한 곳인 타림을 방문한 일, 신성한 순례지와 '지옥의 입구'라고 불린 전설적인 동굴에 간 여행이 포함되어 있다.

우리는 와디 하드라마우트의 큰 지류인 경탄을 금치 못할 정도로 아름다운 와디 두안을 향해 더 나아갔다. 우리는 며칠 동안 생물이라고는 가끔 보이는 도마뱀뿐인 이 끝없이 펼쳐진 고원을 지나는 지루한 여행으로 기운이 모두 빠진 끝에 우리의 '약속의 땅'의 입구에 이제 섰다. 돌에 비친 햇빛에 고통을 받았던 우리의 눈은 이제 와디 깊은 곳의 편안한 녹색 그늘에서 위로를 받았다.

졸(jol, 고원)이 수직으로 끊겼다. 30미터 내지 45미터 아래의 와디 바닥은 생기가 흘러넘치는 강처럼 초록빛으로 넓게 펼쳐졌다. 그 중앙에는 홍수로 퇴적된 모래 바닥이 빛나는 하얀색 리본처럼 구불구불 이어지고, 드물게 비가 내린 후에 모래 바닥에 개울이 흘러 와디를 따라 갈 길을 갔다. 와디의 바위 기슭 위로는 야자수가 반쯤 자랐다. 이 깎아지른 내리막 경사에 도시들을 세워서 물을 댈 수 있는 단 한 뼘의 땅도 낭비하지 않았다.

어도비 벽돌로만 지은 직사각형의 집들은 5층 이상으로 높은 경우가 많다. 대낮의 태양 아래에서 이 도시들은 거의 알아볼 수가 없다. 왜냐하면 이 집들이 지어진 회갈색 비탈과 집 색깔이 똑같기 때문이다. 대낮에는 엄청나게 더워서 아무도 집 밖으로 나오지 않기 때문에 생물이라고는 보이지 않았다. 우리에게는 어떤 소리도 들리지 않았다. 마치 부활의 날을 기다리며 긴 잠을 지는, 돌처럼 굳은 잃어버린 도시를 내려다보는 것 같았……

그래서 우리는 뜨거운 오후에 뜻하지 않게 현대적인 교통수단으로 후레다(Hureda)를 떠나 하드라마우트 골짜기의 사막 입구로 향했다. 자동차에다 실을 수 있는 만큼 모두 싣고서 곧 건조하고 뜨거운 황야에 들어갔다. 북쪽에서 겨울에 부는 혹한의 바람이 몸을 에이는 것처럼 뜨거운 바람이 얼굴과 손을 에는 듯했다. 계속 넓어지는 와디의 바위벽의 윤곽이 사막의 바람 장막에 흔들리고 일그러졌다. 와디 암드가 와디 카스르로 향하는 곳에서는 와디 기슭이 멀리 뒤에 있어서, 우리는 광활한 모래 바다 위에서 배를 타고 있는 기분이 들었다.

때로 열기와 먼지 안개 속에서 어떤 울퉁불퉁한 바위들이 나타나 우리 운전기사가 방향을 가늠할 수 있게 하는 이정표 역할을 했다. 우리 앞에 길고 가는 모래 기둥이 나타나 하늘을 향해 뻗었고 정상 부분은 바람에 가장자리가 무너졌다. 이 황갈색 기둥들이 점점 많이

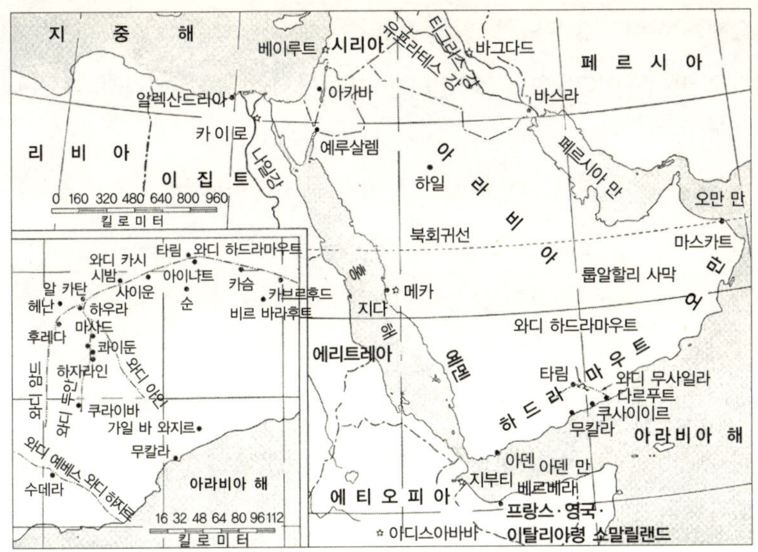

남아라비아의 하드라마우트 지역은 수세기 동안 서양 탐험가들에게 매우 적대적이어서 이 지역에 대해 알려진 것이 거의 없었다. 삽입 지도(왼쪽)에는 와디 하드라마우트의 주요 도시와 구불구불한 길이 나와 있다.

생겨나 고원 위를 엄청나게 빠른 속도로 질주했다. 곧 우리는 이 기둥 속에 갇혔다. 뜨거운 바람이 사방에서 불어와 우리는 서로를 거의 볼 수가 없었다. 우리는 수건으로 얼굴을 덮은 다음 앞으로 몸을 숙인 채로 조용히 숨을 죽이고 있었다.

먼지의 장막이 투명해지자 우리는 한숨을 쉬며 수건 밖으로 머리를 내밀었고, 빈 마르디는 다시 운전을 시작했다. 또 한 번 우리는 차 밖으로 나가서 차를 밀어야 했다. 그리고 우리는 부드러운 모래 속에서 차가 멈추는 일을 피하기 위해 거의 지나갈 수 없을 만큼 험한 길을 아주 빠른 속도로 가야 했기 때문에, 떨어지지 않으려고 차의 끝 쪽에 딱 붙어 있어야 했다.

문득 모래 구름 속에서 상상에서 튀어나온 듯한 연회색의 높은 요새가 어렴풋이 보였다. 멀리 모래 황무지 속에 3층의 높은 요새 디자르 알 부크리가 솟아 있었다. 이 요새에서 한 완강한 전사가 수년간 적들에 둘러싸인 채 자신을 지켰다고 한다.

우리는 모래 폭풍에서 벗어나 잠시 휴식을 취하며 뜨겁고 쓴 커피를 마시고 싶었다. 그래서 빈 마르타가 고요한 이곳에서 경적을 시끄럽게 울렸다. 곧 보초들이 흉벽에서 검은 머리를 내밀고 놀란 표정으로 아무 말 없이 우리를 내려다보았다. 우리는 지휘관을 만나고 싶다고 소리쳤다. 그들은 이쪽 문은 적군의 공격선에 있기 때문에 열리지 않는다면서 다른 쪽으로 돌아가서 들어가야 한다고 대답했다.

우리는 디자르 알 부크리에 잠시 동안만 머물렀지만 흥미로운 일이 많았다. 나는 커다란 회의실에서 지휘관과 마주 섰을 때 그 안의 벽을 훑어보았다. 입구의 군인들이 소총과 탄약통 벨트를 긴 나무못에 걸어두었다. 그는 내 생각을 추측하고 말했다. "전쟁은 남자다운 일이지요!" 나는 그를 보며 그 말을 한마디로 부정했다. "왜 아니라는 겁니까?" 그가 물었다. 나는 이렇게 대답했다. "전쟁 때문에 당신들은 자랑스러운 성채에 갇혀 있고 정원의 마지막 야자수는 오래전에 시들었고 사막이 이곳 입구까지 잠식했습니다." 우리가 전쟁과 또 그와 유사한 주제에 대한 생각을 서로 나누는 대화를 군인들은 흥미롭게 들었다. 그러나 우리는 하드라마우트의 입구까지 와서 여기에서 묵을 수는 없었다……

"타림에 가면 더 이상 바랄 것이 없어진다(Tarim wa la teroom ghaira)"라는 말이 있다. 이 말은 세 도시 중에 가장 동쪽에 있고 가장 유명하며 다른 두 도시와는 근본적으로 다른 도시에 대한 잘 알려진 농담이다. 1893년에 허쉬가 잠깐 방문한 후에는 다른 어떤 서양 탐험가도 이곳을 찾은 적이 없었다. 1929년에 아덴의 영국 공군 정찰기 몇 대가 이 위를 낮게 비행한 적은 있었다. 그러나 호기심 많은 베두인족 사람들이 좀더 가까이 보기 위한 의도로 이 '놀라운 새'를 공격하자, 정찰기들은 다시 높이 날아올라서 타림은 침범당하지 않았다. 그 직후에 T. M. 보스커윈(T. M. Boscawen) 중장 각하가 하드라마우트 아랍인 한 명과 함께 와디 두안과 와디 하드라마우트를 지나 타림까지 갔다.

40년 전에 허쉬는 그를 초대한 주인의 집에서 광신적인 군중에 포위되었다. 막강한 사이드(sayid, 마호메트의 후손을 일컫는 명예로운 호칭/옮긴이)의 무리는 그에게 항복하라고 요구했다. 그를 초대한 주인이 대신 나서서 그가 곧 이 마을을 떠날 것이라고 약속하지 않았다면 그는 큰 화를 입었을 것이다. 그 이후로 시대는 변했다! 타림에서 가장 영향력 있는 사이드인 아부 바카르 빈 셰이크 알-카프(Abu Bakr Bin Sheik al-Kaf)는 그의 호화로운 집을 우리에게 공개했다. 그는 우리를 친절하게 대접해서 놀라게 했을 뿐만 아니라, 더 여행할 수 있도록 준비해주었고 이 지역의 베두인족 주민들에 대한 자신의 강한 영향력을 이용하여 그 여행을 가능하게 해주었다.

타림은 종교와 과학의 도시라고 불린다. 타림의 이 같은 명예로운 호칭은 과거의 영광 때문이며, 과거의 영광 다수는 이제 사라졌다. 타림에 이슬람 사원 360개가 있다는 말은 아마 한때는 사실이었겠지만, 그 숫자가 여전히 인상적이기는 해도 이제 더 이상 사실이 아니다. 어느 날 오후 폰 비스만과 나는 하드라마우트에서 가장 높은 첨탑이라고 알려진 곳에 올라갔다. 이 첨탑은 높이 53미터로서 전체가 어도비 벽돌로 되어 있으며, 바깥쪽에는 흰색 도료가 칠해져 있었다. 안타깝게도 보통의 둥근 형태는 현대식 사각형으로 교체되었으며, 줄무늬의 단순한 장식이 첨탑의 창문 때문에 끊겼다.

진흙 계단은 점점 좁아져서 결국 꼭대기 가까이에서는 아주 날씬한 사람들만 나사 모양의 터널로 기어들어갈 수 있다. 우리는 서로 가까이 붙어서, 진흙 기둥이 둘러싸서 지지하고 있는 돔 아래에 간신히 서 있었다. 꼭대기는 뜨겁고 건조한 바람에 살짝 흔들렸다. 우리는 처음에는 이를 알지 못했지만 나중에 이 사실을 알고 나자 우리의 상상 속에서 이 움직임이 과장됐고, 우리는 우리가 지상에서 53미터 위로 떨어진 바싹 마른 진흙으로 만든 흔들리는 뾰족탑 위에 서 있다는 공포에 사로잡혔다! 우리는 조용히 서둘러서 꼭 필요한 측량을 하고 사진을 찍었다. 그러고 나서 우리는 안도감을 느끼며 갈색의 좁은 계단을 걸어 내려왔다. 그러나 장력과 그로 인한 변형을 계산할 수 없었을 텐데도 경험으로 높은 진흙 구조물을 짓는 방법을 터득한 이 아랍 건축가들의 솜씨에 우리는 감탄하지 않을 수 없었다……

우리는 모든 세속적인 욕망을 충족시켜준다는 도시에 있었지만, 순례자들의 국가적인 사원인 예언자 후드의 무덤과 비르 바라후트 (Bir Barahut), 즉 '지옥의 입구'라는 하드라마우트의 두 가지 미스터리를 연구하고 싶은 생각이 간절했다……

둘째 날 저녁쯤 우리는 나비(Nabi, 예언자) 후드의 협곡에 가까이 갔다. 우리는 황량하고 고요한 골짜기에서 검은색에 가까운 바위 비탈길과 대조를 이루는 하얀색 제식(祭式) 건물들이 뚜렷한 윤곽을 나타내는 것을 보았다. 좀 아래쪽에 있는 카브르 후드라는 도시는 1

"돌로 변한 잃어버린 도시……" 베일에 쌓인 아라비아 하드라마우트의 한 모습. 부족들이 방어를 위해 진흙으로 만든 도시가 거대한 협곡의 암벽에 매달려 있다. 뜨거운 열기 때문에 이 도시는 대낮에도 버려진 것처럼 보일 때가 많았다.

년 중에 전체 휴전으로 이 땅의 가장 먼 곳에서부터 이 신전으로 올 수 있는 사흘 동안만 사람들이 있다. 약 3천 명이 인적이 거의 없는 황량한 황무지의 외딴 골짜기에 모여 마음의 평화와 더 큰 행복을 구하는 기도를 올린다.

내가 동료와 함께 우리 대상보다 훨씬 앞서서 이 하드라마우트의 성지에 도착했을 때는 우리들뿐이었다. 모든 것이 정지해 있었다. 처음에 우리는 생물을 하나도 보지 못했지만, 조금 지나니까 순례자 일행이 나카(naqa) 사원의 기둥들 사이에서 고개 숙여 기도하고 있는 모습이 보였다. 다행히도 그들은 기도에 몰두해 우리를 보지 못해서 우리는 이 이슬람 전 시대의 사원에 가까이 갈 수 있었다.

우리는 마을의 오두막이 반쯤 무너져 있고 원시적인 건물들이 버려져 있는 모습을 볼 것이라고 예상했지만, 예상과는 달리 우아하게 빛나는 상당히 크고 화려한 백색의 무덤, 사원, 몸을 정화하는 정자를 보았다. 또 골짜기 더 깊은 곳에는 크고 잘 보존된 3층 이상 높이의 인상적인 가옥들이 있었다. 깊은 신앙심과 애정을 이 신성한 곳의 건물과 건물들의 유지 상태로부터 읽을 수 있었다.

서양에서 온 첫번째 순례자들인 우리는 감탄하며 서서, 가장 높은 경지에 다다르려는 인간이 어느 곳에서나, 심지어 사람이 거의 살 수 없는 땅인 이곳에서도 종교 표현을 추구하는 것을 바라보았다. 이곳에 베두인족 사람들과 도시 주민들이 1년에 2~3일씩 모이며, 이때는 모든 분쟁과 복수를 그친다. 이곳에서 사람들은 욕구와 슬픔, 그리고 불멸의 희망을 가지고 이승과 저승의 경계에 선다.

후드는 알라가 하드라마우트의 원주민인 아디테스(Addites)인들에게 보낸 예언자였다. 후드는 회개의 전도사로서, 사람들에게 개종하라고 권유했으며 알라에게 복종하지 않으면 알라가 끔찍한 벌을 내릴 것이라고 위협했다. 그의 말은 황무지에 울려 퍼졌다. 그는 박해를 받았으며 이곳에서 적군의 손에 잡혔다. 그러나 알라가 나서서 바위를 쪼개어 후드를 거두었다고 한다. 후드에게 젖을 먹이기도 한, 충실한 경주용 낙타 나카는 후드의 무덤에서 죽고 나서 돌로 변했다.

이 나카 사원은 나중에 돌로 변한 낙타와 쪼개진 바위 위에 건설된 것으로서, 회개한 후대의 사람들이 세운 후드의 돔형 무덤이다. 이 예언자의 4미터 이상 되는 시신은 돔 위로 한참 튀어 나와 있으며, 하얀색 도료를 칠한 돌난간으로 구획을 지어놓았다. 돔 안에서 우리는 쪼개진 바위의 양면을 보았다. 기도를 하며 지나긴 수만 명이 바위를 손으로 만지고 수많은 사람들이 환희 속에 성스러운 바위에 입을 맞추어 바위가 닳아서 맨질맨질해졌다.

카브르 후드 옆의 와디 바라후트는 중심 와디로 향해 있다. 이 험하고 바위가 많은 골짜기의 끝에는 공포의 장소가 있다. 아주 오래 전부터 하드라마우트에 대해서 쓴 모든 작가들이 그렇게 말했다. 그 곳은 알라가 가장 싫어하는 곳이며 그래서 알라가 이교도들의 거처로 정한 곳이다. 이곳에 대해 전해 내려온 이런 이야기들을 통해 서양 지리학사들은, 이곳에 활화산이 존재하는 것이 분명하다고 생각한다. 그렇다면 이곳은 아라비아 반도 전체에서 유일한 활화산인 것이며 과학적인 관점에서 중요성이 클 것이다. 그리고 비록 실패하긴 했지만, 분명히 하드라마우트의 기독교 선조들은 카브르 후드뿐만 아니라 비르 바라후트에도 도달하려고 애썼다. 우리는 카브르 후드에 있었기 때문에, 비르 바라후트에 도달해서 두려움을 이기고 가능한 한 깊은 곳까지 내려가려고 마땅히 시도해야 했다.

여러 가지 감정이 충만했던 낮이 지나고 기대와 의심이 오가는 밤에는, 숨 막히는 열기를 견디며 편안하게 잠을 자는 것이 불가능했다. 우리는 알-카프 가족 저택의 납작한 지붕 위에서 함께 야영했다. 울퉁불퉁하고 검은 바위가 우리 위에 위협적으로 솟아올라서 낮에 흡수한 열을 발산했다. 지붕조차 밤새 뜨거웠다. 가만히 누워서 잠이 오기를 기다리며 우리의 의지력을 크게 시험했다.

우리 서양인들뿐만 아니라 베두인족 사람들도 내일 무슨 일이 일어날지 걱정했다. 대담한 아랍인들 몇 명은 우리와 함께 가기로 결심했지만, 다른 사람들은 주저하며 그 결정을 꿈이나 다른 징조에 맡겼다.

동이 트기 전에 우리는 소수의 일행과 물주머니들을 실은 낙타 한 마리와 함께 길을 계속 갔다. 우리는 안내인들로 베두인족 마나힐(Manahil) 사람들과 동행했다. 이 베두인족 사람들은 소수의 일행들이 무리를 지어 하드라마우트 사람들이 거주하는 곳 중에서 가장 외딴 곳, 엠티 쿼터(Empty Quarter) 혹은 룹알할리(Rub'al Khali) 사막의 남쪽 경계선을 돌아다닌다. 우리는 손전등, 동굴 안의 공기를 확인할 등유 램프, 로프, 나침반을 가지고 갔다. 베두인족 사람들은 뱀이나 다른 무서운 동물들의 습격에 대비하여 무장도 했다!

우리는 미지의 것에 대한 열망으로 두세 시간 동안 아주 빠른 속도로 나아간 후에, 우리 위로 높이 깎아지른 울퉁불퉁한 바위 속에서 비르 바라후트의 검은 입구를 발견했다. 이곳에서 와디는 훨씬 더 넓어졌고 거의 수직인 절벽은 하드라마우트의 다른 어느 곳보다도 더 험준하고 더 크게 갈라져 있었으며, 어두운 동굴이 큰 바위들 사이에 입을 크게 벌리고 있었다. 그러나 이 모든 것은 와디 바라후트가 아랍인들 사이에 일으킨 혐오감을 설명하기에 충분하지 않았다.

우리 모두 가능한 빨리 암벽에 기어올라 신비한 동굴을 더 가까이에서 보려고 했다. 질식시키는 가스나 불꽃이나 폭발, 우르르 떨어지는 소리는 없었다. 높고 넓은 입구 안에는 커다란 표석이 흩어져 있었고 더 뒤쪽에는 검은 균열이 있어서 우리는 이 균열을 통해 기어갔다. 우리는 낮지만 넓은 틈으로 기어가 이 신비로운 세계 속으로 들어갔고, 그후 바깥의 햇빛이 차단되어 칙칙한 어둠밖에 보이지 않았다. 완벽한 정적과 암흑이 우리를 엄습했다. 우리의 손전등에서 나온 불빛은 우리가 나아가야 하는 가장자리를 따라 있는 심연의 바닥까지는 비추지 못했다. 아무리 대담한 사람이라도 이런 지하 세계의 분위기에 영향을 받지 않을 수 없었으며 모두들 이 감추어진 깊은 곳의 평화를 깨뜨린 탐험가에게 무슨 일이 일어날지 경고하는 이야기를 떠올렸다.

용기를 잃은 몇몇 일행은 아직은 밖으로 나갈 수 있을 때라고 생각하면서 되돌아갔고, 아무도 감히 이들을 비난하지 않았다. 폰 비스만은 끈과 나침반을 가지고 동굴 속에서 우리가 가는 길을 측량하고 약도를 그렸다. 우리가 간 길 측면에는 여러 회랑이 있었으며 우리는 각 회랑들을 끝까지 조사했다. 이 복잡한 회랑 안온 미치 홍해의 증기선 아궁이처럼 뜨거웠다!

때로는 이 옆길이 아주 가팔라서 몇 번이나 작은 입구 안으로 기어 들어가야 했다. 한번은 바닥없는 나락으로 이끌 것처럼 보이는 내리막길에서 우리 일행 대부분이 움츠러들기도 했다. 폰 비스만과 아랍인 한 명만 안으로 들어갔다. 두 사람은 듬성듬성 있는 잡석 위에 서서 가파른 비탈로 내려가서 어둠 속에 사라졌다. 처음에는 돌이 떨어지는 소리가 들렸지만 그후에는 아무 소리도 들리지 않았다.

우리는 배터리를 아끼려고 손전등을 끄고 칠흑 같은 어둠 속에서 몇 시간은 되는 것 같은 시간을 기다렸다. 마침내 우리는 점점 가깝게 깜빡거리는 불빛을 보았으며, 안도의 한숨을 내쉬며 좁은 구멍을 통해 우리 쪽으로 친구들이 나올 수 있도록 도왔다.

우리는 두 시간 동안 고생한 끝에 출구로 돌아가는 길을 더듬어 찾았다. 동굴 바닥의 고운 가루 층 때문에 아무 소리도 들리지 않았다. 온도는 정상적으로 내려갔고 우리는 나침반과 약도를 길잡이로 삼았다. 마침내 희미한 빛이 보였고 우리는 '지옥의 입구'나 화산 분화구가 아닌 비르 바라후트 탐험이 성공적으로 끝났다는 사실을 실감했다.

우리는 입구에서 기다리던 호위대가 깊이 잠들어 있는 것을 보았다. 우리가 그들을 깨우자 그들은 어안이 벙벙하여 우리를 쳐다보았다. 우리는 지하세계에서 온 사람들이라기보다는 굴뚝 청소부처럼 보였다! 우리가 30분이 다 되어도 돌아오지 않자 그들은 자연스럽게 우리가 무모한 만용으로 저지른 벌을 받은 것이 분명하다고 생각한 것이다!……

이 탐험가들은 하드라마우트에서 해안으로 돌아오면서 부족 간의 수많은 전투를 피했다. 판 데르 묄런은 이후에 곧 이 지역의 지속적인 평화 중재를 도왔다. 그리고 판 데르 묄런은 폰 비스만과 함께 이 지역 최초의 정확한 지도 편찬을 도왔다. 이러한 개척자적인 노력으로 판 데르 묄런은 1947년 남아라비아의 지리학, 고고학, 민족지학에 공헌한 업적을 인정받아 왕립지리협회로부터 페이트런 메달(Patrons Medal)을 받았다.

현재 하드라마우트는 예멘공화국에 속해 있으며, 일상적인 여행지까지는 분명히 아니지만 관광지가 되었다. 이곳의 이상한 이름? 이 이름은 '죽음을 환영한다'라는 뜻의 아랍 어구에서 나온 것 같다. 이곳은 오사마 빈 라덴의 아버지가 태어난 곳이기도 하다.

이교도, 하지에 참가하다

AN UNBELIEVER JOINS THE HADJ

오언 트위디(1888~1960)

여정 없이는 도착도 없다. 천 년이 넘는 시간 동안 매년 순례자들이 성도(聖都) 메카에 도착했다. 순례자들은 낙타를 타고, 배를 타고, 또 두 발로 걸어서 이 중대한 여행을 했다. 그들이 수천 킬로미터를 수년의 시간 동안 간 이유는 최고의 순례, 이슬람의 다섯 기둥★ 중 하나인 하지에 참가하기 위해서였다.

1930년 영국계 아일랜드 작가 오언 트위디는 하지 순례에 참여하겠다는 아주 드문 결정을 했다. 트위디는 아프리카 북동부에서 출발하여 홍해를 접하고 있는 메카의 외항 제다까지 여행했다. 이교도인 그는 이슬람 전통을 존중해서 결국은 길을 벗어났고, 실제로는 성도 메카를 보지 못했다. 그러나 그가 『내셔널 지오그래픽』에 기고한 글을 통해 우리는 옛날의 순례 형태를 엿볼 수 있다.

더블린 내과의사의 아들이며 아랍어를 구사할 줄 안 트위디는 케임브리지

★ 이슬람교의 가장 중요한 다섯 가지 종교적 원칙. 신앙고백(샤하다), 하루 다섯 번의 예배(살라), 수입의 40분의 1의 자선(자카트), 라마단 시기의 단식(사움), 일생 동안 한 번 이상의 성지 순례(하지)의 다섯 가지이다.

대학교를 졸업하고 제1차 세계대전에 참전한 후 카이로로 가 외교 활동을 했다. 그러나 그는 이슬람 세계에 매혹되어, 북아프리카와 중동을 여행하고 그 경험을 글로 쓰기 위해 외교관직을 사임했다. 그는 아랍 문화에 열정을 보인다고 자부하는 서양인들과 아랍 지도자들과 잘 알고 지냈다. 제다에서 트위디가 머문 집의 주인(이 글에는 이름이 나와 있지 않다)은 해리 세인트 존 필비였다. 필비는 자칭 당대 최고의 아라비아 탐험가로서 20세기의 악명 높은 스파이 킴 필비의 아버지다.

여정이 길고 힘든 만큼 도착의 기쁨은 더 크다. 그러나 1960년 트위디가 마지막 인사를 하고 인생의 무대를 떠났을 때, 그가 설명한 하지의 낙타 대상, 순례선, 중세식 사다리 타기는 빠른 속도로 사라졌다. 대부분의 순례자들은 버스를 타고 고속도로를 통해 싱도에 도착했다. 이렇게 교통수단이 발달하어 순례객 숫자가 열 배로 늘어나 매년 교통 혼잡의 원인이 되었다. 그리고 이후에는 점보제트기가 등장해서 제다 공항에 매일 점보제트기 수백 대가 도착했다. 이제 순례자들은 교통수단으로 점보제트기를 선택한다.

독창적이며 구태의연하지 않은 여행을 보증하는 틀림없는 방법은 세계를 하나의 접시로 상상하고 자신을 그 위의 작은 수은 방울이라고 생각하는 것이다. 그리고 이 접시 자체를 기울이면 아주 이상하고 즐거운 일이 일어난다!

나는 하르툼에 막 도착했다. 나를 초대한, 게지라 주에서 광대한 목화밭을 경작하는 부유한 아랍인은 나를 진흙과 윗가지로 만든 어도비 벽돌집에 초대했다. 높고 뾰족한 초가지붕을 얹은 그 어도비 벽돌집은 처음에 나의 유년 시절 빅토리아 시대의 커다란 촛불 끄는 기구를 떠올리게 했다. 그 아랍인은 내 여행에 지대한 관심을 보였

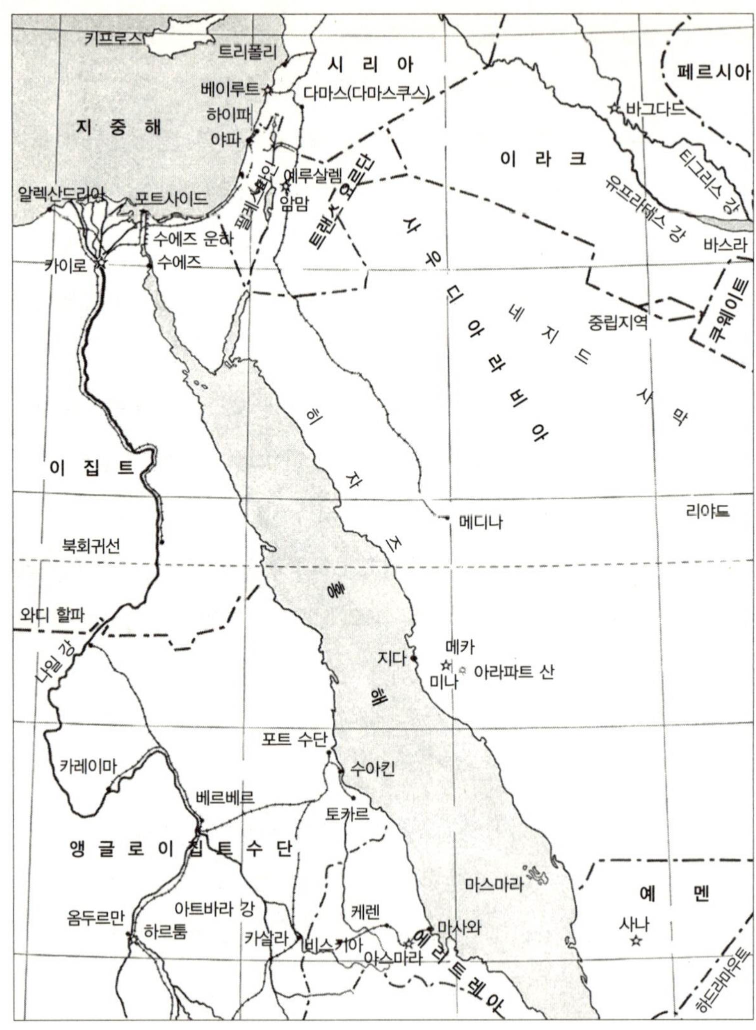

점보제트기가 나오기 전 수세기 동안 무수히 많은 순례자들이 배를 타고 홍해를 건너 제다의 아라비아 항구에 가서 낙타를 타고 마지막으로 74킬로미터를 더 가 성도 메카에 도착했다.

다. "그러면 다음에는 어디로 갈 건가요?"라고 그가 물었다. 나는 확실한 계획이 없다고 그에게 말했다. 그러자 그는 접시를 기울였고 작은 수은 방울인 나는 움직였다.

"순례자들과 함께 가는 게 어떨까요?"라고 그가 말했다.

"아프리카를 지나 홍해를 건너 성도로 가는 순례길, 바로 다르브 엘하지(Darb el-Hadj)를 따라가는 거지요. 순례자들과 함께 가세요. 그들도 당신과 같은 여행자, 훌륭한 여행자입니다. 그들로부터 많은 것을 배울 겁니다."

"하지만 저는 이교도인데요."

그는 빙긋이 웃었다. "글쎄요," 그가 말했다. "그러니까 선생님은 물론 그들의 목적지에 도착하지는 못할 겁니다. 그렇지만 순례길의 정신을 함께 할 수는 있죠."……

나는 하르툼 동쪽, 수단의 국경에 있는 카살라까지 가서 그곳에서부터 에티오피아 고지로 이어지는 에리트레아의 산맥을 지나 홍해의 옛 아랍 항구 마사와로 가려고 했다. 그곳에서 수아킨을 경유하여 아라비아의 지다(제다)로 배를 타고 갈 계획이었다. 제대로만 되면 근사한 계획이었다……

에리트레아의 기차 시간표에는 신중한 단서가 함께 인쇄되어 있다. "운행의 긴급사태에 따라 달라질 수 있다." 나는 그 일요일에 어떤 긴급사태가 있었는지 모른다. 아무튼 급행열차가 운행되지 않았고, 흥분해서 오랫동안 이탈리아인 역장과 오랫동안 대화를 나눈 끝에 결국 4등 열차인 화물열차를 타고 미시외로 가는 허가를 받았다. 나는 아덴에서 온 초로의 터키인과 매력적인 아랍인과 함께 열차를 탔다. 아랍인은 어린 아들과 함께 수단 서부에서 이 길을 따라 4년 동안 메카를 향해 가고 있었다. 그는 아내와 함께 출발했지만 아내는 아들을 낳다가 세상을 떠났다. 그래서 그는 아기와 함께 아스마라(Asmara)에 도착하여 한 계절 동안 밭에서 일하며, 아이가 배를 탈 수 있는 나이가 될 때까지 기다렸다.

그는 아랍어로 대화할 수 있어서 기뻐했다. 내가 그의 나일 강에 대해 이야기하자 그의 얼굴은 빛났고, 초로의 터키인이 장작더미 위의 한 구석에서 코를 골고 있는 동안 그는 계속 이야기를 했다. 그의 아버지와 할아버지는 성도에 갔었고, 그들은 죽어서 천국에 갔다. 이제 그와 그의 아들이 하지 순례자가 될 차례이며, 그들 이후에는 후세의 세대들이 그 뒤를 따를 것이다. 이슬람은 엄청난 신념을 불어넣는다.

나는 다음 날 우리 두 사람을 지다로 태우고 갈 배에서 나의 아랍 친구를 만났지만, 그는 나에게 전혀 관심이 없었다. 그는 선수창에서 다른 여러 3등석 선객 순례자들과 함께 이야기를 하느라고 정신이 없었고, 나는 고물 쪽의 1등석에 있었다. 또한 나에게도 이 배는 신선함과 호기심을 불러일으키는 관심사였다.

승강 계단을 내려가 어두운 객실에서 본 광경은 내 인생의 가장 놀라운 장면이었다. 벽면에는 영국의 장미, 스코틀랜드의 엉겅퀴, 그리고 내게는 가장 소중한 우리나라의 토끼풀 문양을 새긴 메달들이 달려 있었다. 시계 위에는 더블린 시의 문장(紋章)이 있었다. 내가 탄 배도 나처럼 서양에서 온 유랑자였으며 또한 나의 오랜 친구였다. 이 배는 연안 무역을 하러 홍해로 떠나기 전에 레이디 허드슨 키나한이라는 이름으로 더블린과 리버풀 사이를 운항했으며 나와 형은 영국에서 학교에 다니던 시절에 이 배를 가장 좋아했다……

바람이 그쳐서 우리는 거침없이 항해했다. 다음 날 이른 오후에 나는 함께 출발한 순례자들과 같이 갑판에서 동쪽으로 머리를 돌려 처음으로 약속의 땅을 보았다. 나는 선장의 함교에서 앞갑판을 내려다보았다. 앞갑판에 있던 사람들은 곧 도착한다는 말에 분주한 모습이었다.

지다에 도착한 순례자는 생각할 것이 많다. 해안이 보이면 순례자는 신성한 장소에 들어가서 본격적인 하지를 맞이하는 의식을 마쳐야 한다. 순례자들은 이미 모자를 벗고 신발도 신지 않은 상태였다. 갑자기 돛대 맨 위의 망루에서 큰 외침이 들렸다. "엘벨라드(El Belad)! 그 도시다!"

모두 숨을 죽이며 급히 배의 옆으로 가서 흥분에 차 조용히 서서 수평선을 깊이 응시했다. 그들은 천천히 몸을 돌려서, 주승강구 위에 쭈그리고 앉아 있는 부인과 아이들에게 갔다.

그리고 친친히 경건한 의식의 하나로 평상복을 벗고 순례자용 의복 이흐람(ihram)으로 갈아입었다. 이흐람은 하얀색 옥양목이나 타월 천 두 장으로 이루어지며 '이교도' 재봉사가 만져서 더럽혀지는 것을 피하기 위해 일부러 이음매 없이 만든다. 한 장은 허리에 둘러 묶고 다른 한 장은 머리와 어깨를 숄처럼 둘러 묶었다.

이흐람을 입고 나면 삶은 다시 일상으로 돌아가서 혼잡한 상황 속에 아버지들은 가족의 짐을 모으고 흥분한 어머니들은 올챙이배가 나온 명랑한 아기들을 깨끗하게 닦고 깔끔한 옷을 입혔다.

우리는 두 시간 후에 시주(沙柱) 안쪽에서 안전하게 정박했다. 유리 같은 바다 3킬로미터 건너에서 지다가 반짝거렸다. 하얀색 벽과 검은색 그림자가 뒤쪽에 서서히 솟아오르는 연분홍 사막과 선명한 대조를 이루었다. 나는 함교를 떠나 순례자들에게로 내려가 마사와에서 화물열차를 함께 탄 내 친구를 찾으려고 했다. 그러나 행동보다 말이 쉬운 법이었다. 이흐람을 입은 남자들은 엄청난 햇볕 속에서 모두 거의 똑같이 키가 크고 희미하게 보였고, 결국은 그쪽에서 나를 알아보았다. 그는 아장거리는 아이와 함께 뛰어왔다. 그의 흥분한 얼굴이 아름다워 보였다.

그는 말했다. "우리가 곧 해안에 도착하고 나면 우선 2년 전에 도착해서 여기에 있는 사촌을 찾을 겁니다. 그가 우리를 돌봐줄 거고 내일이나 그 다음 날 우리는 메카로 갈 거예요." 그는 10분 동안 자신의 계획과 아들에게 가르쳐준 것들을 이야기했다. 그는 아이에게 카바(Kaaba) 신전에서 기도를 올리고, 아라파트(Arafat) 산에서 기도를 올리고 설교를 듣고, 미나(Mina)의 악마에게 돌을 던지는 등의 전체 순례 일정을 말해주었다고 했다.★ 또 그가 말하는 동안 우리를 해안가로 데려다줄 '삼부크(sambuk, 크고 바닥이 넓으며 돛이 하나인 바지선)'가 사주로 기울어져 왔다.

그리고 즐거운 상륙이 시작되었다. 먼저 어떻게 해서든 짐을 던져 내리고, 그 다음 흥분감에 헐떡거리는 순례자 가족들이 내렸다. 삼부크에서 각 가족은 면허가 있는 안내원에게 인계되었다. 이 안내원은 가족이 순례자 호텔 한 곳에 숙박하도록 책임지고 나중에 낙타를 타고 메카로 갈 수 있도록 준비해주었다. 세계에서 가장 오래된 의식 중 하나인 하지는 수세기 전부터 내려오는 조직적인 의식이다. 순례자가 지다에 도착하면 의복 규정만큼 철저하게 지켜야 할 관례들이 있다.

내 아랍 친구를 마지막으로 봤을 때, 그의 안내원은 내가 보기에

★ 카바 신전은 신성한 검은 돌이 있는 장소로 순례자들은 돌 주위를 일곱 바퀴 돈다. 아라파트 산은 마호메트가 마지막으로 설교를 한 곳이다. 미나에는 악마를 상징하는 세 개의 돌기둥이 있으며 순례자들은 각 돌기둥에 조약돌을 일곱 개씩 던진다.

는 다소 거칠게 삼부크 바닥의 커다란 면화 부대 두 개 사이에 이 친구와 아들을 밀어 넣었다. 그러나 그는 여전히 미소 짓고 있었다. 그의 하루는 실제로 '축복받은' 것이었다.

한 시간 후에 나는 해안가에 도착했다. 내가 신세를 진 집은 방벽 옆에 있었다. 지다는 방벽으로 둘러싸인 도시이다. 나는 그 집 거실에서 서쪽으로 바다와 남쪽으로 몹시 거친 사막이 안개 낀 지평선으로 망연히 뻗어 있는 것을 볼 수 있었다. 내 침실은 골프 코스만큼이나 컸다. 침실에 유리는 끼어 있지 않지만 아름다운 무쉬라베예흐(mushrabeyeh) 격자 구조인 창문이 여섯 개나 있었다. 태양이 서쪽으로 지면, 시원한 돌 마룻바닥에 매혹적인 그림자가 무늬를 이루었다. 전쟁이 일어나기 전에 이 집은 터키 파샤(터키 고위 지배층의 호칭/옮긴이)의 하렘의 일부였다.

그리고 유럽산 차를 한 잔 마시고 도시를 오랫동안 걸으며 수많은 호텔을 지나쳤다. 이 호텔들 앞에서는 순례자들이 짐을 가지고 방을 기다려 북적거렸다. 또 북쪽 방벽을 따라 영사관 지구를 지나고, 지다의 주요 사원 중 하나의 이상하고 아주 위험해 보이는 경사진 첨탑을 지나 메디나 게이트를 통과하면 너른 사막으로 이어진다.

해가 내려오고 우리 앞에 그림자가 길게 드리울 때 우리는 동쪽으로 걸어갔다. 밤에 염소들을 안전하게 보호하기 위해 목동들이 염소 떼를 마을로 다시 몰아가고 있었고, 우리는 집으로 돌아가는 길에 몸을 흔들며 사막 사람들 특유의 길고 느린 걸음걸이로 가는 아랍인 두세 명을 만났다.

쥐 죽은 듯 고요했으며 어딘지 일상적인 침묵이 아니었다. 이 침묵은 너무나 부자연스러웠다. 그 이유는 그날이 라마단 전날이었기

순례선을 맞아 하지 순례객들에게 항구와 성도 메카로 가는 주요 통로를 가르쳐준 제다의 안내
원들.

때문이다. 지다의 친절한 사람들은 모두 매년 단식하는 달의 시작을
의미하는 초승달을 기다리고 있었다. 진정한 이슬람 신자는 이달 내
내 해가 뜰 때부터 해가 질 때까지 음식이나 음료수를 전혀 입에 대
지 않는다.

그날 밤 우리는 영사관 지구에서 현지 외교관들과 모여 즐겁게
저녁 식사를 했다. 그들은 이방인인 나에게 더할 수 없이 친절했다.
우리가 막 식탁에 앉자 밤의 정적을 뚫고 라마단을 알리는 일제 사
격 소리가 항구 성채에서 났다. 이달의 초승달이 1600킬로미터 떨어
진 네지드(Nejd) 사막에서 예리한 아랍인의 눈에 비친 것이다……★
　우리는 아침 일찍 흩어졌고, 나는 집 주인과 함께 좁고 돌출된 거
리를 지나 시장으로 갔다.

★ 라마단은 최고종교지도자가 육안으로 초승달을 관측하고 나서 선포한다.

그곳에서는 라마단 초승달이 나타나 밤과 낮이 바뀌었다. 방벽 안의 작은 아치가 있는 구석의 상점들은 모두 활기 넘치는 석유램프로 불을 밝히고 문을 열었다. 내일 새벽의 엄격한 단식을 하기 전까지 카페에서는 분주하게 음식을 준비했다. 아랍인들은 서로 흥정했고 물건을 구입할 때마다 논쟁이 있었고 논쟁을 할 때마다 시끄러운 소동이 일어났다. 재빠른 환전상들이 사우디아라비아 달러 신권을 물을 붓듯이 쏟아냈으며, 내게 이집트 지폐를 교환하라고 권유했다.

메카로 가는 여정을 준비하는 낙타와 당나귀들이 군중들을 뚫고 무겁게 걸어갔고, 온통 동양의 향기가 가득했다. 이 분석할 수 없고 분석해서도 안 되는 향기, 사람과 땅과 향신료와 사향이 합쳐져 취하게 만드는 향기를 나는 사랑한다……

낙타에게 먹이를 주는 것은 하지와 관련된 다른 모든 일과 마찬가지로 하나의 의식이다. 낙타 다섯 마리, 늘 똑같이 다섯 마리를 크고 둥글게 엮은 멍석 주위에 세우고, 멍석 위에 곡식을 쌓아놓는다. 낙타들의 머리는 안쪽으로 향하고 꼬리는 시계 숫자판 위의 숫자들처럼 늘어서 있다. 낙타들은 빅토리아 시대 귀부인의 과장된 우아한 태도로 서로 코를 부딪치지 않고 각자 서로 존경하고 양보하며 먹는 것 같았다.

우리가 도착했을 때 낙타들은 식사를 이제 막 마치고 길을 떠날 차비를 하려던 참이었다…… 나는 호스텔로 돌아가 건너편에 가까이 있는 커피점에서 쓰고 향이 강하지만 갈증을 푸는 데 좋은 메카 커피를 작은 잔으로 네 잔 마셨다. 안내원이 낙타 스무 마리와 함께 돌아왔다. 낙타를 네 무리로 나누어 머리와 꼬리를 밧줄로 묶어 연결하고 모든 낙타에 차양을 씌우고 짚풀 깔개를 덮어 대낮의 햇볕으로부터 순례자들을 보호하려 했다.

준비가 다 되면, 끈을 풀어놓은 채 길게 늘여 세우고 짐을 싣게
했다. 우선 차양의 끝부분에 모든 짐을 실은 후에, 안내원이 동물들
가운데서 기다리고 있는 순례자들을 낙타에 할당했다. 이 큰 낙타
들은 한 마리씩 부지런히 일어섰다. 우선 엉덩이를 들고, 그 다음은
무시무시한 신음소리를 내며 낙타들은 무릎에 잔뜩 힘을 줘서 일어
섰다.

사람들이 타는 모습은 뜻밖이었다. 호스텔 주인이 약해 보이는
사다리를 꺼내 낙타의 목에 기댔다. 그리고 낙타를 모는 사람이 낙
타의 성난 머리를 사다리에서 가능한 멀리 당겨서 낙타가 올라가는
사람들을 물려는 유혹을 없애는 동안 낙타는 새 여러 마리가 시끄럽
게 우는 소리를 냈고, 아버지와 어머니와 아기 한두 명이 사다리를
타고 낙타 등에 기어 올라갔다.

차양 안에서 순례자들은 밤에 바구니 안에 들어가 자리를 잡은
개들처럼, 짐 가운데에 몸을 뒤틀고 돌려 앞으로 긴 여정 동안 지낼
편안한 잠자리를 마련했다. 마침내 그들은 아주 성대한 식사를 양껏
먹고 누운 로마 황제와 황후들 같은 모습을 했다.

모두가 안전하게 낙타에 타기까지 거의 한 시간이 걸렸지만 결국
행렬은 머리부터 꼬리까지 다시 묶여 무리를 지었다. 길게 늘어진
낙타들의 행렬은 비틀거리며 출발했고, 여정 중에 혼자서 낙타를 타
고 우산을 쓴 길 잃은 여러 순례자들이 합류하기도 했다.

집합 장소는 지다의 중심가였다. 이 거리는 리볼리 가★처럼 길

★ Rue de Rivoli. 파리의 시가지 중 하나

고 곧게 뻗었으며 양 옆에 아케이드가 있는 주요 도로였다. 우리는 안내원들을 더 기다려 더 많은 일행들이 우리와 합류하여 낙타 60마리의 일행이 되었다. 그리고 다시 동쪽으로 출발했다. 방벽 안의 총안(銃眼)이 있는 건축물인 메카 게이트에서 순례자들은 지다에 작별을 고했다. 이제 이들은 적어도 두 달 동안은 이곳 지다를 보지 못한다……

지다부터 메카까지 가는 길은 모래 길이며 수많은 낙타들이 걸어 지나가 고운 가루로 변해 있다. 내가 거기에 갔을 때 덜커덩거리는 버스 몇 대를 제외하면 낙타 전용 도로라고 할 만했다. 이 버스들은 터무니없는 가격으로 부유한 순례자들을 메카에 태우고 가지만, 낙타를 타고 갈 때 경험하는 것과 다름없이 여러 차례 충돌하고 놀란다. 안내원들은 숨을 못 쉬게 하는 먼지 구름을 순례자들 앞에 일으키는 자동차에 욕을 하느라고 목소리를 높였다.

"비켜, 이 개새끼! 오 알라여! 악마가 만든 것 같으니! 네놈들 뼈가 부서져 햇볕에 까맣게 타버려라!"

그러나 몇 년 후에도 낙타를 모는 가엾은 사람들은 항의할 이유가 더 생길 것이다. 내가 걷던 길이 아마 지다-메카 철로가 될 것이기 때문이다. 그러나 나도 나와 함께 가는 순례자들도 미래의 그런 시대에 대해서는 생각하지 않았다……

5킬로미터를 간 후, 덥기도 하고 길을 따라 있는 마지막 커피점의 반가운 모습이 나타나서 나는 멈추는 것이 현명하겠다고 생각했다. 커피점의 베두인족 주인은 유럽 손님을 보고 아주 기뻐했다. 그가 커피점을 연 이후에 한 번도 없던 일이라고 했다. 곧 나는 그에게 하지에 대해 물어보았다. 그러나 그는 관심을 두지 않고 대답했다.

나는 규세 그가 이야기하고 싶은 것이 영국이라는 사실을 깨달았다.
나는 지다의 관점에서 런던의 크기를 설명했고 철도와 비행기, 경마
와 영화에 대해서 이야기했다. 내가 지다로 걸어 돌아가려고 일어섰
을 때 그가 마지막으로 던진 말은 동양의 시대 변화를 잘 보여주었다.

나는 다음과 같이 말했다. "나는 이교도로서 하지에 가서 메카를
보고 훌륭한 축제 모두를 즐길 수 있으면 좋겠습니다."

그는 어깨를 으쓱 올려 보였다.

"저는 메카를 충분히 봤습니다." 그는 대답했다. "선생님이 말한
것을 따라, 제가 다음에 방문할 곳은 런던일 것입니다."

페르시아의 과거와 현재

OLD AND NEW IN PERSIA

레이븐스데일 남작부인 메리 아이린 커즌 (1896-1966)

금지된 지역의 매력은 언제나 모험심 많은 여행자들을 유혹한다. 1853년 전설적인 리처드 프랜시스 버튼 경은 단지 호기심을 해소하기 위해 순례자로 가장하여 비이슬람교도에게 금지된 메카를 방문했다. 그러나 평복을 입고 중앙아시아의 적대적인 대상 도시들을 방문했던, 그와 마찬가지로 두려움을 모르는 알렉산더 번즈 경은 이란의 시아파 순례자들이 숭배하는 마슈하드의 이맘 레자의 무덤을 보는 것에 목숨을 거는 것을 재고했다. 그는 이 경우를 '판단이 호기심을 이겼다'라고 일컬었다. 당시에 제국 건설자들은 방문을 거의 허가하지 않았고 그곳의 부족은 침입을 거이 용납하지 않았다.

레이븐스데일 남작부인인 메리 아이린 커즌은 제국 건설자들 중 가장 중요한 사람 중 한 명의 딸이다. 메리 아이린 커즌의 아버지인 조지 나다니엘 커즌은 인도 총독과 영국 외무장관을 역임한 인물로, 청년 시절에는 말을 타고 이란(당시 페르시아) 전역을 여행했다. 조지 나다니엘 커즌이 여행을 마치고 쓴 『페르시아와 페르시아에 대한 질문*Persia and Persian Question*』은 페르시아에

대해 영어로 쓴 가장 포괄적인 책이었다. 그러나 그가 마슈하드를 방문했을 때
는 신성한 사원과 부속 건물들을 멀리서 잠시 보는 것에만 만족하고, 외국인이
가까이에서 보려고 위험을 감수하는 것은 어리석은 일이라고 결론을 내렸다. 개
인적으로 안전에 위험이 있었을 뿐만 아니라 국가적인 망신도 감수해야 했기
때문이다.

1935년, 39세의 레이븐스데일 남작부인은 아버지의 여정을 따라 이란을 말
이 아닌 자동차를 타고 광범위하게 여행했다. 개혁을 지향한 샤 레자 칸(Shah
Reza Khan)이 교통과 통신을 개선했기 때문에 가능한 일이었다. 또 샤 레자
칸은 이란을 현대화하여 여성을 해방하고 물라들이 통제하던 교육과 사법 제도
를 자신이 통제했다. 즉 국민들의 생활을 지배하던 종교의 영향을 훼손했다. 그
리고 일부 이슬람 사원을 외국인 방문객들에게 공개했다.

레이븐스데일 남작부인은 재치 있고 독립심이 강한 미인으로 유명했다. 남
작부인의 호기심이 판단을 정복했을까? 남작부인의 아버지는 마슈하드의 아름
다운 모습을 보지 못했지만, 남작부인은 그 모습을 보고 『내셔널 지오그래픽』에
글을 기고했다. 다음은 그 글의 일부다.

마슈하드는 페르시아에서 가장 신성한 도시이기 때문에 나는 그
곳에 가고 싶었다. 이맘 레자의 무덤 돔의 모습을 보고 가우아르 샤
드 사원의 다채로운 색상의 외관을 멀리서 엿보러 페르시아의 다른
어떤 곳보다도 뛰어난 그곳에 가고 싶었다. 눈썹이 검은 아프가니스
탄인, 거친 발루치족 사람, 인도 상인, 카프카스 귀의자, 터키인, 타
타르인, 몽골인들이 마슈하드에 몰려와 당황스러운 만화경을 이룬
다. 산언덕에서 마슈하드에 가까이 가는 길에 길가의 조약돌 더미가
순례자들이 품고 있는 '메카'의 첫 인상을 증명한다.

나는 원래 신성한 사원에 들어가리라고는 꿈도 꾸지 않았다. 이번에 내가 방문하기 전까지만 해도 변장을 한 극히 일부의 이교도들만이 목숨을 걸고 사원에 들어가는 데 성공했다. 그러나 샤 레자 칸은 모든 곳에서 서서히 광신을 무너뜨리고 있으며 모든 도시에서 이제 누구나 안내원과 함께 사원을 방문할 수 있다. 쿰과 마슈하드는 시아파의 신성한 본거지여서 마지막으로 굴복했다.

물라의 권위는 서서히 약화되고 있다. 많은 소위 물라라는 사람들은 마호메트의 후예로서 녹색 터번을 쓰거나 그 이름을 내세울 권리가 없었고 민중을 착취하여 호의호식했다. 샤 레자 칸은 이제 물라가 되려고 하거나 물라로 남고자 하는 사람들 모두를 엄정하고 올바르게 신사할 것을 요구한다.

내가 마슈하드에 도착하기 몇 주 전에 좋지 않은 일이 일어나 이맘 레자 사원과 관련된 상황이 복잡해졌다. 어떤 물라가 차도르(여성이 얼굴을 가리는 망토) 미착용과 와인과 유럽식 의상을 허용하는 등의 모든 현대화를 공격함으로써 순례자들을 심하게 선동했다.

순례자들은 사원 경내를 떠나라는 요구를 들었다. 상황을 오해하고 신성한 경내가 모든 문제를 피하는 은신처라고 여긴 그들은 사원 경내에 남아 거칠고 과격한 집단에 가담했다. 그들은 바스트(Bast, 사원의 문이 달린 방벽 안에 있는 성소와 건문과 시장) 내의 상점을 급습하여 상점 주인들의 유럽식 옷을 찢었다. 총독은 기관총으로 무장한 발루치족 군대를 급히 보냈고 그 결과 여러 명이 사망했다. 화물자동차에 급하게 시신을 실어가서 묻었기 때문에, 실제 사망자 숫자는 결코 알려지지 않을 것이며 이에 대해서는 질문을 하지 않는 것이 현명하다.

사람들은 그래서 더더욱 내가 마슈하드에 갔을 때 사원에 들어가 도록 허락받지 못할 것이라고 생각했다. 그러나 테헤란의 영국 공사에 있는 내 친구 두 명은 내가 도착하기 전에 총독의 보호하에 안내를 받았다. 그래서 나도 상당히 기대하고 있었다……

내가 도착한 직후에 총독은 친절하게 오전 8시 30분경에 나와 내 친구들을 불렀다. 다음 날 동틀 녘에 아프가니스탄으로 떠날 우리 네 사람이 경찰 호위를 받을 수 있는지를 놓고 내가 총독 각하와 프랑스어로 의논하는 동안 내 친구들은 한마디도 하지 않고 앉아 있었다. 그는 영국인 여러 명을 강탈한 악명 높은 강도가 아직 체포되지 않아서 그 길이 아주 위험하다고 내게 설명했다. 이 문제로 계속해서 논쟁을 벌이다가 우리는 그 강도가 다른 길에 있다는 사실을 알게 되었다.

내 머리를 떠나지 않는 중요한 문제를 어떻게 해결하면 좋을까? 운 좋게도 영국 영사 대행이 끼어들어 말했다. "레이븐스데일 남작 부인과 친구 분들은 아주 진지한 순례자들입니다." 그럼에도 총독은 계속 이 문제와 관계없는 경찰 호위에 대해 말했다. 그러나 그는 내가 출발하기 전에 놀랍게도 우리가 그날 오후에 사원에 갈 수 있도록 준비하겠다고 말했다. 나와 다른 여자 일행들은 검은색 차도르를 쓰고 변장하면 됐지만, 그는 키 180센티미터의 영국인들을 터키 순례자로 변장시키는 시도는 할 수 없었다.

이란인들에게는 시간이 그렇게 중요하지 않은 경우가 많기 때문에 이번 원정이 오후 늦게 이루어질 것이라고 추측했다. 나와 친구는 매력적인 이란 여성 두 명과 함께 오후 2시에 차도르를 쓰는 연습을 하기로 했다. 이 이란 여성들은 우리에게 차도르 두 장을 빌려주

수 세대를 거치는 동안 서양 여행자들은 마슈하드 시아파의 '메카'인 이맘 리자 사원의 바깥 문 외에는 거의 보지 못했다. 더 들어가는 것은 침입하는 이교도로서 죽음을 감수해야 하는 일 이었다.

고 우리와 함께 안내원으로서 사원에 동행할 예정이었다. 차도르 쓰는 연습을 하러 영사관에 들어갔을 때 나는 우리를 사원으로 곧바로 안내할 사원 관리가 기다리고 있는 것을 보았다. 나는 급히 영국인들을 부르러 보냈고 우리는 시간이 허락하는 대로 서둘러 차도르를 썼다.

우리 여자 네 명은 내 차를 타고 사원 입구로 갔고 남자들은 택시를 타고 그 뒤를 따랐다. 그렇게 바스트 밖에서 기다리는 시간 동안 아주 초조했다. 경찰 한 명이 우리와 함께 간 페르시아 여성 두 명에게 우리가 왜 그렇게 주위를 맴돌고 있는지 계속 물었다. 나는 우리가 곧 발견되어 소동이 벌어질 것이라고 예상했다. 첩자와 광신도들이 언제나 사원의 외부 경계 주위에 어슬렁거리면서, 카메라를 가지고 있거나 건방지게 쳐다보는 외국인들을 쫓아냈기 때문이다. 나는 바스트 출입구를 가로질러 매달린 두터운 쇠사슬 반대편에 가서는 안 될 거라고 생각했다. 마침내 우리를 호위할 남자들이 대표 관리와 함께 도착했고, 우리는 불안한 마음을 숨긴 채 바스트를 통과하여 타일이 깔린 멋진 안마당으로 들어갔다.

나는 신발 단추를 풀고 금방 벗을 준비를 했다. 나는 차도르가 벗겨지는 것과 작은 이란 여성을 잃어버리는 일을 걱정했다. 그 여자는 아주 작았는데, 사원에는 수많은 사람들이 사방에서 몰려와 모두들 뜻하지 않게 몸이 이리저리로 흔들렸다. 이 감탄할 만한 여성 두 명은 이맘 레자 사원을 지키는 멋진 황금 출입구로 우리를 데리고 갔고, 우리는 로비에서 다른 수백 명의 사람들과 마찬가지로 신발을 맡겼다. 이 로비는 신발을 맡아놓는 곳으로만 이용되는 것 같다.

남자 일행들을 놓치고 나서 우리 여자 네 명만 엄청나게 많은 순례자들 속에 남아 사원의 가장 안쪽을 향해 밀려들어 갔다. 내 생애에 가장 두려운 경험이었다.

연이은 방들은 마치 수백만 개의 다이아몬드가 반짝이는 듯한 유리로 장식되어 있었다. 이 방에는 수많은 독실한 신자들이 큰 소리를 내며 정교한 은문에 입을 맞추고, 코란 구절을 암송하고, 여러 사람이 무릎을 꿇고, 열광적인 신앙심으로 아름다운 설화석고 바닥에 머리를 부딪쳤다. 이 모두를 우리가 이맘의 관이 있는 방에 도착하기 훨씬 전에 목격했다. 우리가 그 방에 도착했을 때 우리는 천천히 석관 주위로 다가갔다.

가장 안쪽에 위치한 이 방은 금으로 꽃무늬가 새겨진 화려한 컷 글라스로 장식되어 있었으며 흥분한 수많은 광신도들이 관이 안치된 커다란 은제 철장 가까이로 가려고 아우성이었다. 이들은 아이들

을 군중 머리 위로 올려서 작은 천 조각 매듭이나 막대기에 입 맞추
도록 했다. 나는 어떤 열렬한 순례자라도 다른 돔이나 인접한 방에
서는 저런 믿을 수 없는 타일을 저렇게 쳐다보지는 않을 것이라고
생각했지만, 내 겁먹은 눈에 담을 수 있을 만큼은 많이 보려고 했다.

우리는 어떤 보호도 받지 않고 이맘의 관이 있는 방까지 떨리는
관람을 마친 후에 옆방으로 들어갔다. 이때 사원 관리인들은 우리
방향을 찾아서 우리를 다른 방으로 밀어 넣었고 그곳에는 우리 남자
일행들이 우리와 함께 이맘의 관 주위를 함께 걸어가기 위해 기다리
고 있었다. 우리는 이미 한 번 안전하게 지나왔기 때문에, 그 경험을
다시 하지 않기에는 유혹이 너무 컸고 이미 그 방을 다시 쳐다보고
있었다.

이번에 우리는 사원 관리인 여러 명과 코란 구절을 암송할 영창
자 한 명과 함께 관 주위까지 갔다. 나는 이맘의 관 위에 이전 페르
시아 통치자들이 바친 화려한 장신구, 검, 다이아몬드 가지 모양 장
식, 칼집이 매달려 있는 것을 보았다. 같은 곳에 아라비아나이트의
저자 하룬-알-라시드(Harun-al-Rashid)*의 시신이 매장된 곳이 있
다는 애기도 있지만 이맘 8세 때문에 그 중요성이 희석되었다. 벽 옆
에 무릎을 꿇고 코란을 읽는 고뇌에 찬 물라 여덟 명의 모습이 내 마
음 속에 영원히 새겨질 것이다 그들은 우리 일행이 줄지어 들어오
는 것을 보았다. 그들은 우리를 살의나 증오의 눈길로 본 것이 아니
라 마치 우리가 그들의 가장 깊은 영혼에 치유할 수 없는 상처를 준
것처럼 고통스러운 눈길로 보았다. 그들은 두들겨 맞고 겁에 질린

★ 이슬람 왕국의 유명한 칼리프. 아라비안나이트의 이야기에도 여러차례 등장한다. 하지
만 그가 아라비안나이트의 저자라는 것은 잘못이다.

사람 같은 모습이었다. 페르시아어를 아는 우리 영국인 한 명은 '외국인', '이교도'라는 말을 알아들었다.

우리는 1418년에 샤 루흐(Shah Rukh)의 부인이 지은 가우아르 샤드 사원의 아름다운 다색채 외관을 아주 잠깐만 볼 수 있도록 허락을 받았다. 이맘 사원의 빛나는 황금 돔이 잘 보이는 비공개 방의 보물상자에서 우리는 순수한 아름다움과 섬세함으로 장식되어 영혼도 약하게 만들 것 같은 코란을 보았다.

우리가 사원을 떠날 때 저녁 기도 시간이 다가와 큰 북과 징 소리가 크게 울려 기도하러 오라고 알리는 듯했다. 순례자 수천 명이 무릎을 꿇거나 신성한 샘에 몸을 씻는 의식을 행했다. 우리가 서둘러 나갈 때 지는 해가 활활 타며 황금색 출입구에 걸렸다. 이제 흥분감은 사라졌다! 오늘날의 방문객들은 그곳의 뜰과 방을 쉽사리 지나가겠지만 마슈하드가 여전히 시아파의 본거지였을 때 다른 사람들이 경험했던 것을 결코 알지 못할 것이다……

증오가 아닌 고통에 가득한 물라의 모습은 잘 지워지지 않는 선명한 이미지다. 자신들의 영역의 입구를 방심하지 않고 지켰던 제국 건설자들은 다시 한번 다른 사람들의 신성한 경내에 침입할 권한이 있다고 생각했다. 레이븐스데일 남작부인은 세계신앙회의(World Congress of Faith)의 의장 역할을 했으며 영국 최초의 여성 상원의원 네 명 중 한 명이 되었다. 샤의 개혁으로 이슬람 사원에 틀어박혀 있던 물라들은 결국 1979년 이란 혁명으로 두들겨 맞고 겁에 질린 사람들이 아니라 승리한 사람들이 되어 다시 돌아왔다.

쿨리와 대상과 함께 중앙아시아 횡단

BY COOLIE AND CARAVAN ACROSS CENTRAL ASIA

윌리엄 J. 모던 (1886~1958)

윌리엄 J. 모던은 현장에 나갔을 때 모험을 하려던 것이 아니었다. 너무 많은 모험은 원정의 진척을 막았으며, 부주의하게 계획을 세웠다는 분명한 표시였다. 그러나 모던처럼 사려 깊은 탐험가도 때로는 충분히 준비할 수 없었던 모험에 빠지곤 했을 것이다.

부유한 시카고 실업가의 아들인 모던은 처음에는 탄탄대로를 달렸다. 우선 예일 대학교를 졸업한 후 가업인 철로설비 제조업을 맡았다. 그러나 그는 이 일에 흥미를 잃기 시작하면서 자연사 탐험으로 관심을 돌렸다. 1921년에 그는 큰 뿔양을 찾아 뉴콘으로 첫번째 원정을 떠났다. 다음해에 그는 아시아와 아프리카로 배를 타고 가서 희귀한 동물들의 표본을 채집했다. 1926년 초 40세 때 그는 뉴욕의 미국 자연사박물관을 위한 네 차례의 주요 원정 중 첫번째 원정 계획을 마쳤다. 그는 곧 이 자연사박물관의 포유류학 명예 회원이자 현장 준회원이 되었다.

모던-클라크 아시아 원정대는 1926년 3월에 출발하여 카슈미르와 당시 중국령 투르케스탄(현재의 신장 자치구)이라고 불리던 곳 사이의 고지에 서시하는 마르코폴로양(Marco Polo sheep, 학명 *Ovis poli*)과 아이벡스 같은 희귀종을 채집하려고 했다. 이 목표를 달성하려면 세계에서 가장 화려한 장관이 펼쳐지는 곳을 거쳐 1만 3천 킬로미터를 굽이쳐 나아가야 했다. 또한 위험하고 민감한 정치 경계선을 지나야 했다. 모던과 그의 동료 제임스 L. 클라크는 러시아령 파미르 고원(현재의 타지키스탄)에 들어간 최초의 미국인이었다. 두 사람은 중국 서부의 텐산 산맥을 횡단한 후에 외몽골을 거쳐 베이징으로 갈 계획이었다. 중국인들과 몽골인들이 전쟁하기 직전이었기 때문에 이 계획은 위험했다. 외몽골은 러시아인들에게 의존하여 중국인들로부터 자국을 보호했기 때문에 모던과 클라크는 러시아 비자가 도움이 될 것이라고 확신했다. 그들은 귀중한 표본을 포장하며 대상과 함께 국경을 넘을 준비를 하면서도 상황이 크게 악화된 사실을 알지 못했다.

우리는 10월 23일 화창한 날 쿠쳉체를 떠나 최소한 한 달은 더 날씨가 좋기를 기대했다. 그러나 그날 밤 투르케스탄의 맹렬한 바람 부란(buran)이 불어서 두 시간 넘게 우리는 텐트와 여행 도구가 흩어지지 않도록 붙잡아야 했다. 다음 날 아침, 땅은 눈으로 덮였고 그때부터 남은 여정 동안 계속 춥고 눈이 내렸다.

안내원은 쿠쳉체를 출발한 우리의 최상의 경로는 대각선으로 북동쪽으로 몽골까지 울리아수타이(Ulyasutai) 남쪽의 주요 대상로로 가는 것이라고 결정을 내렸다. 사이가영양은 이 길의 한 지점에서 멀지 않은 곳에 서식한다고 알려졌기 때문에 우리는 사이가영양을 찾을 수 있겠다고 기대에 부풀었다.

여름에는 물이 부족해서 이 경로를 따라 거의 여행하지 않지만,

지금은 땅이 눈으로 덮여 있어서 우리는 어디든 땔감으로 쓸 만한 덤불이 드문드문 있는 곳에 텐트를 쳐서 녹은 눈을 물로 이용했다. 낙타 한 마리는 물통 두 개를 운반했지만 이 통들은 대부분 쓰이지 않았다.

이 지방은 여기저기 짧고 가시가 난 덤불이 조금씩 난 곳들과 마른 풀포기를 제외하면 식물이 없어서 황량했다. 줄지어 나타나는 언덕은 멀리서 희미하게 보였고, 우리는 여러 날을 행진한 후에 바위 능선이 북서쪽에서 남동쪽으로 이어지는 좀더 울퉁불퉁한 지역에 도착했다. 이곳은 시베리아 남부의 고산 지대부터 대각선으로 몽골 서부로 펼쳐진 거대한 산맥인 몽골 알타이 산맥 산기슭의 작은 언덕들이었다.

우리가 택한 경로는 몽골인들조차 가지 않는 사막을 지나기 때문에 우리는 사람들을 별로 만나지 않았다.

2주일 동안 꾸준히 여행한 후에 우리 안내원은 우리가 첫번째 몽골의 전진 기지 근처에 왔다고 말했다. 몽골인들이 우리 대상의 곡식을 강탈할지도 모르기 때문에 그는 이곳을 우회해서 가자고 제안했다. 그러나 우리는 전진 기지에서 신임장을 제시하고 이 지방을 더 자세히 아는 새 현지 안내원을 얻고 싶은 마음에 이 충고를 무시했다.

우리는 파미르 고원의 러시아인이나 투르게스탄의 중국인들과는 아무 관계도 없었기 때문에 당연히 몽골인들과 아무 문제도 없을 것이라고 예상했다. 특히 몽골에서는 소비에트의 영향력이 크다고 알고 있었기 때문에 우리는 우리의 러시아 신임장이 유익할 것이라고 생각했다.

11월 6일 저녁 우리는 오른쪽에 어두운 물체들이 있는 것을 보았다. 처음에 우리는 그것들이 늑대라고 생각했지만, 어둠의 형체는 가까이 오면서 점점 커졌고 우리는 그 형체가 기수들이라는 것을 알게 되었다. 그들은 우리 대상을 세우고 낙타 대열에 말을 타고 왔다 갔다 하면서 짐을 가리키며 모든 것을 주의 깊게 살펴보았다. 이들이 소리를 치자 군인들이 여러 방향에서 왔으며 우리는 갑자기 포위되었다. 기수들은 파미르 고원에서 러시아 군인들이 쓰는 것과 비슷한 뾰족한 투구를 쓰고 있어서, 우리는 우리가 전진 기지를 찾았다는 것을 알게 되었다.

우리를 소개하는 것이 최선인 것 같아서, 손전등을 켜고 우리 얼굴을 비추면서 우리는 전진 기지에 가고 싶어 하는 백인들이라고 군인들에게 전하라고 통역관에게 말했다. 이 몽골인들은 한 번도 전등을 본 적이 없는지, 불을 피지도 않았는데 갑자기 빛이 비치자 깜짝 놀랐다. 그들은 클라크와 나를 에워싸더니 우리를 비탈길로 끌고 갔다. 그곳에서 어둠 속의 검은 형체가 전진 기지를 가리켰다. 우리는 서둘러 유르트(yurt, 몽골 유목민의 천막집/옮긴이)에 들어갔다. 유르트에는 여덟 명 내지 열 명의 사람들이 불 주위에 웅크리고 앉아 있었다. 그들은 찌푸리며 우리를 쳐다보았고 우리는 곧 이들이 의심이 많고 불친절하다는 사실을 알 수 있었다.

우리는 통역관을 통해 부대장을 만나기를 요청했지만 아무 대답도 듣지 못했다. 그리고 군인 하나가 우리에게 몽골 여권이 있는지 질문했다. 우리는 곧 미국 여권, 러시아 편지와 허가증을 꺼내 보였지만 몽골 여권은 없다고 인정해야 했다. 그들은 우리 여권과 편지와 허가증을 뒤집어 보고 거꾸로 보더니 결국 무례하게 옆으로 던졌다.

그들은 우리를 뚫어지게 보더니 서로 귓속말을 하고 우리를 다시 보고 나서 결국 한 명씩 유르트에서 나갔다. 우리는 우리 낙타가 들어오는 소리를 들을 수 있었고 몽골인들로부터는 어떤 정보도 얻을 수 없었기 때문에 오늘 저녁 면담은 끝났고 우리가 할 수 있는 것은 텐트를 치고 다음 날 부대장의 의향을 기다리는 일 뿐이라는 결론을 내렸다.

우리는 일어나서 유르트에서 나가기 시작했다. 문에 가장 가까이 있던 우리 부하 모하메드가 가장 먼저 나갔다. 그가 앞으로 나가자 한 몽골인이 그의 얼굴을 쳐서 넘어뜨렸다. 이런 행동이 무슨 뜻인지 우리가 파악하기도 전에 그 몽골인이 소리를 지르자 군인들이 유르트에 갑자기 뛰어 들어왔다. 그중 두 명은 밧줄을 들고 왔다.

클라크와 나는 여러 명의 공격을 받았다. 우리의 반항은 아무 효과가 없었지만 그들을 격노케 한 것 같았다. 그들은 우리 두 사람을 모두 바닥에 내동댕이쳤다. 나는 바닥에 뻗어서 한 몽골인이 화덕에서 끓는 물을 담은 주전자를 가져와 내 얼굴에 부으려는 것을 보았다. 나는 눈을 감고 고개를 옆으로 돌려서 다행히 물을 맞지 않았다.

바닥에 앉은 두 사람이 발을 우리의 엇갈린 팔목에 대고 밧줄을 있는 힘껏 당길 수 있는 만큼 당겨서 단단히 묶었다. 그리고 그들은 밧줄에 뜨거운 물을 부었으며, 이 물이 마르면서 밧줄이 수축해 더욱 더 딴딴해졌다. 우리 부하들 역시 같은 방식으로 공격을 받고 묶였으며 그 과정에서 심하게 맞았다.

우리가 무력해지고 난 후에 그들은 우리를 굴려 반듯이 눕히고, 조심스럽게 우리 옷을 뒤져 주머니 속에 있는 모든 것을 꺼냈다. 우리가 통역관에게 그들의 의도가 무엇인지 질문하자 그는 곧장일지 나중일지는 확실하지 않지만 그들이 우리를 총살하려고 한다고 한

희귀하며 잘 도망다니는 마르코폴로양을 찾아서 원정대는 세계의 지붕을 횡단하여, 러시아, 중국, 영국령 인도가 만나는 카라코룸 산맥과 파미르고원의 높은 산마루를 허우적거리며 나아갔다.

몽골인이 말하는 것을 들었다고 했다.

이상하게도 우리는 그런 예상을 듣고 두려워하지는 않고, 밧줄이 점점 죄어오자 그들이 몹시 괴로울 것 같은 과정을 질질 끌지 않고 빨리 끝내주면 좋겠다고 솔직히 바랐다. 이제 할 일은 한 가지밖에 없었다. 어떤 일이 있든 가능한 조용하게 있어서, 우리를 잡은 자들이 우리가 약해지는 모습을 보고 만족스러워하지 못하도록 하는 것이었다.

우리는 서로 여러 가지를 이야기했지만 다른 것보다도 우리에게 어떤 일이 일어났는지 외부 세계가 과연 정확히 알 것인지 이야기했다. 우리는 진실은 결코 드러나지 않을 것이라고 어렵사리 결론을 내렸다. 이 몽골인들은 아마 우리를 봤다고 인정하지 않거나, 인정

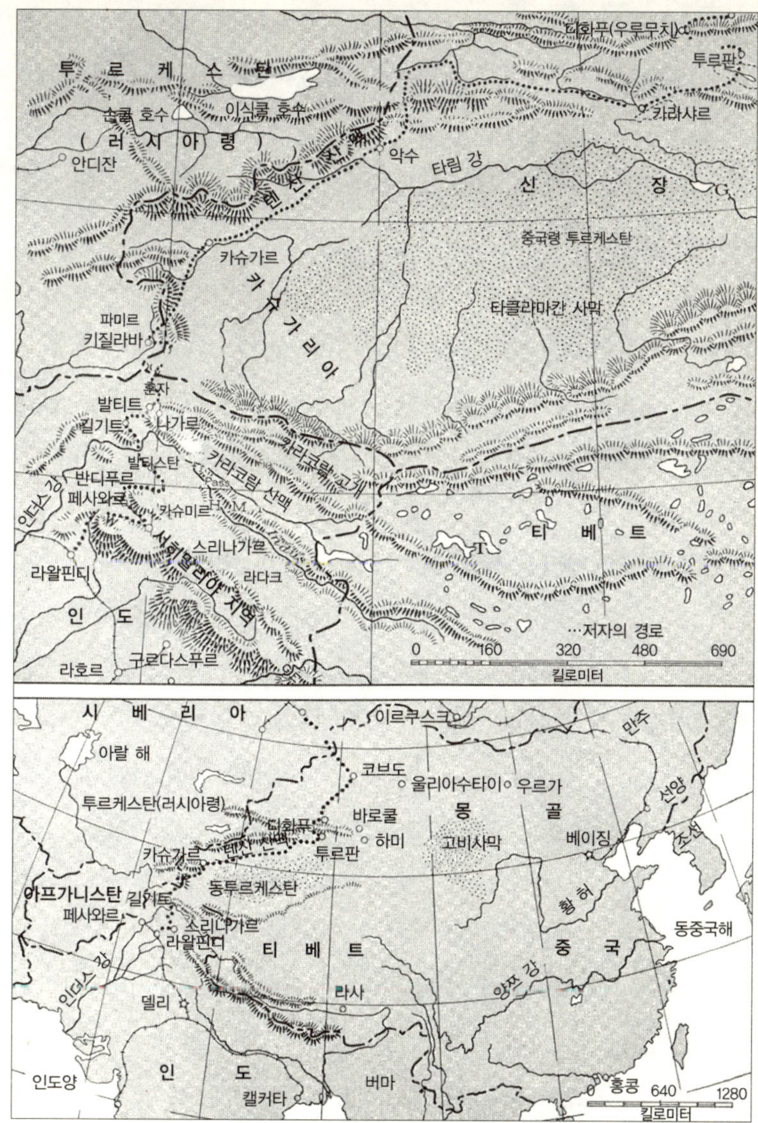

1926년 카슈미르를 떠난 모던—클라크 원정대는 산과 사막 수천 킬로미터를 횡단하여 미국 자연사박물관에 전시할 동물들을 채집하고 몽골 국경에 도착했다. 그때 몽골 국경 상황은 급박하게 악화되고 있었다.

한다고 해도 우리가 그들을 공격했고 그들은 자기 방어 목적으로 우리를 죽일 수밖에 없었다고 주장할 것이다.

우리 손이 차가워지자 우리는 불 위로 손을 올려 손을 녹이려고 했지만 그럴 때마다 몽골인들은 우리 얼굴을 차고 다시 바닥으로 때려눕혔다.

우리가 얼마나 오랫동안 유르트에 있었는지 알 수는 없지만 아마 한두 시간은 있었을 것이다. 그리고 우리는 밖으로 나가라는 명령을 받았다. 우리가 유르트에서 나갔을 때 군 분대가 소총을 들고 있는 실루엣이 별빛에 비쳤다. 클라크와 나는 서로 작별 인사를 했다. 우리는 그들이 우리를 기다리고 있다고 생각했다. 우리는 틀림없이 오른쪽으로 짧은 거리를 따라, 사살될 장소로 행진하는 것이다.

그러나 우리는 전에 보지 못했던 작은 대상 텐트 안으로 안내되었다. 이곳에서 우리는 다시 바닥에 내동댕이쳐졌다. 그들은 우리를 텐트 기둥에 등을 맞대고 앉혔고 우리 몸과 팔을 밧줄로 둘러서 기둥에 단단하게 묶었다. 팔목은 여전히 앞쪽으로 묶여 있었다. 무장한 군인 한 명을 보초로 남기고 다른 군인들은 우리를 떠났다. 우리는 거기에서 잠을 잔다고 생각했다. 이런 생각에 이어 훨씬 더 나쁜 예감이 들었다. 이런 자세로 여러 시간 있으면 손에 피가 전혀 통하지 않아서 아침이면 손이 얼 것이기 때문이었다. 우리는 응급처치를 받을 수 있는 곳으로부터 160킬로미터 떨어져 있었기 때문에 이렇게 되면 나중에 풀려나더라도 손을 잃거나 죽게 될 것이었다.

고통은 참기 어려워졌다. 우리는 이른 아침부터 아무것도 먹지 못했기 때문에 몸이 약해져서 차라리 정신을 잃었으면 좋겠다고 생각했다. 하지만 기온이 영하로 떨어져서 우리 손이 얼 확률이 더 커졌기 때문에 우리가 정신을 잃지 않은 것이 다행이었다.

몽골인들은 계속 텐트를 들락날락했다. 그들 중 한 명이 사실상 우리 목숨을 살렸다고 우리는 믿고 있다. 그는 군인이 아닌 노인으로서 우리 하인 모하메드만큼 중국어를 할 수 있었다. 그래서 두 사람은 통역관과 함께 대화할 수 있었다. 사실 통역관은 특히 완전히 겁먹었을 때는 거의 소용이 없었다.

나는 두 사람의 대화 내용을 듣고 모하메드가 우리에 대해 몽골인에게 어떤 말을 했는지 알았다. 모하메드는 우리가 러시아인들의 친구라는 사실을 특히 강조했다. 유르트에서 우리는 몽골인들에게 우리는 미국인이라고 말했지만 이는 그들에게 아무 의미가 없었다. 그들은 미국이라는 나리를 들어본 적도 없는 것이 분명했다. 그러나 그들은 러시아인들을 알고 있었다. 그후 우리는 몽골인들의 친구라고 우리의 존재를 알렸기 때문에 아마 우리를 첩자로 오인하여 사살하지는 않을 것이라고 생각했다.

우리가 텐트 안에 손목이 묶인 채 얼마나 있었는지는 결코 알 수 없었지만 아마 한두 시간 쯤은 있었던 것 같다. 이따금 군인 한 명이 들어와서 우리 손을 만져보았다. 이런 행동이 당시 우리에게는 아무 의미가 없었지만 이 몽골인들은 아마 우리가 손을 영영 쓸 수 없게 되기 전에 얼마나 오랫동안 우리를 고문을 할 수 있는지를 이런 방법으로 알았을 것이다. 이제는 그것만이 고문의 의도였다는 사실을 안다. 앤드류스 박사(Roy Chapman Andrews)가 우르가의 몽골 형무소에서 그런 고문이 행해지는 것을 보았다고 말했기 때문이다.

또 오랫동안 기다린 후에 그들은 다시 한번 우리 손을 만져보더니 분명히 참을 수 있는 한계에 도달했다고 판단하고 손을 풀어주었

다. 그래서 우리는 결국 총살당하더라도 고통스럽게 죽지는 않겠다
는 실낱같은 희망을 처음 갖게 되었다. 그들은 우리에게 두꺼운 외
투와 몽골인들이 보통 마시는 짠맛이 나는 차를 주었고 나중에는 딱
딱한 빵도 주었다. 그들은 심지어 아까 우리 주머니에서 빼 갔던 담
배 몇 개비를 가져오더니 우리 입에 물려주고 불까지 붙여주었다.
그리고 그들은 우리를 기둥에 묶은 밧줄을 팽팽하게 당기고 텐트 안
에 무장한 보초 한 명을 배치하고 자러 갔다. 우리는 기진맥진해서
아마 아침까지 조금 잤을 것이다.

동이 트고 언제인가 그들은 우리를 억지로 깨우고 우리 하인 모
하메드를 밖으로 불렀다. 그가 텐트 밖으로 나가기도 전에 총성이
두 번 울렸다. 분명 마지막이 왔다고 생각하고 우리 중 한 명은 말했
다. "불쌍한 모하메드가 저렇게 가는구나. 다음은 누가 될까."

그러나 우리가 잘못 짚었다. 두 시간 후에 모하메드는 돌아왔으
며 우리는 그들이 그를 데려가 여러 상자를 열게 해서 그 안에 무엇
이 있나 보았다는 사실을 알게 되었다. 아까 들린 총성은 한 군인이
내 자동 권총을 실험해보던 소리였다. 우리가 기지에 도착하자마자
우리는 무기와 탄환을 뺏겼었다.

그날 오후 늦게 젊은 장교가 도착하여 우리는 그 장교 앞에 끌려
갔다. 그는 우리의 신임장을 보고는 우리에게 질문을 했다. 우리는
그가 우리에게 무언가 말할 것이라고 기대했지만 우리는 다시 텐트
로 보내졌다. 여전히 어떻게 돌아가는 일인지 의문스러웠으며 우리
는 또다시 기둥에 묶여 불편한 밤을 한 번 더 보냈다.

둘째 날 아침, 우리는 감금된 지 36시간 만에 풀려나 기지 옆에
텐트를 치라는 명령을 받았다. 그리고 이 장교는 우리 장비를 철저

히 살펴보고 휴대용 소형 쌍안경, 나침반, 도구들을 압수했다.

다음 날 그는 우리를 보초의 감시하에 48킬로미터 떨어진 다른 기지에 보냈다. 우리는 그 기지에서 다시 장교 두 명에게 조사를 받았다. 우리는 보초의 감시하에 우리의 여행 경로인 울리아수타이로 가게 해달라고 부탁했지만 거절당했다. 그래서 우리는 투르케스탄으로 돌아갈 수 있도록 해달라고 요청했다. 이 또한 거절당했다.

우리는 보초의 감시하에 이 지역의 사령부인 코브도(Kobdo)에 가야 한다는 말을 짤막하게 들었다. 알타이 산맥을 넘어 400킬로미터를 가야 하는 여정이었다. 나중에 들은 바로는 대상들도 겨울에는 이 길을 가지 않는다고 한다.

전부 12일이 걸렸으며 처음부터 끝까지 매우 힘들고 불쾌한 여정이었다. 한번은 아침 11시부터 다음 날 새벽 5시까지 2700미터의 산길 네 개를 건너서 32킬로미터를 전진했고 그 도중에 낙타 30마리 중에 20마리가 눈 속에 쓰러졌다.

여정 막바지에는 날씨가 아주 추워졌다. 모든 종류의 연료가 다 바닥이 나고 침낭은 서리가 가득해서 더 이상 쓸 수 없어졌기 때문에 텐트를 버려야 했다. 가는 길에 간혹 유르트가 있어서 우리는 몽골인들과 함께 잤다. 유르트는 불쾌했지만 밖이나 우리 텐트보다는 훨씬 따뜻했다.

마침내 우리는 작은 마을인 코브도의 군사 기지에 도착했다. 주둔군 군인 300명이 이곳을 지키고 있다. 우리는 풀려나기를 기대했지만 여전히 의심을 받고 있었다. 네 시간 동안 젊은 몽골 경찰 두 명에게 우리가 첩자가 아니라는 사실을 확신시키려고 노력했다. 우리가 누구이고 무얼 하는 사람인지 말할 때마다 그들은 우리가 거짓

말을 하고 있으며 우리는 첩자이자 위험한 인물들이라고 함부로 말했다.

우리를 조사하던 유르트에 마침내 또 다른 몽골인 한 명이 들어왔다. 시베리아 남부에서 온 이 부리아트족 사내는 러시아어를 어느 정도 읽을 줄 알아서, 우리의 러시아어 편지를 보고 급하게 이 지역의 지도자인 정부 관리를 부르러 보냈다.

우리가 만난 다른 몽골인들과는 달리 그는 아이보다는 좀더 머리가 좋았다. 또한 그는 머리를 쓸 줄 알았다. 그는 몇 가지 탐문을 하고 우리 답변에 만족한 듯했으며 우리에게 우리가 코브도에 오는 길에 만난 한 러시아인의 집으로 가라고 했다. 그는 우리가 코브도에 머무는 동안 자신의 시간을 모두 할애했고 그의 도움으로 우리는 러시아 영사에게 갔다.

이 관리는 몽골인들에게 우리에게서 압수한 무기와 도구를 되돌려주라고 권유했으며 자신의 권한을 모두 동원하여 우리가 울리아수타이와 우르가로 계속 가는 것을 허락하라고 설득했다. 그러나 몽골인들은 허가를 무조건적으로 거절했다.

그래서 우리는 베이징으로 가는 가장 현실적인 경로를 택하기로 결정했다. 마차와 썰매를 타고 시베리아 비이스크(Biisk)의 시베리아 횡단 철로 지선까지 가서 기차를 타고 만주와 베이징으로 가는 것이다. 러시아 영사는 우리에게 비자와 허가증을 주었으며 우리 부하들과 낙타들이 투르케스탄으로 돌아갈 수 있도록 조치해주었다.

철로에 도착하기 전에 혹독한 한파가 몰아쳐서 여러 번 섭씨 영하 42도를 기록했다. 베이징에서 우리는 신년을 맞았다. 우리가 카슈미르를 떠난 지 9개월이 지난 것이다. 우리는 인도양부터 황해까지 아시아를 횡단하여 1만 3천 킬로미터나 갔다.

이 원치 않은 모험에도 모던은 멈추지 않았다. 3년 후에 그는 또 다른 미국 자연사박물관 원정대를 이끌고 소련령 중앙아시아와 극동 시베리아로 가서 사이가영양과 시베리아호랑이를 찾았다. 그는 마침내 뉴욕의 유명한 탐험가 클럽 회장이 되어 그의 여생을 원정에 보냈으며 그 원정은 대부분 아프리카로 갔다.

3부

해 뜨는 동쪽의 땅

자동차를 타고 지중해부터 황해까지

FROM THE MEDITERRANEAN TO THE YELLOW SEA BY MOTOR

메이나드 오언 윌리엄스 (1888~1963)

메이나드 오언 윌리엄스는 『내셔널 지오그래픽』해외 편집부장으로, 오랜 경력을 뒤돌아볼 때 늘 역사적으로 유명한 시트로엥-하르트 원정대와 함께 아시아를 횡단한 2개월로 돌아갔다. 윌리엄스는 이 프랑스 원정대에 가담한 유일한 미국인이었으며 그때 수상한 레지옹도뇌르 훈장과 고비 사막의 동상 상처가 계속 남아 있는 손을 보며 당시를 계속 기억했다. 그는 여러 추억을 남겼으며 이 여행을 생애 최고의 모험이라고 생각했다.

프랑스 자동차 왕 앙드레 시트로엥이 자금을 제공하고 조르주-마리 하르트가 이끈 시트로엥-하르트 아시아횡단 원정대는 세번째로 대륙 횡단 자동차 여행을 떠났다. 처음 두 원정대는 아프리카 종단 여행과 아프리카 횡단 여행을 했다. 마르코 폴로 이후 처음으로 아시아를 육로로 횡단한다고 선전한 이 세번째 원정대는 첫 두 원정대와 마찬가지로 시트로엥이 설계한 트럭들과 군용트럭들이 고고학자, 과학자, 촬영진, 기술자, 원정대 공식 사진작가 윌리엄스를 태우고 아시아를 횡단했다.

이 트럭들은 1931년 4월 베이루트를 출발하여 시리아, 이라크, 이란, 아프가니스탄을 지나, 차량으로는 지나갈 수 없는 카라코룸 산맥의 절벽까지 갔다. 원정 대원들은 여기서 조랑말과 야크를 타고 멀리 중국 서부의 신장성까지 갔다. 신장성에서 이들은 원정대의 두번째 진영을 만났다. 이 두번째 진영은 베이핑(Peiping, 베이징의 당시 지명)에서 시트로엥 차량을 몰고 서쪽으로 오면서, 돌아가는 여정을 위해 길을 따라 비축 물자를 숨겼다. 연합한 원정대는 방향을 바꾸어 다시 베이핑으로 의기양양하게 돌아갈 계획이었다.

안타깝게도 반역의 열기가 신장성을 휩쓸어 반군 장군 마중잉(馬仲英)이 활동하고 있었다. 이 글 첫 부분에 시트로엥-하르트 원정대는 성도 우루무치에 집결했다. 도망가야 할 상황이었던 원정대는 방벽에 싸인 한 중국 마을부터 다른 마을까지 고비 사막의 겨울바람을 헤치고 앞의 어딘가에 있는 마중잉과 맞서며 동쪽으로 3700킬로미터의 힘든 여정을 '그레이트 로드(Great Road)'를 따라서 가기 시작했다.

하르트는 '골든 스캐럽(Golden Scarab)'이라고 불린 지휘 차량을 타고 원정대를 이끌었다. '실버 크레센트(Silver Crescent)'에 탄 43세의 메이나드 윌리엄스는 앞으로 닥칠 위험에도 불구하고 언제나 태연하게 밝은 모습을 하며 어디에서나 미소 띤 얼굴을 비쳤다. 그는 그렇게 평생을 살았다.

원정대 역사가 조르주 르 페브르(Georges le Fèvre)는 우리 여정이 우루무치에서 지체된 것을 하늘이 주신 축복이라고 여겼다. 그는 사실을 얼릴하게 추구하는 사람이었으며 밤낮 없이 바쁘게 일해 그의 방대한 노트는 하루에 수 페이지씩 늘었다. 우리가 우루무치에 머무는 동안 그와 나는 몽골 공주와 즐거운 대화를 나누었다. 공주는 승마화를 신고 몸에 잘 맞는 파란색 치마와 산호 지수를 약간 놓은 하얀색의 단순한 블라우스를 입었다. 거친 조랑말을 씩씩하게 타느라고 머리카락은 약간 헝클어져 있었다. 이 매력적이고 지적이며 편견이 없는 동양 여성은 프랑스어를 악센트 없이 구사했으며 영어를 속어까지 써가며 구사했다. 공주와의 춤은 어색했지만, 공주와의 대화는 아주 자연스러웠다.

"왜 서양인들과 동양인들은 서로를 싫어할까요?" 우리는 이야기 주제를 벗어나 우리의 실제 관계를 질문했다. 지금까지 우리는 서양의 눈으로 동양 사람들을 보았다. 이제 우리는 그들의 눈을 통해 우리 자신을 보았다. 이곳 신장성에서 통치자는 모든 책략을 보유했다. 우리의 세계는 멀리 떨어져 있어서 검열과 사막 때문에 영향력을 빼앗겼다.

"왜 보수적인 것을 싫어하는 것이라고 말하나요?" 그녀가 대답하기 시작했다. "당신들은 낯선 사람들이 클럽이나 집에 오는 것을 늘 환영하나요? 동양인에게는 심리적인 만리장성이 있는데 이 만리장성의 보호가 좀 불확실해지기 시작하고 있어요. 만리장성 뒤의 사람은 사랑받거나 인정받는 것은 바라지 않아요. 그는 방해받고 싶지 않을 뿐입니다.

사람들은 재산뿐만 아니라 생활 방식도 보호하려고 합니다. 아마 당신들의 생활 방식이 당신들한테는 맞겠지만 그건 우리 생활방식을 위협할 수 있습니다.

당신들은 서두르기 때문에 야만적입니다. 당신들은 아직 숙달하지 못한 기계 장난감에 매료되어 있습니다. 당신들은 솔직한 것을 좋아하지만, 실제로 이해하기 전까지는 형식적인 예의가 도움이 됩니다. 당신들은 우리와 다른 세계의 이상을 지배합니다. 당신들은

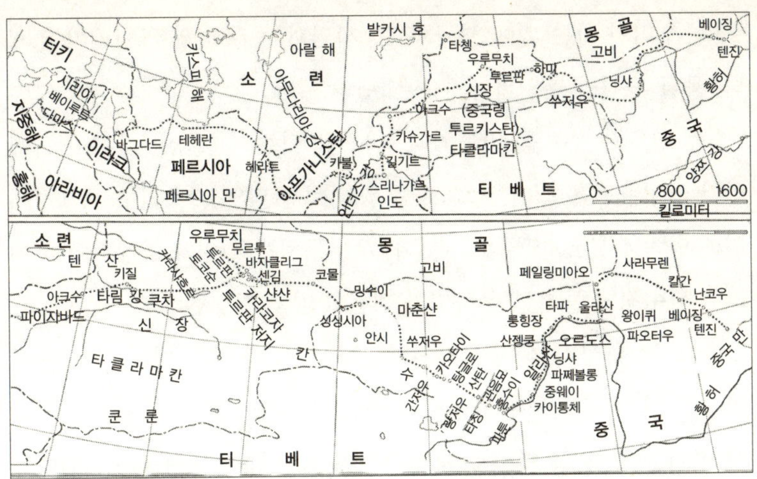

우루무치부터 베이핑까지 3200킬로미터의 멀고 먼 여정 중에 중국의 몽골 국경을 나타내는 방벽으로 둘러싸인 마을들이 이어진 마지막 구간에서 시트로엥 하르트 원정대는 기진맥진했다. 시트로엥 하르트 원정대는 지중해부터 황해까지 최초로 자동차로 아시아 횡단을 시작했다.

자동차, 철도, 라디오를 만든 사람들입니다. 당신들은 이 땅을 도로, 속도, 자유 언론, 균형 잡힌 예산, 위생 시설, 익숙한 형태의 재판이 없는 뒤쳐진 땅이라고 생각합니다. 그래서 당신들은 중국인들을 불쌍하다고 생각하죠. 그러나 중국인들은 전 세계의 중요한 중심인 중화에 살고 있습니다. 당신들의 발전은 최소한 동양인들에게 끼친 영향 면에서는 무질서합니다. 그 발전의 정신적인 가치가 실현되지 않기 때문입니다. 우리 몽골인들은 자유롭습니다. 우리가 바라는 것은 '신의 하늘 아래 좋은 말 한 마리와 넓은 평원'입니다. 그리고 우리는 그것을 깨닫고 있습니다……."

우루무치부터 베이핑까지는 3700킬로미터이다. 우리 원정대 차량 중 두 대는 약탈당했다. 마중잉 반군이 이미 우리 공급 물자 수톤을 손에 넣고 그레이트 로드에 두 발을 벌리고 서서 우리를 기다렸다. 우리가 가는 길에 사구와 강, 사막과 좁은 바위 골짜기가 있었다. 몽골 평원의 추위가 자주 생각났다.

털 코트와 부츠를 만들었다. 바람을 막는 '새클턴' 바지 안쪽에 양가죽이나 털을 댔다. 담요로는 우리 차를 덮었고 우리를 보호하기 위해 안쪽에 펠트 커튼을 더했다. 우루무치는 추위가 일상적인 곳이라서 필수적인 물자를 구하기가 쉬웠고 값도 저렴했다.

페노는 확성기 같은 모양의 전열기를 발명했다. 이 전열기는 우리의 배기 매니폴드에 볼트로 죄어졌다. 전열기의 통풍통은 풍구에서 공기를 모아 차 안으로 보냈다. 그는 자신의 발명을 과신하며 몽골의 겨울을 별로 고려하지 않고 금속 스토퍼를 더하여 "우리가 털 속에서 구워지는 것을 막았다." 이 생각은 본의 아닌 역설로 판명되었다……

카라 코자에서 우리는 본대에게 추월당했고, 베이핑을 향해 계속 달렸다……

텐트를 치는 일이 거의 없었다. 여행용 손가방과 세면기조차 며칠씩 쳐다보지 않았다. 실질적인 추위뿐만 아니라 더 큰 위협이 항상 우리를 엄습했다. 우리는 거의 피로를 달고 살았다. 우리는 자동차를 계속 운행하는 일을 과학적이고 예술적인 작업보다 높이 평가할 수밖에 없으며, 겨울 한밤중에 맨손으로 애쓴 수리공에게 아낌없는 찬사를 보낸다. 그러나 정치적인 이유로 여정이 어떻게 될지 알 수 없었기 때문에 등유와 부동액이 부족한 차에는 끊임없는 주의가 필요했다. 사람과 차 모두 기진맥진하여 서로 의지했다.

여정의 한 구간을 일단 시작하면 끝날 때까지 제대로 한 번도 쉬지 않았다. 우리는 며칠 밤 동안 계속 지겨운 길을 신중히 나아갔다.

1932년 설날 즈음에 시트로엥-하르트 원정대가 량저우를 지나갈 때 한 책장수가 추위에 떨며 노점에 웅크리고 앉아 있었다. 량저우는 우루무치와 베이핑 사이의 중간쯤에 위치한 마을로서 지진으로 황폐해져 있었다.

사람과 차는 새벽 2시부터 5시까지 이론적인 휴식 시간을 취했다. 운전자가 운전대 위로 푹 쓰러졌다. 그날 꾸벅꾸벅 졸 수 있었던 옆 사람은 물과 기름 양을 나타내는 온도 눈금판을 보았다. 라디에이터가 식거나 베어링 움직임이 둔해질 때마다 모터가 큰 소리를 냈다. 우리의 전조등 위로 보이는 백 가지 환상적인 풍경은 이제 우리 중 몇 명은 실제라고 또 나른 몇 명은 나쁜 꿈이라고 생각한 것 속에 쉬인다……

몇 달 전에 우리는 코물(Qomul)에서 160킬로미터 떨어진 싱싱시아에 가솔린을 어느 정도 묻어두었다. 그러나 군용차 40대가 신장성에서 다니고 있는 전쟁과 징용의 시기였기 때문에, 중심 루트를 떠나기 전에 우리가 실제로 가솔린을 계속 많이 보유하고 있는 편이 나아 보였다. 원주민 2륜 짐마차들은 앞에서 식품 두 상자, 여분의 모터 두르래, 윔퍼텐트(Whymper tent, 영국의 등산가 에드워드 윔퍼가 고안한 텐트로 내피가 있어서 겨울용으로 씀/옮긴이)와 석유 천 리터를 싣고 가서, 결코 마르지 않는 수원 때문에 '영원히 흐르는 물'이라고 불리는 마을에 두었다.

이 기간 동안에는 몇 글자 쓸 때마다 입속에 펜을 넣어 녹여가며 노트에 여정을 기록했다. 어떤 경우에도 이 기억은 계속될 것이다. '실버 크레센트' 운전자인 고티에르 옆에서 졸고 있던 나를 누군가가 깨웠다.

"좋아요, 더러운 방 두 세 개가 있는 것 같은데, 방 하나에 언 시신 열다섯 구가 있고 헛간이 열려 있습니다."

"내일 얼어 있는 시신 여섯 구 중 하나가 되느니 오늘 시신 열다섯 구와 함께 자는 게 낫겠군." 며칠 밤 동안 내가 내쉰 숨에 침낭 가장자리가 얼었기 때문에 나는 그렇게까지 생각했다. 그래서 나는 조금 올라간 단이 있는 방을 발견하고서 잠자리를 깔았다. 뒤에 방 하나가 더 있었지만 보지 않는 편이 더 낫겠다고 생각했다……

한숨도 자지 않고 30시간을 온 우리는 마중잉으로부터 도망한 도망자들을 지나쳐 쑤저우의 입구에 도달했다. 귀한 차가 모든 것을 더 밝게 보이게 했다. 우리 숙소는 샨시 성과 치흘리(직예直隷, 허베이 성의 옛 이름/옮긴이) 상인들의 사교 클럽이자 종교 클럽으로, 새로 지었고 통풍이 잘 됐다.

열네 살 난 아내를 새로 얻은 지 얼마 안 된 지휘관은 우리가 자동차용 기름 한 통을 보낸다면 우리의 출발 협상이 더 순조롭게 진행될 것이라는 전갈을 보냈다. 이 도시는 특별히 흥미로웠고 나를 따라다니는 소년들 수백 명 중에는 사진 찍을 만한 미소 짓는 얼굴이 많았기 때문에 이 도시에서 지체되는 것은 내게 비극이 아니었다. 호기심 많은 아이들이 하멜른의 피리 부는 사나이를 따라다니듯이 내 카메라 뒤를 쫓아다녔다. 삼각대 달린 카메라를 가지고 있으면 군중의 인정에 좌우된다. 기분을 상하게 하면 그들은 당연히 집에 갈 것이다. 그들의 선한 의지를 살리면 그들은 우리 마음을 따뜻하게 할 것이다.

도시 중앙에 사원이 있고, 사원 안마당에서 야외 식당, 이발소, 의료인들이 열심히 일을 한다. 주요 사당 뒤에는 가장 어려 보이는 이야기꾼이, 내가 처음으로 본 프롬프터용 대본을 보면서 중국의 연애담으로 보이는 끝없는 이야기를 계속 하고 있었다. 사원의 신들이 볼 수 있는 곳에 위치한 무대에서는 징소리와 딸랑이 소리가 울리며 연극이 상연 중이었다.

이때 마중잉 장군 수하의 반군들 근처에 있었다. 반군들은 점점 가까이 왔다. 우리가 밤에 무선 전신을 사용해보려고 한 것 때문에 한 대령이 우리 밑에 왔다. 우리 통역관이자 비밀 요원인 부리와 가오는 그 대령과 마작을 해서 지고 29달러를 주라는 지시를 받았고 혼란은 지나갔다.

다음 날 아침 뜻밖에도 떠나도 좋다는 허가를 받았다. 몇 시간 동안 지체된 끝에 이 도시의 입구가 마침내 서서히 열리고 우리 차들은 줄지어 나갔다. 24시간 후에 마중잉 군대가 쑤저우에 진입했다. 그때 우리는 카오타이에 있었다. 이 도시 입구 옆에는 새끼줄에 매달린 한 산적의 머리가 있었다. 스물일곱 명의 산적 중의 본보기였다. 우리는 독일 선교사들이 주일학교 교실에 친절하게 저장해준 가솔린 60통을 들고 계속 가던 길을 갔다……

간저우(甘州)부터 량저우(凉州)까지 가는 여행은 탐험가의 용기와 차를 시험하는 예상치 못한 경험들의 연속이었다. 수리공들은 차를 좀더 많이 신뢰할지도 모른다. 그러나 만약 그들이 차를 많이 신뢰하면 그만한 대가를 치를 것이다.

우리는 괜찮은 길로 생각되는 320킬로미터의 끝에서 여분의 부품을 많이 구할 수 있을 것이라고 기대하고 마충잉이 바로 뒤에 있는 량저우를 12월 26일 점심 식사 후에 출발했다. 어두워질 무렵 우리는 황혼에 크게 보이는 탕로 성벽을 지나갔고 새벽 2시에 산탄을 지나서 멈추었다. 배전기 디스크가 고장 나서 수리공들 몇 명이 추운 밤 내내 바빴고 둘째 날에도 수리공들이 해야 할 일이 연이있다.

해가 지고 우리는 궁핍한 마을로 들어갔다. 이 마을은 지진으로 폐허가 되어 산적들의 본거지가 되었다고 한다. 저쪽에 매복하기에 안성맞춤인 가파른 바위길에서 트랙터 밴드가 끊어졌다. 10시에 자동차 행렬이 다시 움직였다. 우리는 새벽 3시에 또 하나의 '산적 마을'에 들어갔다. 이곳에는 무장한 사람들 20명이 그때까지 고요한 거리에 나와 있었다. 이 폐허가 된 황량한 지역에서 우리는 멋진 드레스를 입고 금팔찌와 금귀걸이를 한, 눈 부시게 예쁜 중국 소녀 한 명을 볼 수 있었다. 이 황폐한 오두막들의 지저분한 거리에서 양가죽 옷을 입고 무장을 한 사람들보다 그 소녀가 더 악마의 환영처럼 보였다.

이곳의 엄청 큰 망루들이 연속해서 서 있는 만리장성 옆의 수평 홈 자국들은 최근에 사용한 흔적이 거의 보이지 않았다. 오랫동안의 통행으로 길이 아주 깊이 닳아서 바퀴가 큰 수레도 시작하는 길에서부터 계속 가야 한다. 그러나 바닥마다 먼지가 있었다. 꼭대기에 용이

꿈틀꿈틀 기어가는 모양을 조각한 큰 기념석이 하늘을 갈랐고 나는 오랫동안 고개를 돌려 쳐다보며 옛 만리장성 망루 하나에 감동을 받았다……

우리도 지쳤다. 한 번의 여정에 52시간이면 충분했다. 그러나 마지막 차는 64시간을 갔다. 그 차는 트랙터 밴드가 목표지점에서 550미터 떨어진 곳에서 나갔고 운전자는 순전히 피로 때문에 자동차 옆에 쓰러졌다. 여느 때처럼 하르트는 감탄스러운 수리공들 옆에 끝까지 있었다……

나는 추운 날씨에 흙무덤 사이의 거친 길을 수 킬로미터 차를 타고 달려 1931년 마지막 날 거무스름한 성벽에 둘러싸인 량저우에 도달했다. 동쪽이 진앙이었던 지진이 이 지역을 휩쓴 것은 수년 전이었지만 홀로 남겨진 조상(彫像)들은 아직 잔해 위로 솟아 있었다. 집을 잃은 신들 몇몇은 머리가 잘렸거나 한때 당당했던 팔이 이제 짚과 진흙 토막이 되어 차가운 안개 속에 나와 있었다.

이 성벽 안의 도시 또한 파괴의 영향을 받았지만 새로운 생명은 용감하게 그러나 서서히 자랐다. 중심 시가지에는 빨간색과 금색의 포스터가 나무 기둥에 붙어 있었다. 이는 새로 받아들인 공식 달력에 충실하다는 정치적인 충성심의 특별한 발로였다. 사람들은 그때까지도 2월의 '중국 정월'을 명절로 지키고 있었기 때문이다.

이 중국인들이 명절 정책은 잘 지키고 있지만, 아편을 피우는 것은 분명히 금지돼 있지 않았다. 이 마약의 번들번들한 큰 덩어리들이 진열되어 팔렸으며 곰방대, 램프, 그밖에 이 힘든 악행에 필요한 자잘한 물건들 모두가 거리에 즐비했다……

량저우에서부터 우리는 북쪽으로 향해야 한다. 곧 대한(大寒)이었다. 우리는 우루무치에서 베이핑까지 거의 반쯤 왔지만 더 힘든 여정이 남았다.

1932년 1월 5일에 '실버 크레센트', '헤비 시네마(Heavy Cinema)', '프리깃(Frigate)' 트럭은 닝샤(寧夏) 방향으로 떠나 황허 방향으로 만리장성을 따라 길을 열었다. 새벽 2시 30분에 우리는 타칭의 더럽고 작은 여인숙에서 멈추었다. 이곳에는 40리터짜리 가솔린 통 60개가 안전하게 보관되어 있었다.

우리는 자비의 여신의 사원인 관음묘(觀音廟)가 지도에서 본 것처럼 만리장성 안쪽이 아닌 바깥쪽에 있는 것을 발견했고 서서히 거센 바람을 뚫고 지독한 길을 따라 일몰 직전까지 계속 갔다. 일몰 직전에 피아트 변속기의 시프트 포크가 부러졌다. 우리는 밤 중에 갈라진 틈, 바위, 미끄러운 옆길 등을 오래 연이어 갔다. 우리는 홍수이의 버려진 것처럼 보이는 마을에 도착하여 안도의 한숨을 내쉬다가 섭씨 영하 22도의 추위에도 이내 깊은 잠이 들었다.

중국에서는 징발이 심하기 때문에 낯선 사람들이 밤에 마을에 도착하면, 마을 사람들은 신중하게 조용히 있다. 우리가 돈을 지불하자 그전까지 버려진 것처럼 보였던 홍수이는 갑자기 활기에 넘쳤고, 꽤 많은 사람들이 밖에 와서 우리가 어떤 행동을 하는지 우리가 갖고 온 기계가 어떤 것인지 보려고 했다……

어두워지기 직전에 '실버 크레센트'는 중웨이(中衛)를 향해 모랫길을 따라 서둘러 가서 우리 얼마 안 되는 일행의 다른 두 차를 따라잡았다. 우리 동료들은 지체를 두려워하여 이 성벽으로 싸인 마을에 들어가지 않고 안내원에게 우리를 저쪽에 보이는 집으로 안내하게 했다. 그곳에서 본대와 함께 있는 부엌 차에서 우리는 모두 중국식 국수를 먹었다.

어머니가 반죽을 섞는 동안 아이 두 명은 침대 위에서 놀고 있었고 침대 끝에는 주름이 자글자글한 할머니 한 명이 아편 램프의 노란 불빛 아래 누워 있었다. 그 할머니는 아편을 피우기 위한 모든 작업을 마치고 구슬 같은 눈으로 긴 바늘 위의 연기 덩어리를 보거나 미라의 손가락처럼 뼈만 남은 검은 손가락으로 아편을 집어넣은 무딘 파이프를 내려다보고 있었다.

우리는 국수를 먹은 후에 2시 30분까지 걸어 다니다가 4시에 다시 출발했다. 우리는 이곳에서부터 또 하나의 세상에 들어갔다. 길은 비교적 좋았다. 사람들은 잘 차려입었고 깨끗했다. 거지는 한 명도 보이지 않았다. 황허 옆의 넓은 평원은 겨울에도 비옥해 보였으며, 치마를 입은 남자들이 자전거를 타는 모습을 보니 우리가 어딘가 특별한 곳에 왔다는 느낌이 들었다. 우리는 250년 전 장군의 무덤에서 멈추었다. 돌사자들이 코를 무덤 쪽으로 향하고 있는 것 같았지만, 깊게 조각한 기념비 아치는 놀라울 정도로 정교했다. 타파(Ta Pa)에서는 작은 사원 종소리가 저녁 산들바람 속에 잔잔하게 울렸고, 가파른 곡선 지붕의 좁은 사원들은 도시 관문에 멋진 배경이 되거나 작은 웅덩이의 어두운 얼음에 비쳤다……

자성에 닝샤 북쪽에서 '실버 크레센트'기 황허의 두꺼운 얼음 위에 추락했다. 내 카메라가 갑자기 내 투과성 가죽 부츠 사이에서 얼음물에 떠내려갔다. 트럭 전조등은 물 아래에서도 잘 비추어서 나는 카메라를 챙길 수 있었고 지붕 위로 기어올라가 물가의 동료들과 합류했다.

특별히 신경써서 될 수 있는 한 높은 곳에 보관한 수백 장의 필름과 컬러 감광판은 아직 무사했지만 빠른 속도로 가라앉고 있었다. 모두가 자기 일을 하느라 바빴지만 페쾨르는 곧 나를 도와 물이 많은 틈에 다리를 놓아 사진 기록이 있는 무거운 트렁크를 안전하게 끌어냈다.

플래시가 이 혼란스러운 광경을 비춰서 작은 안도감을 주었다. 레밀리에는 라디에이터 위에 올라가 피스톤 같은 쇠지레로 두꺼운 얼음을 치워서 차는 점점 더 낮게 허우적거렸고 결국 보네트 전체가 잠겼다. 한 시간 이상 극심한 추위 속에 열심히 노력한 끝에 다른 트랙터 세 대가 우리 차를 끌어 올렸고, 우리 차는 해저 괴물처럼 반대쪽 기슭에 물을 뿜어냈다. 열세 시간이나 지체되었다……

산젱쿵은 고대의 피난 도시처럼 지어져 있다. 부싯돌 격발식 나팔 총으로 무장한 성인 남자와 소년들이 지키고 있는 이곳의 요새화된 성벽 안에는 기독교 공동체가 소와 양을 치며 살고 있다. 산적들이 위협하면 신실한 사람들은 성벽 안으로 들어가면 된다……

1월 24일 일요일 우리는 순풍과 함께 출발했다. 각각의 차는 뿌연 먼지 구름 속에 서서히 앞으로 나갔다. 콧구멍과 입 속에도 먼지가 들어갔다. 우리는 추위에 갈라진 손가락으로 아랫니와 입술 사이에 낀 모래 덩어리를 빼냈다. 마치 에어필터가 없는 것처럼 실린더에도 먼지가 들어갔다. 피스톤이 특히 많이 마모되었고 기름이 스파크 플러그를 막았다. 사소한 부분을 수리하는 동안 실린더 주위의 물이 얼었다. 낙타나 말이 한 마리 있었다면 아주 효율적이었을 것이다……

룽힝장에서 깔끔하고 민첩한 관리들이 우리 여권을 검사하고 우리를 성벽으로 둘러싸인 두 마을 중 한 곳으로 초청했다. 그 마을들은 우리에게 악몽이었다. 우리는 여러 마을에서 오랫동안 협상하고 세금에 해당하는 선물을 교환한 후에야 벗어날 수 있었다. 우리는 그 방벽들의 가장자리를 지나서 유쾌하게 동쪽으로 계속 차를 타고 갔다. 하루 이틀이면 파오터우(包頭)의 철로 끝에 다다를 수 있는 거리였다. 파쩨볼롱에서 정확한 지위는 모르겠지만 아무튼 무장하고 군복을 입은 사람들이 우리에게 총을 겨누고 우리 자동차 발판에 올라와서 신원조회를 하여 우리는 끊임없이 대답했다. 군복을 입고 무장하지는 않은 사람 수백 명이 보였지만 우리는 아무 문제 없이 이 마을을 지나갔다.

길을 더 가다가 해가 지기 직전에 '실버 크레센트'는 접근하기가 어려운 좁은 다리에 갔다. 시트로엥 트럭 두 내는 몇 분 전에 지나갔다. '골든 스캐럽'은 훨씬 더 앞서갔다. 오두엥-뒤브뢰이와 지휘관 페쾨르는 작은 창문을 커튼으로 가린 뒷좌석에 있었다. 고티에르는 차와 트레일러를 인도하느라고 바빴다. 그 옆에 있는 내 자리에서 나는 내가 본 중에 가장 잘 생긴 중국인 청년 한 명이 든 총의 총신을 보았다. 시속 오륙 킬로미터로 그렇게 흔들거리는 총신 사이를 지나가는 시간은 정말 길었다.

우리가 중국인들을 1미터도 채 지나지 않아서 우리의 각 방향에서 사오 미터 떨어진 가슴 높이의 신흙 방벽 뒤에서 중국인들이 급습을 당했고 일제 사격 소리가 들렸다. 총알 열한 발이 '실버 크레센트'와 트레일러를 관통했다. 총알은 모두 약간 혹은 아주 뒤에서 발사되었다.

우리는 비스듬한 기슭에 자리를 잡고 무기를 발사했다. 오두엥-뒤브뢰이는 "높이 쏘거나 벽을 쏴" 하고 명령했다.

발루르데는 군인처럼 무기를 다뤘다. "나한테 기관총이 있다고 알리는 게 목적이니까 탄환을 낭비하지 마." 그의 계획은 교묘했다. 재빨리 네 발의 총을 쏜다. 그리고 한동안 가만히 있다. 네 발 더 총을 쏜다. 다시 정적. 다시 한번 네 발 더 총을 쏜다. 그가 총 탄창 열두 개를 비웠을 때 중국 본부 위로 깃발이 올라갔다. 양측 사람들은 회의를 하기 위해 앞으로 갔으며, 이 회의에서 모자를 벗고 미소를 주고받았다.

"정말 끔찍한 나라야. 그들은 이걸 두고 뻔뻔스럽게도 '약간의 오해'라고 부르지."……

1932년 2월 12일 정오에 시트로엥 히르트 아시아 횡단 원정대는 베이핑에서 프랑스 공사 일행의 땅에 들어와서 여러 국가의 명사들에게 환영을 받고 마땅한 영예를 얻었다. 사하라 사막과 아프리카를 자동차로 처음 횡단한 동반자 조르주 마리 하르트와 루이 오두엥-뒤브레이는 314일 반나절 만에 아시아 횡단 11,861킬로미터 길을 열었다. 마르코 폴로 시대 이후 지중해부터 황해까지 육로로는 최초의 탐험이었다.

이곳 만주에서

HERE IN MANCHURIA

릴리안 그로스브너 코빌 (1907~1985)

중국 땅의 러시아 도시이자 일본군이 통치한 하얼빈은 독특한 지역이었다. 하얼빈은 러시아의 차르가 숲과 시베리아 호랑이와 혹독하게 추운 겨울로 유명한 만주 지역을 중국으로부터 빼앗은 1896년부터 30년 동안 건설되었다. 1932년에 하얼빈에는 양파 모양의 돔 지붕을 얹은 건물이 많았으며 상업과 공업의 중심으로 번창하여 '동양의 상트페테르부르크'라고 불렸다. 하얼빈은 철도 도시의 에너지로 움직였다. 차르는 시베리아 횡단 철도 때문에 이 어촌 마을을 만주 이권의 중심으로 삼았다. 그러나 러시아는 이 시기에 일본에 밀려났다. 일본은 만수를 침공하여 만주국으로 합병하여 일본 제국의 새로운 주로 만들었다. 하얼빈에는 망명 러시아인, 일본 군인과 관리, 중국 군인과 상인, 크고 다양한 외국인 사회, 한때는 장교였을지도 모르는 거지들이 섞여 있었고, 중국의 내전의 위협과 심각한 홍수의 위험도 직면하고 있는 등 역사의 여러 단층선이 모여 있는 곳이었다.

이때 25세의 릴리안 그로스브너 코빌이 남편과 함께 하얼빈에 도착했다. 릴리안의 남편은 도쿄에서 외교관으로 일하다가 하얼빈으로 전속했다. 릴리안은 내셔널 지오그래픽 소사이어터의 영향을 받고 자랐다. 릴리안의 아버지는 『내셔널 지오그래픽』의 편집장 길버트 H. 그로스브너이고 릴리안의 할아버지는 내셔널 지오그래픽 소사이어티의 제2대 회장 알렉산더 그레이엄 벨이다. 릴리안은 날카로운 문장을 구사했으며 『내셔널 지오그래픽』 뿐만 아니라 『뉴요커 *New Yorker*』와 『해외업무저널 *Foreign Service Journal*』에도 글을 기고했다. 이곳에서 릴리안은 외국의 위험하거나 흥분되는 곳에 살면서 느끼는 끊임없이 샘솟는 흥미를 만끽했다. 릴리안은 여러 가지 전개되는 사건 속에 있으면서도 '외교적인 책임 면제'라는 투명한 덮개로 그 영향에서는 단절된 기분을 느꼈다.

나는 하얼빈에 산다. 우리는 몇 년 동안 동아시아에서 살았다. 이곳 북만주 시에는 1932년 5월에 왔다. 우리가 여기에 있는 몇 달만큼 그렇게 빨리 돌아가는 드라마는 어디에도 없다. 매일의 뉴스가 워낙 예측 불가능한 것이어서 놀랄 만하면 또 놀라운 일이 계속 일어났다.

다음은 24시간 동안 일어난 주요 사건들이다. 어제 산적들이 우리 영국 친구 두 명을 납치하려고 했다. 영국은행의 부장과 차장인 이 친구들은 골프를 치고 있는 중이었다. 두 사람은 골프채로 맞았으며 한 명은 팔에 총을 맞았다.

같은 날 이에 앞서 한 미국 자동차 제조업체의 전 대표의 어린 딸이 우리 집에서 한 블록 떨어진 거리에서 유괴당했다. 그 아이를 데리고 있는 산적들은 가족이 가지고 있는 이상의 돈을 요구하고 있다.

어젯밤 늦게 주요 남행 열차와 북행 열차가 하얼빈에서 조금 떨어진 곳에서 산적들에게 납치당했다. 열차 승객 중에는 전날 저녁 우리 집에 손님으로 왔던 미국 청년 한 명이 있었다. 그는 셔츠만 빼고 가지고 있던 모든 것을 강탈당하고 목숨만 구했다.

우리가 불안감을 느끼고 중국의 혼란이 우리에게 가까이 있다고 생각하는 것이 이상한 일인가?……

'현대식' 호텔의 발코니에서 하얼빈의 중심가 키타이스카야를 내려다보니, 하얼빈이 다소 초라한 대륙 도시 같아 보인다. 건물들은 석재나 콘트리트로 견고하게 지어져 있으며 높은 이중창과 이중문으로 영하의 날씨에 대비했다. 영하의 날씨에 이곳 땅은 몇 달 동안 1미터 20센티미터 깊이까지 얼어붙고 시베리아의 바람이 분다. 상점 위의 간판은 러시아어로 되어 있는데 이 러시아 글자는 마치 뒤집어진 것처럼 보인다. 그러나 하루 저녁만 아주 간단한 러시아어 자모를 배우면 이 글자가 맞다는 사실을 알 수 있다.

낡은 마차가 주요 시가지를 따라 지나가고 있으며 가끔 릭샤나 덜거덕거리는 고물차가 어슬렁거리며 승객을 찾는다……

한 부대의 군인들이 발맞추어 나아가거나 장갑차 한 대가 소리를 낸다. 가끔 일본 여성의 우아한 기모노 차림도 볼 수 있다. 아마 일본 여성은 지난 해 일본인의 인구가 거의 두 배로 늘어난 것 때문에 최근에 하얼빈에 왔을 것이다. 또 대부분의 다른 일본 여성들과 마찬가지로 이 여성도 분명히 이곳을 싫어할 것이다.

이 거리는 저녁에 가장 재미있다. 저녁이면 이 도시의 모든 미남 미녀가 돌아다니며 몇몇은 서로 곁눈질로 슬쩍 보고 몇몇은 팔짱을 끼고 머리를 맞대고 걷는다. 또한 하얼빈에는 아내들이 조심해야 할 아름다운 러시아 여자들이 있다.

우리가 이곳에 처음 왔을 때 누군가가 내게 하얼빈의 모든 여자들은 두 부류로 나눌 수 있다고 말했다. 한 부류는 매력적인 여자들로 카바레 걸들이며, 또 한 부류는 매력이 없는 여자들로 치과의사들이라고! 하얼빈에는 그만큼 많은 여자 치과의사들이 있고 카바레에서 접대하거나 춤을 추고 노래하는 여자들이 수없이 많다. 이들 중에는 훌륭한 발레 무용수들도 있는데, 이들 다수는 모스크바에서 훈련을 받고 러시아를 떠나 하얼빈으로 밀입국한다. 이곳에서 그들은 흥겨운 공연을 하고 미국 돈으로 일이 달러를 벌어서 의상을 구입할 것이다. 이 여자들 모두에게는 각자의 기구한 인생 이야기가 있다.

또 훌륭한 가문의 딸로 교육을 잘 받고 영어와 프랑스어를 유창하게 구사하는 또 다른 부류의 러시아 여성이 있다. 러시아인들은 모두 대화를 잘 하며 함께 이야기하면 즐겁고 거의 모든 러시아 여성들은 예쁘다. 이런 여성들 대부분은 외국 사업가와 결혼하여 오래오래 행복하게 산다.

이 모든 여성들에게 맞는 남자들은 어떤 사람들일까? 나는 모르겠다. 알아낼 수가 없었다. 그들은 그렇게 검소하지 않은 것 같다. 아무튼 철도가 소련으로만 열려 있기 때문에 그들이 할 일은 별로 없다. 많은 기업인들이 떠돌아다닌다. 어떤 사람들은 하얼빈에 머물러 치과의사 아내의 도움을 받거나 그냥 지낸다. 그들이 어떻게 아무것도 하지 않으면서 살면서 즐길 수 있는지 놀랍다……

지난 2월 일본 군인들이 신시가지에 진입하여 중국인들이 도망갔을 때는 머리끝이 곤두서는 것 같았다. 일본군은 도시를 질서정연하게 점령하고 잘 통제했다. 고물차와 시내의 노면전차를 모는 가난한 러시아인들은 제복을 입은 일본 군인들이 다른 사람들과 마찬가지로 차비를 내자 놀랐다.

그러나 일본군이 아무리 점잖게 행동을 해도 러시아인들과 중국인들의 태도를 극복하기 위해서는 해야 할 일이 많다. 일본군이 기대한 것처럼 산적은 금방 소탕되지 않고 상황은 악화되어만 갔다. 일본군이 이전 정부를 대신했기 때문에 많은 군인들이 일자리를 잃었고, 만주에서는 중국의 다른 곳과 마찬가지로 이 실업자가 된 전직 군인들이 산적이 되어 돈을 벌 수밖에 없었다. 계속해서 강 건너에 총성이 울리고 머리 위로 비행기가 지나가는 소리가 들린다. 때로는 산적을 숨겨주게 된 운 나쁜 마을을 일본군이 폭격하러 간다.

그래서 하얼빈에서 살면 흥분과 긴장의 연속이다. 누구든지 늘 무슨 일이 일어날 것이라고 생각하며 보통 그렇게 된다. 우리가 사는 거리 모퉁이를 비롯한 곳곳에 2월에 일본 군인들이 점령하면서 남긴 모래주머니로 쌓은 작은 요새가 남아 있다. 군인들은 언제나 상주하며 군인들로 가득한 위장 탱크가 밤에 조용히 순찰을 돌고 사설 경호원 세 명이 밤낮으로 교대하여 우리 아파트를 보호한다. 이런 사실들이 삶의 재미를 더한다.

최근에 있었던 산적의 습격에 대해 말하는 것이 매일 대화의 주제이다. 우리는 하얼빈에서 1.6킬로미터 떨어진 강을 건너 소풍을 갈 때에도 늘 총을 근저 의사에 쌓아두고, 개인적으로 고용한 보초 두 명이 경계를 선다……

내 친구들은 항상 내게 이렇게 편지를 쓴다. "그곳의 전쟁에서 죽지 마." 또는 "산적들에게 잡혀가지 마." 그러나 아무도 내게 이렇게 경고할 생각은 하지 않았다. "홍수 때 물에 빠지지 마." 나는 홍수가 하얼빈을 덮칠 것이라고는 별로 생각한 적이 없었다. 아마도 하얼빈이 이전에 심각하게 침수된 적이 없었고, 쑹화 강은 늘 작고 고요한 강 같았기 때문일 것이다.

그해 봄은 예년과는 달리 비가 많이 왔으며, 하얼빈에도 강이 범람했다는 소식을 들었다. 곧 우리는 강둑의 수위가 점점 높아져서 강 건너 가난한 러시아인들과 중국인들의 작은 집 높이까지 올라간 것을 보았다. 사람들로 혼잡한 부두는 어느 일요일에 붕괴되었으며 많은 사람들이 물에 빠져 죽었다. 우리가 총과 경호원을 갖추고 소풍가려고 한 방갈로의 정원까지 물에 잠겼다. 닭들은 물에 빠져 죽었지만 오리들은 즐거웠다. 섬은 사라지기 시작했고 이전에 육지였을 뿐인 곳에 다른 섬들이 생겼다. 갈 곳이 없는 사람들은 자기 집 지붕에 올라갔고 어떤 사람들은 중국식 옛날 거룻배로 소와 돼지를 실어 나르기 시작했다. 그러나 여전히 수위는 높아졌고, 중국 마을에는 30센티미터까지 물이 찼다고 했다.

대화 내용은 산적에서 홍수로 바뀌었다. 홍수 피해가 어느 정도인지를 이야기했다. 지난해 만주에서 일어난 모든 군사 작전과 산적들의 노략질보다도 비와 홍수의 피해가 훨씬 컸다는 것이 곧 분명해졌다. 북만주의 농작물 절반이 못 쓰게 되었다.

8월 7일 일요일 아침에 우리 식당 창문으로 밖을 보니 중국인들의 캠프 두 개가 인도에 세워져 있었다. 우리가 처음 들은 소식은 중국인 마을 푸쟈톈을 보호하는 방벽이 붕괴되어 물이 들어오고 있다는 것이었다.

우리가 사는 신시가지는 늘 작은 유럽 마을 같아 보였다. 자갈이 깔린 길이 있고 인도에는 가로수가 줄지어 있고 외국 건물이 많았다. 사는 사람들도 백인이다. 우리가 놀라운 일이 언제나 일어나고

배의 뒤쪽에 앉은 갈색 머리의 릴리안 코빌은 하얼빈의 침수된 거리로 용감히 나온다. 1932년 만주의 도시는 강물에 잠겼을 뿐만 아니라 산적들에게 약탈당하고 수많은 난민들을 양산하고 일본군의 침공을 받았다.

있는 곳에 살지 않았다면, 비슷한 유럽 마을의 사람처럼 놀랐을 것이다.

낮이 다 가기 전에 우리는 집을 잃은 중국인 수천 명에게 둘러싸였다. 그들은 우리의 거리에 몇 개 안 되는 초라한 꾸러미를 놓고 반은 벗은 아이들과 함께 쭈그리고 앉아 있었나. 아픈 여자, 노인, 돼지도 함께 있었다. 이들은 중국인 지역에서 이곳으로 몰려 왔다.

짐마차, 마차, 릭샤, 전차가 줄을 이었고 사람들이 언덕에 힘들게 올라갔다. 보통 비틀거리는 말 한 마리가 끄는 짐마차에는 한 가족이 들어가는 침구와 옷가지 전부를 실었고, 그 짐 위에는 전족을 한 여자들과 아이들이 타고, 계단에는 남자 두세 명이 매달렸다. 사람들이 넘치도록 탄 노면전차는 중국 적십자의 상징, 붉은 만(卍)자를 붙이고 차비를 받지 않으며 앞뒤로 오갔다.

난민들은 도착하여 경찰을 따라 중국 마을이 내려다보이는 수 킬로미터 펼쳐진 절벽까지 갔다. 그들은 그곳에 모여서 자기들 집 주위에 물이 3미터, 4미터, 5미터, 어떤 곳에서는 6미터까지 올라가는 것을 보았다. 결국 강물은 거침없이 흘러갔다. 그들은 잃을 것이 별로 없었기 때문에 외국인들이 위험한 상황이 되었다. 우리 집의 사설 경호원 수를 세 배로 늘렸고 군인들이 난민들 사이사이에 배치되었다.

첫날 밤에 이들 대부분은 덮을 것이 전혀 없거나 기껏해야 넝마 몇 장을 막대기 위에 걸어놓거나 정원 방벽에 오래된 멍석을 올렸다. 그러나 운 없는 사람들 다수는 지쳐서 길가에 그냥 쓰러져 누웠다. 밤새도록 그리고 이후의 많은 밤마다 당나귀들은 크고 거친 소리로 울었고, 당나귀들이 그치자 수탉과 거위들이 이어서 합창했다.

다음 날에는 모두가 좀더 나은 잠자리를 만들려고 노력했다. 오래전에 기운 콩 부대, 누덕누덕한 누비이불, 멍석을 사용했고, 몇몇은 마루를 깔 판자 몇 개를 발견했다. 그러나 돼지와 양들은 여전히 환자 옆의 진창에서 뒹굴었다.

물에 잠긴 도시에서 건져 온 콩 부대들이 할당된 고지대 몇 헥타르에 어마어마하게 쌓였다. 일본과 중국의 군인들이 소총을 들고 이 자루들을 지켰고, 새 멍석은 폭풍으로부터 콩을 지켰다. 만주에서 1년에 콩 6백만 톤을 생산한다는 데 조금이라도 의심이 든다면, 그런 의심은 이 증거로 싹 지워질 것이다.

사업 수완이 좋은 중국 청년이 식품 노점을 열어 마늘 냄새가 지독하게 났다. 천둥을 동반한 소나기가 그친 사이에 사람들은 모든 물건을 밖에 내놓고 말렸다. 신발 가게에서 건진 슬리퍼, 수백 가지 모피, 곡식, 모직물 등을 말렸다. 구정물에 더러워진 애완동물 가게의 새 몇 마리도 밖에 놓고 말렸다. 그러나 각 가정에서 가장 소중한 물품은 밀가루 부대였다. 앞으로 분명히 올 기근에 대비해야 했기 때문이다. 이 밀가루는 정말 피 같은 돈을 의미했다. 왜냐하면 가난한 사람들 다수는 어린 딸들을 팔고 이삼 달러어치의 금을 받아서 밀가루를 샀기 때문이다.

홍수가 난 둘째 날 일본군 당국은 심각한 이 상황을 지휘했다. 이제 다른 질병에 더하여 무서운 콜레라가 확산될 위험까지 더해졌기 때문이다. 콜레라는 북만주로 점차 번져서 8월 1일에 히얼빈에서 한두 명이 사망했다고 했다. 그러나 중국 당국의 발표는 이와 달랐다. 하루에 사망자가 25명 내지 50명이 나올 때에도 중국 당국은 하얼빈에 콜레라 환자가 한 명도 발생하지 않았다고 공식 발표했다.

악취를 참을 수 없어지기 전까지 우리는 처음 며칠간 여러 차례 난민촌을 지나갔는데 그곳에 무질서의 기미는 보이지 않았다. 그들은 대체로 조용했고 여자들 다수는 태연히 앉아서 긴 파이프 담배를 피웠다. 그러나 어느 날 우리 운전기사가 차를 세우고 나무 위에 매달린 머리를 가리켰다. 중국인들이 모여서 이를 쳐다보고 곧 안내판의 글을 읽었다. 이 사람은 난민들의 물건을 훔쳤으며 중국 경찰서장이 난민들을 이용하여 자기 이득을 취하려는 사람 모두에게 경고하는 의미로 이 사람을 처형할 것을 명령했다는 내용이었다. 자동차와 전차가 오가는 광경이 전부 보이는 나무의 가지에 검은 머리카락을 휘날리는 머리가 매달린 모습은 정말 어울리지 않고 끔찍했다……

홍수가 나고 이틀 후에 우리는 위험을 무릅쓰고 푸쟈텐에 갔다. 방벽은 흔적도 없었다. 처음에 우리는 릭샤를 타고 갔다. 릭샤를 끄는 쿨리는 허리까지 차는 물속을 걸어갔으며 사람들은 창문을 통해 우리를 보며 이를 드러내고 웃었다. 그리고 우리는 배 한 척을 흥정하여 배를 타고 버려진 거리를 지나 두 시간을 갔다. 가끔 보이는 개나 고양이는 초가지붕 위의 쥐나 해충을 쫓아갔고 길을 잃은 가족은 뗏목 위에서 살았다. 우리는 모퉁이 하나를 지나 3층 창문에서 짐을 내려 싣는 300톤의 거룻배를 발견했다. 물에 잠긴 도시를 다니면서도 우리는 호신용 연발 권총을 가지고 다녔다.

푸쟈텐에 이어 프리스탄의 반대편에 있는 가난한 러시아인 정착지도 침수되어 궁핍한 러시아인들도 울면서 우리 구역으로 피해 왔다. 자원봉사자들이 모집되었고 젊은 사람들 모두 물살 막는 것을 도우려고 나섰다. 그들은 열심히 모래주머니를 물속에 던져서 철도를 보호하려고 애썼지만, 앉아서 지도를 보며 전략상 중요한 지점을 찾는 사람은 없었다. 그래서 이들의 노력은 부질없어 보였다.

프리스탄 자체도 위험했다. 모두가 동시에 이야기했지만 아무도 어떻게 해야 될지 정확하게 알지 못했다. 상점 주인들은 서둘러 모래주머니로 문을 막고 급하게 돌을 쌓았다. 하수구는 강에서 역류된 물의 압력으로 터졌다. 하수 오물이 거리로 쏟아져 나왔다……

배 수백 척이 어디에서인지 나타났고 강 건너 지붕 위에 살고 있는 가난한 러시아인들과 중국인들은 매일 아침 노를 저어 저녁 전에 마을에 사람들을 태워주며 용돈을 쏠쏠하게 벌었다.

우리 강에는 그중에서도 이상한 배들이 있다. 떠다닐 수만 있다면 어떤 것도 상관없었다. 오래된 문짝 두 개를 못으로 박은 것과 장대 두 개 또는 빈 석유통들을 연결해 아래쪽에 붙인 판자 몇 개는 거의 구명보트와 맞먹었다. 아이들은 가정용 빨래통을 타고 움직이며 신이 났다. 한 남자는 뗏목에 30센티미터 높이의 작은 의자를 달아서 아주 편안하게 노를 저었다. 색칠하지 않은 새로운 보트가 매일 나타났고, 이 보트의 딱딱 부딪치는 소리는 물길과 함께 멈추었다. 한 외국인은 앞문에 개인용 보트 두 척을 매달아두었는데, 이 보트 두 척이 물에 잠긴 과꽃과 백일초 위로 떠내려갔다.

이곳에도 정해진 보트 착륙장이 있었다. 여기에서 서로 경쟁하는 사공들이 고함치는 소리는 베네치아 수로의 곤돌라 사공들의 소리와 비슷했다. 모든 사공은 "로드카! 로드카!"라고 3초마다 한 번씩 외쳤다. 러시아어로 보트를 '로드카'라고 한다는 사실을 결코 잊을 수 없을 것이다.

그러나 심각한 측면이 있었다. 모든 사람들이 콜레라는 주로 불결한 물 때문에 퍼진다는 사실을 알고 있었다. 프리스탄에 사는 사람들은 각자의 우물에서 물을 길어 먹고 사는데 이 우물도 물론 범람했다. 중국의 물장수들은 어깨에 장대를 대고 들통 두 개에 물을 넘치게 담아 들고 거리를 걸어 다녔다. 이 들통의 아래 절반은 진흙탕 물속에서 흔들렸다……

발전소도 침수되어 이들 밤은 프리스탄 전체가 임흑이었다. 이때가 가장 신경 쓰이는 시간이었다. 집을 잃은 불행한 사람 15만 명이 암흑 속에서 무엇을 할 것이라고 누가 말할 수 있겠는가. 그리고 우리는 강 상류 지역의 세력이 강한 산적의 본거지가 침수되었고 무법자 수천 명이 하얼빈 밖에 모여 있다는 사실도 알게 되었다. 일본 군인들은 도처에서 중국군 파수병들을 돕고 있었다.

며칠 밤 동안 우리 집에서 몇 집 건너의 거리에서 총격이 발생했다. 처음 두 차례는 순진하게도 타이어가 연이어 펑크 나는 소리라고 생각했지만 이제 그 차이를 구별할 수 있다……

하얼빈은 다른 세계와 철도로는 단절되었다. 하얼빈이 북만주의 대도시, 거대한 철도 환승 지점이 되는 일은 무위로 돌아갔다. 호전적인 산적들 때문에 블라디보스토크로 가는 동쪽 철로는 몇 달 동안 폐쇄되었다. 홍수로 남쪽과 서쪽 철로도 마비되었다.

2주 후에 여행자들은 남쪽 길로 힘들게 가기 시작하여 암흑 속에 흔들리는 다리를 건넜다는 이야기를 가지고 왔다. 그리고 시베리아와 유럽을 향한 열차가 운행을 시작했고 우리 모두 상원의원의 아들 편에 편지를 보냈다. 이 상원의원 아들은 하얼빈에서 반 달 동안이나 지체했다……

이번 겨울에 어떤 일이 일어날지는 아무도 말할 수 없다. 프리스탄의 물은 모두 퍼냈으며 거리는 일본군이 발진티푸스 전염을 막기 위해 살포한 소독약으로 하얀 색이다. 그러나 중국인 마을에는 여전히 사람이 살 수가 없다. 강은 10월 말에 언다.

중일 동부 철도회사는 4만 명을 위한 막사를 지었지만 영하 40도 이하의 날씨에 추위를 피할 넝마 몇 장 말고는 아무것도 없는 사람들이 수만 명은 넘을 것이다. 이들은 아마 산적이 될 것이다. 이미 거리에 다니는 것은 안전하지 않다. 산적들은 아무리 가난한 백인이라도 몸값으로 최소한 100달러는 받을 수 있을 것이라고 생각하기 때문이다.

요즘은 거의 모든 사람이 총을 들고 다니며 총을 사용해도 좋다는 허가증도 지니고 다닌다.

하이난의 '큰 매듭' 로이족 마을에서

AMONG THE BIG KNOT LOIS OF HAINAN

레오나드 클라크(1905~1957)

집에서 수천 킬로미터 떨어진 곳에 묻힌 수많은 탐험가들 중 일부는 살해되거나 사고를 당하거나 야생동물에게 잡아먹히거나 굶어 죽거나 익사했지만, 대부분은 병에 걸려 죽었다. 특히 열대지방 탐험은 먼 거리나 여행의 어려움, 악어나 독화살 같은 것 때문에 방해를 받기보다는 치명적인 미생물의 보이지 않는 장막과 말라리아를 옮기는 모기떼들 때문에 방해를 받았다. 일부 전문가들에 따르면 아마 지금까지 살았던 사람 중 절반이 말라리아로 사망했을 것이라고 한다.

20세기 초에는 혼자 다니는 탐험가들도 약품 상자 없이는 열대 지방에 위험을 무릅쓰고 가지 않았다. 이들의 약품 상자에는, 붕대, 소독제, 도구, 하세, 코카인(국부 마취제) 유리병, 아편 팅크(진통제), 만병통치약 브랜디, 물약 또는 알약 형태의 다량의 퀴닌이 들어 있었다. 당시에는 퀴닌을 예방약 차원으로 정기적으로 복용했고, 모기장이 말라리아를 실제로 막는 유일한 방법이었다.

레오나드 클라크가 1937년에 홍콩에서 하노이까지 가는 경로가 내려다보이는 남중국해의 커다란 섬 하이난(海南)에 도착했을 때에도 이 같은 상자를 들고 있었다. "차양 모자를 쓴 멋 부리는 탐험가들과는 다른 유형"이라고 설명되기도 한 클라크는 보물을 쫓는 탐험가였으며 조금은 도둑 같은 구석도 있었다. 그는 제2차 세계대전을 클라크 대령으로서 중국의 일본 전선 뒤에서 보내며 전략사무국 첩보망을 지휘한 것 같다. 그는 페루 아마존에서 전설로 알려진 시볼라의 일곱 황금도시 중에 다섯 곳을 찾았다고 주장했으며, 그후에 그가 쓴 책에는 노예상, 식인종, 아나콘다, 재규어, 독화살 등의 이야기가 가득했다. 그는 중국 군벌을 위해 일했으며 황허의 티베트 원류 원정을 이끌었고, 광둥에서 술을 마시고 시비를 벌이다가 유럽인 두 명을 죽였으며, 결국 49세에 베네수엘라에서 다이아몬드 광산 원정을 가는 중에 사망했다.

클라크가 하이난에 도착했을 때는 30세였다. 이 섬을 탐험한 사람은 거의 없었다. 이 외딴 산악 지대에 사는 부족들은 잔인하고 사람 사냥을 하는 것으로 악명이 높았지만, 전쟁의 암운이 드리우던 1937년에 클라크는 이 부족 때문에 위험한 것이 아니라 질병 때문에 위험하다는 사실을 알게 되었다. 사람들은 다음 클라크의 모험들 일부에는 눈썹을 치켜세우며 회의적인 반응을 보였겠지만, 이번 모험은 현장 깊숙이 들어가 의사이자 약제사 역할도 하며 증상을 진단하고 약을 조제하고 질병을 피한 여러 탐험가들의 공통적인 경험을 잘 보여준다.

1937년 6월 26일, 뜨거운 정오의 중국해에서 니콜 스미스와 나는 구름이 점점이 떠 있는 하이난의 모래톱을 처음 보았다. 이때의 나는 우리 원정대, 아니 원정대의 남은 인원들이 하이난의 내륙에서 빠져나가기까지, 그리고 이 외롭지만 매혹적인 유백색 해변과 비취색 바다와 떠가는 갈색 범선을 다시 보게 될 때까지 두 달 가까이 걸리게 될 거라고는 생각하지 못했다.

물이 얕기 때문에 증기선은 평평한 북쪽 해안에서 3.2킬로미터 떨어진 하이커우(海口) 항구 반대편에 닻을 내렸다. 곧바로 중국 세관원들이 우리 상자와 가방을 받아 정크선 한 대에 실었다. 이 정크선대는 광둥의 군인 수백 명을 실어가려고 왔다.

남쪽의 기복이 있는 평원 위 멀리, 보이지 않는 미지의 산에서 불어오는 뜨거운 바람에 갈색 포대 돛이 펄럭이며 머리 위에서 삐걱거렸다. 우리는 한 시간 후에 얼굴에 소금물을 튕기며 긴 모래채취장에 다가갔다. 수많은 정크선들이 우리 주위에서 항해했으며 이 배들은 마른 땅으로 질주하고 있는 것 같은 인상을 주었다! 어부들이 대나무 장대 위에 단 어망을 들고 줄줄이 해안에서 멀리까지 물속을 걸어 다니고 있었는데, 저물녘의 해가 거대한 그림자를 드리워 그들의 모습은 기괴한 바다 괴물 같아 보였다.

우리는 수천 명이 거주하는 인구밀도가 높은 중국의 도시 하이커우에서 미국 장로교회 선교사 존 E. 스타이너 목사를 만나 릭샤를 타고 사람이 많은 거리를 지났다. 우리가 가져 온 1톤이 넘는 많은 설비와 물자 때문에 여러 대의 릭샤가 필요했다.

하이커우 사람들은 콜레라에 맞서 필사적으로 싸우고 있었다. 하루에 백 명 이상의 환자가 죽어간다고 했다. 이 도시의 곳곳에서 콜레라를 나타내는 들쭉날쭉한 흑백의 '용 깃발'이 대나무 장대 위에 매달려 휘날리고 있는 모습을 볼 수 있었다.

그날 밤 정부의 한 관리는 우리 원정대가 당장은 내륙으로 들어갈 수 없다고 통보했다. 콜레라 사망자 수가 워낙 많아서 정부는 계엄령을 선포했다. 사람들이 한꺼번에 주변 지방으로 가서 전염병을 확산하는 것을 이 조치로 막았다.

시신은 모두 밤에 매장되었다. 거리에는 사람들에게 콜레라 예방을 위해 조가 과일을 사지 말고 피리를 잡으라고 가르치는 그림이 그려진 큰 깃발이 휘날렸다. 몇 주 동안 밤에 관을 파는 가게에서 나무메를 치는 소리가 병든 심장처럼 기괴하게 울려서 우리는 조금밖에 자지 못했다.

마침내 어느 날 저녁 식사 자리에서 스타이너 목사는 앞으로 몸을 내밀었다.

"더 이상 관을 짤 나무가 남지 않았습니다." 그는 조용히 말했다.

그날 밤 처음으로 우리는 깊은 잠에 들었다.

그러나 그 사이에 콜레라 외의 장애물이 나타나 우리의 하이난 여정을 막았다. 본토의 상하이 등지에서 일어난 전쟁 때문에 특별 여권이 필요해서 찌는 더위 속에 3주 이상 더 지체한 후에야 결국 출발할 수 있었다.

우리는 북하이난 주민 중에 모집한 사람들과 식량과 장비를 서둘러 모아서, 여느 날처럼 남쪽 지평선의 평원 건너에서 번쩍하는 번개와 함께 맞은 아침 6시에 차 두 대를 타고 남서쪽으로 약 96킬로미터 떨어진 노도아 시까지 갔다. 노도아 시는 우리 목적지인 산들이 서 있는 로이 지방과 아주 가까웠다.

내륙에 들어가본 몇 안 되는 백인인 P. C. 멜로즈 목사는 노도아에서 우리에게 악성 말라리아에 대해 경고했다. 그는 하이난에 사는 어떤 백인도 말라리아를 피하지 못했다고 말했지만, 노도아에 선페스트가 널리 퍼졌고 우리가 오래 기다려 얻은 여권이 본토 정부의 문제로 언제라도 취소될 수 있었기 때문에, 우리는 말라리아의 절정기가 지나가기를 기다리느라 지체할 수가 없다고 생각했다.

1937년 7월 20일 새벽에, 우리는 상자와 가방을 포드 차에 실었

다. 이 차를 한때 배우 월레스 비어리가 탔다고 한다. 우리는 좁은
군용 도로로 논과 밀림을 지나 삼사 킬로미터 떨어진 중국-로이 시
장이 서는 마을인 남퐁으로 갔다. 우리는 학교 구내에서 텐트를 쳤
고 우리의 키가 크고 친절한 요리사 치아지홍은 숯 화로에서 간단한
식사를 준비했다. 그가 그렇게 할 때만 해도 이미 불행이 그를 희생
양으로 골랐다는 사실을 알지 못했다.

그날 오후 교사(校舍)에서는 사람들이 다음 날 출발할 마지막 준
비를 하느라 부산을 떨었고, 들떠 있는 짐꾼들은 웃으면서 짐을 정리
했으며, 장사를 하는 마을 전체 주민 160명이 우리가 가져온 휴대용
축음기 주위에 몰려들었다. 그들이 가장 좋아한 것은 인기 있는 오페
라 가수 로렌스 티베트의 음반이었다! 이러한 모든 법석은 앞으로 몇
주 동안의 적막과 고생과 큰 대조를 이루는 인상적인 광경이었다.

다음 날 새벽 5시 30분에 우리는 하이난 내륙 깊숙이 들어갔다가
근처 동해안의 카첵으로 가는 파란만장한 여정을 시작했다. 여분의
새 샌들이 짐에 매달려 있었다. 분명히 짐꾼들은 갈 길이 고되다고
생각한 것이다.

우리는 이따금 남퐁 시장으로 가는 길인 여섯 명에서 열다섯 명
사이로 이루어진 로이족 일행들을 만났다. 그들은 키가 크고 호리호
리하며 얼굴은 볕에 그을려 있었다. 그들은 짧은 앞치마를 두르고
등에 맨 '로이 바구니' 안에 큰 칼을 가지고 있었다. 또 그 바구니에
는 물담배, 활과 화살, 음식이 들어 있었다.

그들은 길게 기른 검은색 내지 갈색 머리를 앞으로 빗어 이마 위
로 묶어서 10센티미터로 곧게 세웠다. 하이난 원주민들 이름의 기원
이 된 이 독특한 '큰 매듭'은 이제 예전만큼 중요하지는 않다. 나중

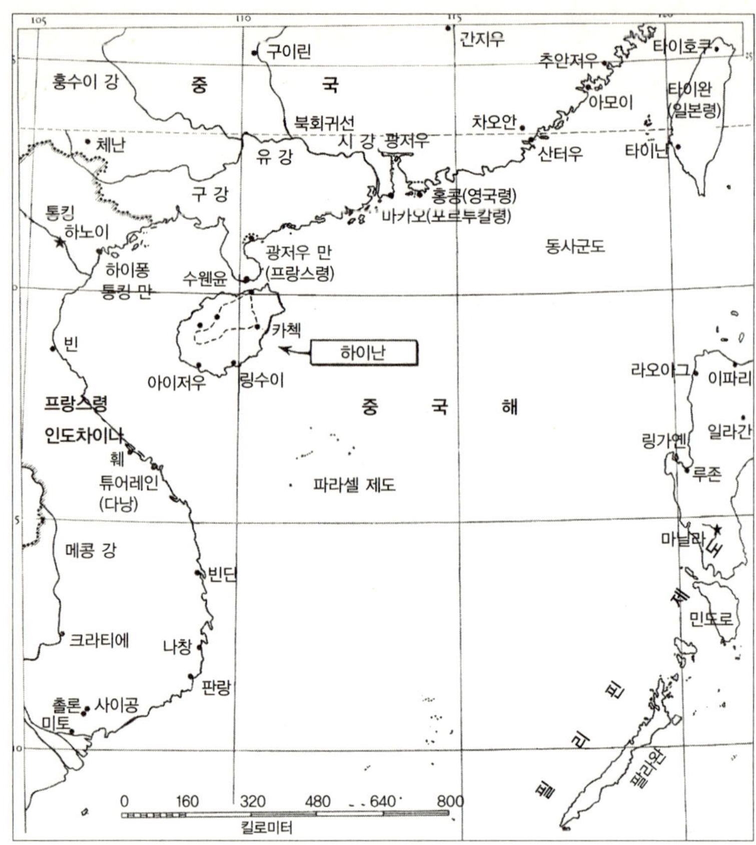

대만 크기 정도의 섬인 하이난은 중국의 항구 도시들과 인도차이나(오늘날 베트남) 사이의 전략
적인 위치이지만, 사실상 1930년대까지는 알려지지 않았다. 점선은 레오나드 클라크가 험한 산
악 내륙 지방을 건넌 길을 나타낸다.

에 알게 되었지만 여러 부족이 머리의 여러 위치에 이 특이한 매듭
을 지었다. 예를 들어 우리가 횡단한 지역에 사는 바사둥족은 머리
뒤쪽에 이 매듭을 올린다. 우리가 여정 중에 지나간 남쪽 끝의 하족
은 이마에 큰 매듭을 만들었다. 이들은 약초, 대나무 틀에 말린 원숭
이, 뱀 가죽, 사슴 뿔 등을 운반하고 있었는데, 이것들 모두 중국 약

을 만드는 데 쓰인다.

열대산 덩굴식물 밀림으로 반쯤 싸인 먼 산들이 남쪽에 솟아 있었다. 그리고 이 산들로부터 높고 뜨거운 바람이 불어 우리 주위의 길고 거친 풀이 휘어지면서 먼 해안의 벼랑에 치는 파도 소리 같은 처량한 소리를 냈다. 이따금씩 초록앵무 떼가 몰려 와서 머리 위를 돌며 항의하듯 날카롭게 지저귀고, 분주한 원숭이들이 캑캑 울면서 나무에서 내려와 우리에게 왔다.

우리는 그날 밤에 '붉은 안개의 산', 홍무산 서쪽으로 약 32킬로미터 떨어진 능선의 밀림에서 텐트를 쳤다. 우리는 종종 해안에서 외국인들과 중국인들과 이 매혹적인 이름과 그 기원이 무엇일지에 대해 이야기했지만 이 문제를 밝힐 수 있는 사람은 없는 것 같았다.

능선 주위에서 하얀 번갯불이 번쩍였다. 매일 내리는 소낙비가 왔다. 우리 머리 위로 팽팽하게 세운 방수포에 빗방울이 세게 부딪쳐서, 무언가 보이지 않는 손이 조금씩 천을 찢고 있는 것 같은 느낌이 들었다.

니콜은 모기망 안의 군용 침대 위에 누워서, 내리는 비에 감사해하며 부은 발을 내밀어 흐르는 물속에 담갔다. 물은 서서히 텐트 밖으로 빠졌다.

곧 비와 번개는 잠잠해지는 것 같았다. 이제 해가 질 때가 다 되었다. 매미들이 머리 위에서 마치 자동차 경적을 울리듯 저녁 밀림 교향곡을 연주하기 시작했으며, 이 소리에 나는 귀청이 터질 듯했다. 나는 침대에 누워 눈을 감았지만 잠이 오지 않았다.

그런데 갑자기 "레오나드, 이것 좀 봐!" 하고 니콜이 소리를 질렀다.

나는 근처의 활동적인 물소 한 마리가 캠프를 공격했나 싶어서 재빨리 몸을 굴리며 눈을 떴다. 니콜은 분명히 모기들이 윙윙거리며 밤에 성찬을 벌이러 올 것인데도 모기장을 올리고 빗속에 방수포 위에 서 있었다. 빗줄기가 가늘어져서 이제는 이슬비였다.

나는 곧바로 능선 위의 하늘 전체가 마법에 걸린 듯이 황소의 피처럼 새빨간 색으로 변한 것을 보았다. 캠프 주위의 밝고 반투명한 밀림이 이 붉은 안개를 비추어서, 내가 들이마신 공기도 확실히 엷은 붉은색인 것 같았다! 온 사방, 시야에는 없는 해가 지는 서쪽, 북쪽, 남쪽, 그리고 동쪽까지 원래는 구름이 무늬를 그리고 있던 회색빛의 하늘이 이제 똑같이 진한 붉은색이 되었다.

사방이 신비롭고 거의 초자연적으로 보였다. 시끄러운 감탄의 소리를 듣고 쿨리들이 방수포 아래에서 나타났다. 그들은 두려워했다.

한때 말라야에서 부동산 관리를 하던, 통역관 웡은 가까이 와서 고개를 숙이고 미안해하며 말했다. "선생님", 그는 주저했다. "선생님, 이건 홍무산 꼭대기에서 우리를 지켜보고 있는 로이 악마들의 경고입니다……"

"그건 미신이야. 그리고 자네처럼 교육을 받은 사람은 미신을 믿지 않아." 나는 이렇게 말했다.

"우리 중국인들은 이 로이 악마들이 아주 힘이 세다는 것을 알고 있습니다. 로이족이 중국인을 저주하면 그 사람은 죽습니다!" 그는 진지하게 대답했다.

20분쯤 후에 어둠이 이 신기하고 거대한 붉은 안개를 압도했다. 니콜과 나는 그날 밤 늦게 이야기를 나누며 우리 앞의 미지의 지역에 대해 추측했다. 그러나 하이난 사람들은 아주 조용히 방수포 아래에 앉아서 근처의 수풀에서 잘라 온 두꺼운 녹색 대나무 물파이프로 담배를 피우는 데 만족했다. 그들의 불길한 예감은 곧 근거가 충분한 것으로 판명이 되었다.

새벽에 잠에서 깨어 보니 쿨리들이 어둠 속에서 돌아다니며 텐트를 찢고 있었다. 니콜과 내가 거의 옷을 걸치지 않고 있었을 때 윙이 쿨리 두 명을 데려와 말했다.

"이 쿨리들은 말라리아에 걸렸습니다. 선생님." 두 사람 모두 밤에 몸이 으스스 춥고 열이 난다고 호소했다. 우리는 이들의 짐을 다른 포터들에게 나눠주어 짐을 가볍게 해준 후에 박사(벡톼 또는 응가사라고도 불린다)로 가는 계속 좁아지는 길을 따라 다시 출발했다.

오후 늦게까지 박사에서 3.2킬로미터 떨어진 곳에서 우리는 짐을 조금 싣고 빨리 움직이는 대상에 추월당했다. 이 대상은 정부를 대신해서 로이족을 관할하는 중국 치안판사 소속이었다. 치안판사와 미국에서 학교를 나온 그의 친구는 나와 니콜이 지쳐 있는 것을 보고 작은 하이난 조랑말에서 내려 친절하게도 우리에게 타고 가라고 했다. 무장한 그들의 호위를 받으며 우리의 지친 포터들은 박사에 갔다.

나는 모기장을 친 잠자리에 들기 전에 앞으로 더 이상 말라리아에 걸리는 사람이 없으면 하는 바람으로, 우리 일행들에게 퀴닌 10그레인씩을 나눠주었다.

다음 날 아침 태양이 마을을 비추기 시작했을 때, 마을 주민 모두는 일어나 가까이 와서 우리에게 찬물 한 컵으로 면도를 하는 일의 주요한 어려움에 대해 더 충고를 해주었다.

말라리아에 걸린 쿨리 두 명은 더 이상 같이 갈 수 없어서 로이족

주민 두 명이 대신 함께 가기로 했다.

우리가 밀림과 긴 풀들 사이를 지나 출발하던 중에 짐꾼 한 명이 아름다운 녹색과 금색의 대나무뱀을 밟을 뻔했다. 하이난 원주민들은 이 뱀을 킹코브라라도 되는 것처럼 두려워했다. 샌들이 발을 거의 감싸지 않았기 때문에 쿨리들은 뱀을 더욱 더 두려워했다.

우리는 그날 강 여러 개를 건너야 했다. 우리는 길을 따라 오두막 20채에서 40채 정도가 모여 있는 조금 큰 마을 여러 곳을 지나갔다. 마을의 여자들은 얼굴, 손, 팔, 다리에 이상한 블록 같은 모양의 문신을 했으며, 남자들은 머리 뒤쪽에 큰 매듭으로 장식을 하고 성기만 가리는 속옷을 입었으며 무기로 가득한 바구니를 매고 있었다……

다음 날 더 이상 즐겁지 않은 요리사 치아지홍은 나에게 와서 엉터리 영어로 자기는 너무 아파서 박사로 돌아가야 한다고 말했다. 나는 로이족 두 명과 함께 그를 돌려보냈다. 그는 거의 걷지 못했기 때문이다.

우리는 이곳에 사흘간 머물며 물물교환을 하고 로이족에 관한 동영상을 찍었다. 셋째 날 밤에 여섯 명이 말라리아로 쓰러졌으며 한 명은 귀에 종기가 생겼고 또 한 명은 장대에 피부가 벗겨져 어깨가 심하게 감염되었다. 이들은 곧바로 돌아가야 했다!

이제 건강한 쿨리 다섯 명과 윙만 남았다. 우리는 왜 이제껏 하이난을 구석구석 탐험할 수 없었는지 깨닫기 시작했다.

다음 날 7월 26일 아침에 니콜은 침대에서 일어날 수 없었다. 그는 끓인 물만 마셨고 통조림 음식만 먹었지만 구토하기 시작했고 하루 종일 구역질을 일으켰다. 그날 밤 나는 로이족 한 명에게 박사에 뛰어가서 치안판사의 조랑말을 빌려 오라고 시켰다. 다음 날 아침

'큰 매듭' 로이는 남자의 이마 위로 늘어뜨린 머리카락 묶음에서 딴 이름이다. 여자들은 남에게 뒤쳐지지 않기 위해 보통 2킬로그램이 넘는 큰 놋쇠 귀걸이를 했으며, 고리를 묶어서 모자처럼 쓰기도 했다.

군인 한 명이 조랑말을 데리고 도착했을 때 나는 니콜과 약하고 병든 쿨리 모두를 태워 박사로 보냈다.

나는 니콜과 함께 나 혼자 나머지 쿨리 다섯 명과 웡을 이끌고 가서 하이난 중앙을 넓고 늘어가기도 합의했다. 나는 식량, 약(18킬로그램), 카메라, 필름, 아네로이드 기압계, 온도계, 무역협정서 등 절대적으로 필요한 물품만 골랐다. 나 역시도 허리가 아팠는데 이것은 악성 말라리아의 증상이었다. 그래서 그날 오후 퀴닌 20그레인을 삼켰다.

1937년 7월 27일 어스레한 새벽에 내 작은 원정대는 계속 여정대로 나아갔다.

　나는 계곡에 높은 장대를 세운 큰 마을에서 이틀간 머물며 동영상과 사진을 찍었다. 둘째 날 오후 윙은 76개 마을의 족장이라는 사람으로부터 더 이상 사진을 찍지 말라는 말을 들었다. 그는 마을 사람들이 화가 났다면서 그들은 우리가 찍은 사진에 무슨 일이 일어나면 자신들이 죽는다고 믿고 있다고 했다. 그들에게 완성된 사진을 보여준 것이 잘못이었다.

　한때 영국령 말라이 병원에서 약제사로 근무하기도 한 재주가 많은 윙은 우리 약을 필요한 사람들에게 주고 푸퀴헤익 족장의 고질적인 백선을 열심히 치료해주었다. 몇몇 마을에서 우리는 사람들에게 그 약을 우리가 직접 삼키는 모습을 보여주면서 해롭지 않다고 증명해야 했다!……

　나는 퀴닌 5000알(2만 그레인)을 나눠주었고 많은 사람들의 열이 내린 것을 보고 흡족했다. 윙이 나누어준 약 18킬로그램은 여러 다양한 질병을 치료하는 데 쓰였다.

　로이족은 약초를 쓰는 데 능하지만 약초에도 한계가 있다. 윙은 우리가 여행하는 동안 우리가 가지고 있던 약만 가지고도 아마 일곱 명 내지 여덟 명의 목숨을 살렸을 것이라고 내게 말했다.

　한 아이의 팔은 감염되어 실제로 썩어서 떨어졌다. 해골과 거의 다름없는 이 아이가 어떻게 살아 있었는지 나는 아무래도 모르겠다. 솜씨 좋은 윙은 가죽 한 조각으로 예리하게 갈아둔 조각칼 외에는 아무 도구도 없이 이전에 병원에서 근무하던 시절의 지식을 발휘해 아이 팔에서 상당량의 살을 도려냈다. 말 없는 아이의 고통을 줄이는 어떤 조치도 취하지 않고서였다. 그리고 그는 중국 약을 바르고 붕대를 감았다. 그는 아이가 살 기회를 갖게 되었다고 말했지만 나는 잘 모르겠다……

클라크는 수많은 마을을 방문하기 시작하고 5주가 지난 후에 하이난 동부 해안의 카첵에 나타났다. 처음에 출발한 짐꾼 중 한 명만 그와 함께 남았다.

보르네오에서 살림하기

KEEPING HOUSE IN BORNEO

버지니아 해밀턴

몇 세대 전에는 구세계의 열대림하면, 보통 적도 위 말레이 군도에 자리한 찌는 듯이 덥고 세계에서 세번째로 큰 섬 보르네오가 바로 떠오르곤 했다. 보르네오의 울창한 숲, 수많은 동물, 치명적인 질병, 다이아크족의 무시무시한 소문과 주민들의 식인 관습이 모두 합쳐져, 보통의 서양인들에게 공포를 심어주었다. 그러나 보르네오에 관한 이야기는 분명히 매혹적인 것이었기 때문에 수년간 『내셔널 지오그래픽』 편집자들은 누군가 이 섬, 특히 네덜란드령 동인도제도의 일부를 속속들이 알고 있는 사람을 찾아 글을 청탁하려고 했다. 그러던 어느 날 자칭 가정주부가 동남아시아의 최근 지도에 작은 실수가 있다고 지적하는 글을 써서, 편집자들이 이 여성을 적임자라고 생각했다.

헤릿 미델베르흐 부인은 석유업자인 네덜란드인 남편과 보르네오에서 10년간 살다가 제2차 세계대전과 일본의 침입이 일어나자 캘리포니아로 떠났다. 『내셔널 지오그래픽』의 아마추어 기고 전통에 따라 이 부인은 시험 삼아 원고를 써보라는 권유를 받았다. 특히 전쟁과 전략적 가치가 있는 보르네오의 유정(油

#) 때문에 보르네오가 헤드라인에 올랐다는 것도 한 이유였다. 편집자들이 보기에 부인이 쓴 글은 '매혹적이고', '독창적이어서' 안심하고 이 글을 1945년 9월호에 「보르네오에서 살림하기」라는 제목으로 실었다. 아마 남편이 보르네오에 남아서 비밀 활동에 관여했을 것이기에, 이 부인은 이 글에 자신의 처녀적 이름인 버지니아 해밀턴이라고 서명했을 것이다.

버지니아는 이 글에서 다이아크족의 무시무시한 이야기, 깊은 내륙으로 강을 따라가는 여정, 울창한 숲을 들어간 경험 등 전형적인 보르네오 여행담의 모든 요소를 다루었다. 게다가 이 모든 이야기는 지나가는 여행자나 탐험가의 관점이 아니라 장기간 체류한 주민의 관점으로 쓴 것이었다. 다음 발췌문을 읽을 때 작은 편안함을 소중히 여기는 독자들은 안락의자에 더 깊숙이 앉게 될 것이다. 왜냐하면 이곳은 매일 집에서 하는 일과들이 전혀 다른 차원으로 벌어지는 곳이기 때문이다.

어두워지면 바퀴벌레가 밤의 파괴 본능에 사로잡혀서 숨은 곳에서 나오거나 창문으로 날아든다. 바퀴벌레는 비누부터 비단까지 못 먹는 것이 없다. 나는 10년 동안 어두워진 이후에는 원주민 슬리퍼를 곁에 두고 지냈다. 잘 휘어지는 슬리퍼로 무장을 해도 이 방 저 방 다닐 때 5센티미터 길이의 갈색 곤충이 튀어나오는 데는 도무지 적응할 수가 없다.

새 집으로 이사 올 때는 침대와 모기장이 가장 중요하다. 모든 것을 시원하게 유지해야 한다는 생각이 먼저이다. 분명히 침대는 딱딱해야 시원하다. 얇은 케이폭 매트리스 아래의 스프링은 두꺼운 판자 위에 두어야 한다. 모기장을 밤에 치지 않으면 모기가 사정없이 물고, 다른 곤충들이나 뱀의 공격을 받을 수도 있다. 그러나 새 집에서는 침대 주위에 친 금속 칸막이가 시원하고 확실한 보호막이 된다. 낮에는 썩은 나무를 태워서, 말라리아를 옮기는 위험한 벌레들이 접근하지 못하게 막는다.

모기장과 깨끗한 물은 아마 행복하고 건강한 네덜란드령 동인도제도 가정을 유지하는 데 가장 중요한 요소일 것이다. 함석이나 판자 지붕에서 떨어진 물을 시멘트 용기나 석유 드럼통에 받아서 식수로 쓰거나 식사 준비에 쓰고 보통 목욕에도 쓴다. 이 물은 20분 동안 끓이고 작은 구멍이 송송 뚫린 돌로 여과시킨 다음 다시 끓인 후에야 안심하고 마실 수 있다.

도시의 최신식 가옥도 땅 위에 몇 채 지어져 있다. 훨씬 더 많은 구식 가옥은 아름답지는 않지만 지주 위에 높이 세워져 파충류와 벌레를 막는 데 훨씬 더 실용적이며, 집 아래로 부는 산들바람 때문에 시원하고 훨씬 덜 눅눅하다.

지붕이 있는 길을 조금 걸으면 나오는 본채와 떨어져 있는 긴 건물 안에는 부엌, 창고, 하인 숙소가 있고 맨 끝에는 욕실이 있다. 가끔씩 가뭄이 계속되기 때문에 강물이 부엌과 욕실에 파이프로 연결되어 있다. 뜨거운 물은 나오지 않는다. 보르네오에서는 목욕다운 목욕을 해보지 못했다. 자바 최고의 호텔에서도 욕조는 사치품으로 거의 찾아볼 수 없다…… 나는 시멘트 바닥에 서서 커피 캔에 물을 담아 몸에 물을 끼얹으면서 동인도제도식 목욕이 참신하고 실용적이라고 생각했다.

밤낮의 기온 차이는 크지 않다. 습도가 무척 높아서 구두 위에 곰팡이가 피고 책에도 곰팡이 가루가 모인다. 매트리스는 매일 햇볕에 말려야 했다. 이 섬의 기후는 비가 오는 계절에서 비가 더 오는 계절로 바뀌는 것 같기 때문에 일 년 내내 계속 끈적끈적한 상태였다……

거리의 쿨리들이 어느 날 아침 우리 문 앞에서 나를 불렀다. 그들은 칼을 휘두르며 흥분해서 소리쳤다. 길 건너의 풀이 길게 자란 밭에 거대한 비단뱀이 있었다. 그렇다, 나는 겁쟁이라서 그들이 원하는 대로 그들에게 긴 밧줄을 주었다. 곧이어 우리 현관문에서 90미터쯤 떨어진 곳에서 닭 한 마리가 밧줄에 단단히 묶였다. 다음 날 한데 꿰매어 붙인 마대 자루들이 우리 잔디밭 앞에 놓였다. 그 안에는 7미터의 비단뱀이 똬리를 틀며 꿈틀대고 있었다. 비단뱀이 닭을 먹고 자는 동안 쿨리들이 비단뱀을 잡은 것이었다. 누가 이 뱀을 죽일 것이냐고 내가 묻자 이들의 얼굴에 자랑스러워하던 웃음기가 사라졌다.

이 비단뱀이 자루에 들어 있는 채로 우리 잔디밭에 이틀간이나 불편하게 살아 있던 후에야, 한 중국인이 이 뱀 고기를 팔면 돈을 꽤 챙길 수 있다는 것을 깨달았다. 나는 나중에 이 뱀가죽을 내게 준다면 이 끔찍한 뱀을 치워준 것에 대한 감사로 사례를 하겠다고 말했다. 나는 좀더 작은 다른 가죽도 다섯 장이나 가지고 있는데 모두 우리 집 근처에서 얻은 것이다.

하인들이 나가고 남편도 멀리 가 있는 어느 날 밤 두 시간 동안 내 침대의 거든 봉에 검징뱀 한 마리가 똬리를 틀었디가 풀었다가 했다. 다행히 이 뱀도 나만큼이나 두려워했다. 우리는 누구도 감히 서로에게서 눈을 떼지 못하다가 결국 잡일꾼이 집에 와서 금방 뱀을 처리했다.

아트마흐는 내가 한 행동 때문에 나를 좀 싫어했다. 내가 어떻게 그 뱀이 단지 우리가 곧 이사하게 될 거라고 알리기 위해 왔다고 알았겠는가? 정말 그의 말이 맞았다. 우리는 일주일 후에 이사를 갔다. 이 원주민의 미신에 일리가 있는 것 같았다. 우리는 다섯 번이나 집에서 뱀을 보고 2주일 후에 이사 갔다. 뱀과 그렇게 가까이 살고 난 후에 일어나는 그런 변화를 감사하게 생각한다는 말을 덧붙여야겠다.

내가 치명적인 이제르슬랑(ijzerslang, '철뱀') 바로 위의 계단 난간에 손을 대었을 때, 이 뱀이 내가 할 수 있는 것보다도 훨씬 멀리 뛰었지만 다행히도 반대 방향이었다. 이 아주 작은 뱀은 철사 조각처럼 생겼으며 내가 본 뱀 중에 가장 단단하다.

화분에 심은 식물 밑의 축축한 곳에서는 10센티미터 길이의 노래기가 자기 집인양 지내어, 식물을 가꾸는 것도 언제나 즐겁지는 않았다. 털거미와 검은전갈도 가끔 집 안으로 들어왔다. 그러나 사흘 후에 코브라 새끼 다섯 마리가 문지방에서 일광욕을 즐기는 것을 보고 이 새끼들의 부모도 분명히 근처에 있을 것이라는 데 생각이 미쳤을 때는 이사를 갈 뻔했다……

보르네오 섬에는 호랑이가 없다. 수마트라에서 대규모 파괴를 일으키지만 그리 위험하지는 않은 코끼리들은 북부에서만 발견된다. 들소 몇 마리가 맹렬하게 변할 수도 있지만, 괴롭힘을 당할 때만 그렇게 된다. 또 가끔 '정글의 인간' 오랑우탄이 자신의 보금자리 근처를 어지럽히면 분개할 것이다.

우리 집 한 곳 근처의 숲에서 진짜 밀림의 이야기가 펼쳐졌다. 우리 쿨리 중의 한 명을 큰 오랑우탄 암컷이 몰래 데리고 갔다. 잡혀간 사람은 사흘 후에 무사한 채로 발견되었지만, 그가 겪은 일에 대한 두려움은 내 마음 속에서 영원히 떠나지 않았다.

때때로 도둑 원숭이가 우리 부엌에 들어왔다. 우리 부엌의 한쪽

강은 숲이 끊어지지 않고 어디에나 빽빽한 것 같은 보르네오의 중심으로 들어가는 교통로였다. 삼림이 계속 빠른 속도로 벌채되고 있기 때문에, 오늘날 풍뎅이, 난초, 멋진 나방, 오랑우탄, 아름다운 나무들은 이미 사라졌거나 사라지고 있다.

에는 보통 환기를 위해 철망을 친 큰 창이 있었다. 식탁, 찬장, 심지어 아기 침대에도 개미가 들어오지 않도록 방충제를 넣은 등유 캔 여러 개를 놓고 세웠다. 쥐가 살 만한 이중벽은 없었다.

2.5센티미터 정도의 흰개미가 때때로 방 하나를 전부 덮을 정도로 떼 지어 우리 집을 침입했다. 흰개미 수천 마리가 벽의 틈 안으로 기어들어가서 작은 가을 낙엽처럼 반짝이는 날개를 쌓아두고 갔다.

유정에서 일하는 쿨리들은 흰개미를 많이 잡는다. 그들은 뜨거운 엔진 파이프 위에 흰개미를 놓고 익혀서 먹는다.

언제나 빛을 향해 날아드는 곤충이 몇 마리 있었다. 그러나 우기의 많은 밤에는 불이 타오르는 곳은 더없이 불쾌해진다. 여기에 또 창의 방충망이 방을 참을 수 없을 정도로 덥게 만든다. 그러나 벌레

수천 마리가 날아다닐 때 방충망은 우리를 보호할 수 있는 유일한 보호 도구였다. 그리고 저녁에는 밀림에서 매미와 커다란 여치가 금속 둥근톱으로 톱질하듯 울어대는 소리가 우리 집까지 들려왔다.

보통 녹색이나 갈색인 매미들은 화려한 색 줄무늬가 있는 경우도 있다. 매미들은 7.5센티미터까지 자랄 수 있고 속이 비어 있는 몸에 달린 은빛 날개로 날아가는 길에 있는 모든 것에 부딪친다. 매미들이 부딪히고 맴맴거리는 우기에 나는 이것들을 피하고 찰싹찰싹 때리다가 일찍 잠자리에 들었다. 어두운 곳에서 모기장을 쳐야만 우리 집을 벌레들의 침입으로부터 보호할 수 있었기 때문이다.

나는 어둠 속에 누워 자지 않고 모기의 윙윙 소리를 듣고, 나무의 큰 도마뱀이 시끄럽게 내는 소리를 세어보았다. 왜냐하면 도마뱀의 소리가 일곱 차례 반복되면 행운을 가져오기 때문이다. 나는 선사시대 동물처럼 생긴 큰 도마뱀이 닭장을 공격할 때 암탉이 퍼드덕 거리는 소리를 들으며, 건기가 되어 이런 수많은 야간 활동이 끝나기만을 바랐다.

아름다운 날개를 펄럭이며 날아오는 다른 동물들도 있다. 나는 많은 나방의 이름을 알지 못한다. 다만 몇 시간 동안 하얀 벽 근처에 앉아 약한 불빛으로 비추면, 13센티미터의 하얗고 매끄러운 날개에 은빛과 금빛의 레이스 장식이 달려 있고 나선형으로 끝나는 연두색과 붉은 벽돌색의 색조가 있다는 것을 안다. 이 고상한 모습은 장신구보다도 더 아름답다. 나방의 광채와 화려한 빛깔과 부드러운 바탕은 어떤 훌륭한 비단 디자이너나 장신구 디자이너가 꿈꿀 수 있는 것보다 훨씬 아름다운 색과 복잡한 무늬를 이룬다.

풍뎅이도 우리 집에 왔다. 이 풍뎅이는 작은 딱정벌레로서 바닥에서 반짝이는 모습은 얼핏 금색 귀걸이가 떨어져 있는 것 같았다. 이 풍뎅이는 등에 흐릿한 금색으로 작은 그리스 문자가 새겨져 있는 것 같아 보였다. 이 풍뎅이를 클로로포름으로 마취시켜 탈지면으로 싸놓자, 내내 꺼내 볼 때마다 계속 반짝였다.

나는 이 아름다운 보석을 모아야겠다고 생각했다. 내가 보기에는 풍뎅이가 보르네오에서 가장 아름다웠다. 나는 풍뎅이만 모았다. 남편은 친숙한 회색 긴팔원숭이 와와(wah-wah)와, 어미를 잃은 새끼 사슴을 늘 집으로 데려왔다. 한번은 그중에서도 가장 수줍음을 타는 작은 애기사슴이 우리 식당을 돌아다녔다. 나는 그런 동물들에게 모두 먹이를 준 후에 다시 야생으로 돌려보냈다……

딜이 붉은 새끼 오랑우탄 키스는 마을 안에서 살도록 특별 허가를 받았다. 왜냐하면 이 유인원들은 정부의 보호를 받고 있어서 포획이 거의 금지되어 있기 때문이다. 두 살 난 아기 같은 키스는 우리와 친해져서 장난을 쳤다. 이름이 한스인 사슴은 뿔로 개들을 위협했다. 진지하며 다리가 뻣뻣한 피트라는 이름의 대머리황새는 정원의 티 테이블에 찾아왔다.

언제나 있는 참새들은 나뭇잎 사이에서 지저귀었고, 코뿔새들은 멀리서 끽끽거렸다. 우리는 밀림 속을 걷다가 갑자기 나무가 없는 공간에 도달했다. 이곳에서는 땅이 짓밟혀 바닥이 단단해졌다. 이곳은 공작새가 춤추는 곳이었다……

두리안이 한창 나오기 시작하기 직전에, 밀림은 득이한 냄새를 풍겨 그 이상한 나무 과일이 익는 시간을 미리 알렸다. 곧이어 형체 없는 이 냄새가 마을과 밀림에 똑같이 풍겼으며, 시장 상인들은 두리안을 가득 놓고 팔았다. 크고 단단하며 껍질에 가시가 많은 두리안은 인도네시아인들이 아주 좋아하는 과일이다. 이 과일을 먹는 법을 익히지 못한 유럽인들은 이 두리안이 익는 짧은 기간 동안 심하게 고생한다. 다른 사람들 모두가 양파를 먹을 때는 양파를 먹어야 하기 때문에 나도 나를 보호하는 차원에서 두리안을 먹기 시작했다. 처음에는 전혀 진전이 없었다. 손가락으로 코를 막고 두리안을 간신히 입에 댔지만 두리안의 부드럽고 매끄러운 부분이 내 입맛에는 역겨운 것으로 느껴졌다. 그러나 참고 먹으면 크게 만족할 만하다. 두리안의 농도와 맛은 마치 녹은 메이플 무스와 마늘을 섞어놓은 것에 가깝지만, 두리안을 먹는 것은 두리안을 좋아하는 법을 익히는 것이다.

동인도제도의 과일은 크기, 빛깔, 모양이 다양하며 외국인이 보기에는 특이해 보인다. 사워는 감자처럼 생겼지만, 달콤한 엿기름 맛이 난다. 연한 색깔의 사과 같은 잠보에스는 캐슈 열매의 육질이 풍부한 줄기로서, 그 끝에 휘어진 견과가 자라는 아메리카 식물로 알려져 있다. 이곳에는 여러 가지 톡 쏘는 다양한 맛의 과일들이 많아서 우리 찬장에는 언제나 다채로운 과일이 한 바구니씩 있었다.

이국적인 빛깔과 다양성 면에서 과일을 능가하고 나방과 아름다움을 견주는 것은 난초이다. 우리 집으로 들어오는 길에는 화분에 심은 새우난초가 늘어서 있었다. 우리 닭장의 철망에는 난초 변종 18가지가 매달려 있었다. 연한 자주색의 큰 꽃 외에도 키가 2.5센티미터밖에 안 되는 하얀 비둘기난, 진짜 전갈이나 작은 노란색과 갈색의 벌처럼 생긴 난초, 모양과 색깔이 곤충과 나비를 닮은 많은 다른 난초들이 작은 무늬를 이루고 있었다.

대충 살펴보는 보르네오의 마지막 모습으로, 넓고 구불구불한 마하캄 강(Mahakam River) 너머 오랫동안 거의 변하지 않은 땅과 부족을 소개하겠다.

우리는 자정에 발릭파판을 떠나 상가상가달렘 유전(油田)에서 아침식사를 했다. 거기에서부터 우리는 20미터 길이의 보트를 타고 시속 32킬로미터 속도로 사흘간을 갔다. 사마린다(Samarinda)는 마지막 유럽 정착지였다. 술탄의 고향인 텅가롱을 지나면 마을은 드물었다. 긴 거리나 멀리 보이는 풍경이 없는, 반짝이는 흙탕물의 큰 길에 순수한 원시인들만 거주하는 녹색 세계에 우리만 있었다.

가끔씩 커다란 죽은 나뭇가지가 떨어져 나는 소리를 제외하면 밀림은 거의 고요했다. 수없는 녹색 색조가 밀림을 이루었으며, 잎의 형태에 따라 밀림의 색이 다양해졌다. 그곳에는 깊고 흐릿한 색조의 야생 고무나무 잎, 티지마라(tijimara, 목마황나무)의 바늘 같은 회녹 수염, 바나나 나무의 짧은 갓털, 거대한 양치류의 깃털 모양의 잎이 있었다. 무화과나무 와링긴 등 그늘을 펼치는 나무들은 두꺼운 가지로 공간을 빼앗으려고 애썼다.

야자수의 뻔뻔스러운 줄기는 헝클어진 우듬지와 함께 나무들의 왕, 위대한 카조에 라자에게 어떻게 이 커다란 줄기와 듬성듬성한 가지를 하늘로 미는지 보이려고 애쓰는 것 같았다.

모든 나무들이 각각 도달하려고 애쓰는 가장 높은 곳에서만 하늘이 보이기 시작하는 것 같다.

쓰러질 공간이 없어서 아직까지 서 있는 죽은 나무는 황갈색이나 놀라운 베이지색의 줄무늬를 이룬다. 반쯤 죽은 나무가 노랗거나 황갈색의 잎으로 가을 느낌을 더한다. 어린 나무는 생동감을 주며 가끔씩 빛나는 붉은색, 섬세한 연자주색 빛과 하얀 비둘기난의 작은 폭포가 우리를 설레게 한다.

여러 작고 예쁜 꽃들이 울창한 숲속에 어우러져 피어 있는 모습은 별로 보지 못했다. 풀과 나무는 각각 서로 빛과 공기에 닿으려고 경쟁하고 있는 듯했고, 모두 열대 덩굴식물과 시생식물과 엉켜 있었다.

일 년 내내 저물녘은 몇 분밖에 안되지만 그때가 하루 중에 가장 장엄한 순간이다. 어두워지는 하늘에서 신선하고 서늘한 바람이 불고, 하늘의 구름은 잠깐 동안 분홍빛의 경탄스러운 색조로 아련하게 변한다.

이곳 외로운 밀림 속에서 나는 잠깐 동안 오팔 안에 살고 있다는 상상을 할 수 있었다. 다른 시간에는 햇볕을 받지 못하는 곳에 햇빛이 비스듬히 비추었기 때문에 잎 색깔이 새로웠고 색조가 훨씬 다양해졌다. 우리는 키 작은 나무가 이 잠깐 동안의 놀라운 광경을 보고 감사해하며 언젠가는 노력해서 크게 자랄 수 있을 것이라고 생각했다.

우리는 주변의 아름다움에 압도되어 목소리를 내지 않았다. 보트 엔진은 칙칙 소리를 오래 내며 결국 밤에 멈추었고, 닻이 물에 튀는 소리가 엔진의 조잘거리는 소리의 마지막 문장에 마침표를 찍었다. 우리 귀에는 어떤 문명의 소리도 들리지 않았다.

밤이 하늘에 검은 장막을 펼치고 홀로 다니는 거대한 박쥐들이 나타나자 점점 큰 소리가 밀림 전체에 울려 퍼졌다. 곤충 수백만 마리가 윙윙거리기 시작했고 원숭이들이 소리를 냈고 다른 동물들도 짖었다. 나중에 동물들은 사냥에 집중했고, 밀림에서 나던 소리는 줄어들었다.

우리는 강 한가운데에서 닻을 내리고 강기슭 주위의 나무들이 반딧불이의 빛으로 반짝이는 모습을 볼 수 있었고, 속삭이는 소리만이 우리에게 이 밀림이 밤중에 깨어 있다고 말해주었다……

4부

얼어붙은 세계

1891년 5월

1890년 세인트 엘리어스 산 등정 이야기

NARRATIVE OF THE ST. ELIAS EXPEDITION OF 1890

이스라엘 C. 러셀

위대한 탐험가 비투스 베링(Vitus Bering)이 배의 갑판에서 구름으로부터 솟은 새하얀 봉우리를 처음 보았을 때, 이것이 유럽인으로서는 처음으로 북아메리카 북서부 끝을 본 것이었는데 바로 이름을 붙이지 못했다. 4일 후인 1741년 7월 20일에 그는 해안이 보일 정도로 충분히 가까이 다가갔다. 이날이 성 엘리야(St. Elias 또는 Elijah)의 축일이었기 때문에 그는 이 지역에 그의 이름을 붙였다.

빛나는 빙하와 알래스카 남동부 산맥 위로 어렴풋이 보이는 이 눈부신 세인트 엘리어스 산은 150년 동안 이 대륙에서 가장 높은 산으로 알려졌다. 바다와 서쪽 강풍과 근접하여 구름과 폭풍에 계속 세게 부딪히기 때문에 이 산이 보일 때에 한해서 그렇게 보였다. 그러나 이 산은 강렬한 유혹으로 남아 있었다. 1886년에 『뉴욕 타임스』는 이 산을 오르는 원정대를 후원했지만, 이 노력은 눈과 눈사태 때문에 좌절되었다. 2년 후에는 영국 원정대도 똑같은 일을 겪었다.

그해 1888년에 내셔널 지오그래픽 소사이어티가 창립되었다. 내셔널 지오그래픽 소사이어티 창립자 중 한 명인 이스라엘 C. 러셀이 미국 지질조사소와 손을 잡았다. 러셀은 훈련을 받은 토목 기사로서 뛰어난 지질학자로 자리매김했으며 그랜드캐니언 탐험으로 유명한 존 웨슬리 파월 지질조사소 소장과 서부의 지도를 작성하거나 알래스카를 탐사한 사람들과 함께 작업했다. 러셀은 그랜드 케니언과 알래스카 모두에 현장 경험이 있었기 때문에, 내셔널 지오그래픽 소사이어티가 미국 지질조사소와 제휴하여 처음 후원한 원정대의 대장으로 뽑혔다. 이 원정대는 세인트 엘리어스를 탐험하고 그 정상에 오르는 시도를 할 계획이었다.

1890년 여름에 37세의 러셀과 동료 열 명은 거대한 산의 기슭에 도달하여 '늙은 엘리'를 오르기 시작했다. 그리고 그들은 곧 눈보라와 눈사태와 사투를 벌이게 되었다. 아래의 글에서 러셀이 생생하고 드라마틱한 서술 재능을 지닌 관찰자라는 것을 분명히 알 수 있으며, 당시 발행한 『내셔널 지오그래픽』 전체가 그의 글로 채워졌다.

우리는 이제 만년설의 최하단에 도달했다. 빙하 표면에 더 이상 빙퇴석이 없었고, 텐트를 세울 만큼 큰 바위 표면도 없었다. 뾰족한 산봉우리와 절벽이 너무 가파르고 험해서 눈이 보통 표면 위로 쌓이지 않은 경우를 제외하고는 전 지역이 우리 눈으로 볼 수 있는 한 눈으로 덮여 있었다. 가파른 측년 협곡의 입구 한쪽으로 조금 들어간 곳에서 우리는 일부 붕괴된 혈암(頁巖) 덩어리가 벼랑에서 떨어진 곳을 보았다. 우리는 바위 부스러기를 옆으로 긁어내고 그 아래 눈을 평평하게 고르고 낮은 가장자리를 따라 바위벽을 쌓았다. 그 위의 공간은 혈암 부스러기로 쌓여서 바위 턱을 형성하여 그곳에 우리 텐트를 세울 수 있었다. 곧 우리 담요 위에 방수코트를 덮어 토대를

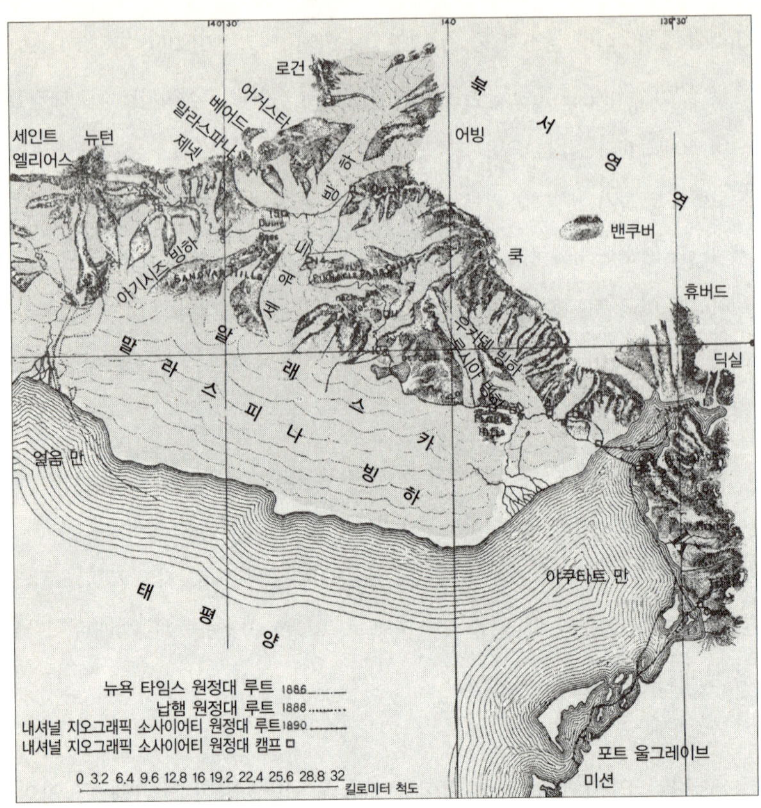

세인트 엘리어스 산(왼쪽) 근처 지역을 이스라엘 러셀의 동료 마크 커가 지도에 잘 표시했다. 그러나 나머지 지역은 문자 그대로 미개척의 영역이었기 때문에 여백으로 남아 있다. 현재 랭겔–세인트 엘리어스 국립공원 및 보호지역인, 미지의 봉우리들과 빙하들이다.

세웠고, 석유난로로 저녁 식사를 준비했다.

산 위로 어둠이 내려왔고 밤이 되자 폭풍은 거세졌다. 알래스카에서는 이례적으로 열대지방에서처럼 비가 억수처럼 쏟아졌다. 가벼운 면으로 만든 텐트는 여러모로 우리를 보호했지만, 비가 이렇게 세게 쏟아지자 텐트 안으로 상당량의 빗물이 들어왔다. 우리는 오랜 시간 빙퇴석 위를 지나고 크레바스를 건너며 힘들게 여행하여 지쳐서, 습기 찬 대기 속에서 폭풍우가 몰아칠지라도 담요 속으로 들어가 쉬기로 결정했다.

비가 더 많이 오면서 이미 놀랄 만큼 여러 차례 일어난 눈사태가 점점 더 자주 일어났다. 돌이 우르르 떨어지는 소리 다음에 천둥이 치는 것 같은 소리가 들려, 산 위에서 서쪽으로 얼음과 바위 몇 톤이 빙하 경계로 미끄러져 내려왔다는 사실을 알 수 있었다. 또 바로 가까이에서는 우리 쪽 빙하에 눈사태가 일어나 우르르 소리가 나고 나서 다시 한 번 더, 또 한 번 더, 여전히 한 번 더 어둠 속에 그런 소리가 났지만 어디에서 난 소리인지는 아무도 알 수 없다. 폭풍이 거세질수록 눈사태로 나는 소리는 더 크게 더 자주 났다. 대혼란이 산 전체에 일어난 것 같았다. 이 언덕의 악령들이 우리를 위해 자기들은 좋아하지만 방문객들의 취향은 전혀 아닌 환영회를 준비했다고 아마 사람들은 상상할 것이다.

곧 우리 텐트 입구에 돌이 와르르 윙 떨어지는 소리가 났다. 밖을 보니까 우리 머리만큼 큰 바위가 우리 텐트에서 1미터도 채 떨어지지 않은 곳을 지나갔다. 우리 위쪽 산중턱 위의 돌무더기들이 빗물에 느슨해져서 우리 텐트 자리도 더 이상 버틸 수 없는 것이 확실했다. 우리가 약한 숙소를 더 안전한 곳으로 옮기기 전에, 바위 하나가 떨어서, 우리 텐트의 들보 맛줄을 묶고서 지탱하고 있는 등산용 지팡이를 쳤다. 우리 텐트는 선원들 식으로 말하자면, "돛대가 부러져 배 밖으로 떨어진" 격이었다. 그래서 우리는 쏟아지는 비를 그대로 맞았다. 우리가 담요를 주워 모으기 전에 담요는 물에 흠뻑 젖은 것은 물론이거니와 위의 산기슭에서 텐트 위로 떨어진 36리터 이상의 진흙과 돌에 범벅이 되었다. 우리는 담요를 둘둘 말고 식량, 도구 등

을 바위로 누른 방수천 아래에 숨기고 서둘러 텐트 천을 점점 좁아
지는 능선의 끝에 있는 빙하의 가장자리까지 끌어당겼다. 이 능선
끝 주위에는 위에서 돌이 떨어질 것 같지 않았다. 우리는 그곳에서
담요 밑에 혈암 몇 움큼을 까는 사치도 부리지 않고 단단한 눈 위에
바로 텐트를 쳤다. 습하고 추운 곳에서 우리는 할 수 있는 한 밤을
잘 보내려고 했지만 잠을 자기는 불가능했다. 특히 텐트를 거둘 때
활기가 넘쳤던 크럼백은 자신을 돌보지 않고 일하다가 흠뻑 젖어 몸
이 차가워지고 말이 없어졌다. 버리고 온 캠프의 숨겨둔 곳에서 석
유난로와 식량 몇 통을 가져왔고 곧 커피가 끓어 텐트 안은 커피 향
으로 가득했다. 우리의 숙소는 편안하고 따뜻해졌고, 따끈한 커피는
자극제가 되어 우리의 느려진 혈액순환을 회복시켰다. 우리는 불편
한 밤을 보내고 마음을 졸이며 새벽이 오는 것을 지켜보았다. 아침
까지 차가운 바람이 빙하를 휩쓸었고 비는 그쳤다. 동틀 녘에 폭풍
우가 지나갔다는 징후가 있었다……

　　우리는 8월 22일 새벽 3시에 일어나 방수코트와 식량과 필수적
인 장비만 가지고 세인트 엘리어스 정상을 향해 출발했다. 더 높은
산 정상들은 더 이상 선명하게 구분되지 않았지만, 새벽 햇빛에 이
날 날씨가 좋을지 아닐지를 구분하는 것은 불가능했다. 가장 높고
뾰족한 봉우리에서 구름 깃발이 남동쪽으로 세차게 흐르고 있는 것
으로 보아, 높은 곳의 기류는 빨리 움직였다. 태양이 떠오를 때 동쪽
의 수증기 층은 긴 유광(流光)으로 붉은빛을 띠었지만 곧 흐린 잿빛
으로 연해졌고, 우리와 태양 사이의 구름 깃발은 하늘이 양털 같은
구름으로 덮일 때 달 주위에 보이는 달무리처럼 빛났다. 산꼭대기에
서 흔들리는 색색의 깃발을 본 경험은 난생처음이었다.

우리는 눈 표면이 단단한 것을 보고 빙하 위로 빨리 올라갔다. 우리에게 유일한 문제는 새벽빛이 불확실해서 평탄하지 않은 눈 표면의 경사를 구분할 수가 없다는 점이었다. 햇빛은 아주 골고루 확산되어 그림자가 없었다. 진줏빛이 도는 색조로 아주 섬세하고 부드럽게 빛을 받은 이 고요한 겨울 풍경의 진귀한 아름다움은 비현실적이고 동화 같았다. 바람은 그쳤지만 뭔가 변화가 일어날 것 같은 불길한 예감이 대기에 가득했다. 수증기가 흔들리는 긴 실처럼 하늘에 레이스 무늬를 놓았고, 흰 옷을 입은 산들은 자신들의 강력한 요새 위를 떠다니는 정령 같은 구름에 일부가 가려졌다. 그리고 가장 높은 산꼭대기 먼 위쪽에서 무지개색 깃발의 모양이 폭풍이 온다고 알리고 있었다.

우리는 빠른 속도로 갔지만, 이른 아침에 세인트 엘리어스 산의 모든 윗부분을 뒤덮은 두터운 구름층의 기슭에 도달했다. 그렇지만 눈이 내리기 시작했다. 더 이상 가는 것은 경솔하며 성공할 가망이 없는 것이 분명했다. 블로섬(Blossom) 섬을 떠나 20일간 고생했지만 우리의 목표 지점에 거의 도달해서 돌아가야만 했다……

다음 날인 8월 25일 우리는 상의를 한 후에 다시 한번 세인트 엘리어스 산 정상에 도전하기로 결정했다. 눈 속에서 고생하고도 불평하지 않고 함께 했던 린클리와 스태미는 아래쪽 캠프로 내려가서 식량을 더 가져오겠다고 자원했으며, 커와 나는 위쪽 캠프로 돌아가서 두 사람이 돌아오기 전에 봉우리까지 올라갈 수 있으면 그렇게 하고, 그렇게 하지 못하면 두 사람이 우리와 합류하고 나서 충분한 식량을 가지고 등정을 계속하기로 했다. 두 사람이 어려운 임무를 띠고 출발했을 때 커와 나는 담요, 텐트, 석유난로, 남은 식량을 가지고 다시 한번 우리가 로프를 두었던 벼랑을 올라가서 그 전날 만든 길로 돌아갔다. 정오쯤에 우리는 폭풍에 야영했던 눈 속의 구덩이에 도달하여 점심 식사를 준비했다. 그때 우리는 깡통 속의 석유량을 잘못 계산했다는 사실을 깨달았다. 한 끼를 요리할 만한 양도 남지 않았다. 이렇게 연료가 얼마 남지 않은 상태에서 눈 속에 여러 날 남으려는 것은 너무 위험해 보였다. 그래서 커는 자진해서 내려가 아래쪽 캠프의 사람들을 따라잡아 석유를 조달하고 다음 날 돌아오겠다고 했다. 그리고 우리는 헤어져서 커는 산을 내려가기 시작했고 나는 두 배가 된 27킬로그램 내지 32킬로그램 정도 되는 짐을 지고 깊이 쌓인 눈을 뚫으며 이전에 머문 위쪽 캠프로 향했다……

나는 지쳐서 터벅터벅 걸으며 해가 질 무렵에 위쪽 캠프에 도달했고 이전에 머문 구덩이에 텐트를 쳤다. 등산용 지팡이를 텐트 버팀목으로 썼고, 물에 젖은 눈이 기둥을 이루어 쌓인 것도 다른 쪽 텐트 버팀목으로 썼다. 눈이 몇 분 후에 얼어붙어 텐트를 안전하게 고정했다. 들보 밧줄의 끝을 눈 속에 박고 그 위로 물을 부었다. 텐트의 가장자리도 비슷하게 처리하여 잠자리를 준비했다. 석유난로 위에서 저녁을 요리한 후에 담요 속으로 들어가서 피곤에 지쳐 잠이 들었다. 아침에 눈이 텐트 안으로 날려 들어와서 잠에서 깨어나 밖을 보니 또다시 앞이 보이지 않는 눈보라 폭풍 속에 갇혔다. 폭풍은 낮부터 밤까지 내내 계속 불었고 이튿날 저녁때까지 끊이지 않고 계속되었다. 석유는 바닥이 나기 시작하여 깡통에 베이컨 기름을 채우고 심지용 면 조각을 둔 '마녀 등잔'으로 남은 날 동안 식사를 준비했다.

계속해서 내리는 눈에 곧 텐트가 묻혔다. 이미 텐트의 세 면 주위에는 내 머리 높이보다 높게 얼음벽이 둘러싸여 있었다. 얼음벽이 텐트로 밀고 들어오지 않도록 내가 계속 힘을 쓰는 수밖에 없었다. 나는 대야를 삽 대신 써서 내가 할 수 있는 한 최선을 다해 텐트를 치웠으며, 낮에는 여러 차례에 걸쳐서 오래전에 평평한 백색 평원 아래로 사라진 연못으로 이어지는 구멍을 다시 팠다. 또한 앞으로 텐트에서 더 이상 지낼 수 없게 될 것 같아서 눈 속에 터널을 파기 시작했다. 다음 날 밤 열심히 노력했지만 텐트를 그대로 보호하는 것이 불가능해졌다. 아침 일찍 엄청난 눈에 텐트가 짓눌려서 나는 눈집을 완성하여 들어가는 수밖에 대안이 없었다. 1미터 20센티미터나 1미터 50센티미터 길이의 터널을 눈 속에 팠고 이 터널에 직각으로 길이 1미터 80센티미터 너비 1미터 20센티미터, 높이 90센티미터의 방을 만들었다. 이 방에 담요와 다른 소지품을 두고 입구의 등산용 지팡이에 방수코트를 걸어 폭설 중에 내가 쉴 곳을 마련했다. 그곳에서 나는 다음 낮과 밤을 보냈다.

밤에 무덤같이 좁은 방의 더위와 적막으로 숨이 막힐 듯했다. 멀리서 가끔씩 눈사태가 일어나는 둔탁한 소리를 제외하면 적막을 뚫는 소리는 전혀 없었다. 그러나 나는 깊은 잠을 자고 아침에 내 머리 바로 위의 눈 위에서 까마귀가 깍깍 우는 소리에 잠을 깼다. 동굴은 부드러운 푸른빛으로 가득했지만 입구에 분홍색 빛이 비치는 것으로 보아 화창한 날이 밝았다.

정말 화려한 장관이 나를 기다렸다! 하늘에는 구름 한 점이 없었고, 하얀 봉우리들 주위에 눈부신 빛으로 태양이 빛났다. 끝없이 펼쳐진 눈 덮인 너른 평원이 빛나는 눈 결정 수백만 개가 발산하는 빛으로 불타는 듯했다. 거대한 산봉우리들은 기슭부터 정상까지 새하

얀 눈으로 드리워져 있었다. 아직 눈사태가 일어나지 않은 모양이었
다. 가파른 낭떠러지 위에는 눈이 커튼처럼 주름 잡혀 계단식으로
매달려 있고, 그 위쪽 수직의 봉우리는 하늘을 향해 눈의 결정처럼
솟아 있다. 세인트 엘리어스는 설화석고의 큰 피라미드였다. 바람은
멎었다. 아무 소리도 이 고독을 깨지 않았다. 아무것도 움직이지 않
았다. 까마귀도 날아가버려서 나 혼자 이 산에 남았다.

　태양이 점점 높아지고 햇빛의 온기가 느껴질 때쯤 되자, 가파른
경사의 눈은 흩어져 여기저기 균열이 생겼다. 눈이 굴러 떨어지면서
힘이 모여 눈사태를 이루어 산이 흔들리고 천둥 같은 메아리를 일으
켰다. 가파른 골짜기 위의 높은 곳에서 작게 시작하여, 새로 내린 눈
은 처음에는 조용히 미끄러져 내려갔고, 수십 미터 높이의 벼랑으로
폭포수처럼 떨어졌다. 그리고 떨어지는 눈의 부피가 커지며 큰 소리
와 함께 새로운 곳에 파괴를 일으켰으며, 결국 저항할 수 없을 정도
로 엄청난 양의 눈이 흩날리는 눈구름을 뚫고 아래쪽으로 내려왔다.
눈이 더 이상 움직이지 않고 눈사태의 우르르 소리가 그친 지 한참
후에도 하늘에는 눈이 계속 흩날렸다. 저녁 그림자가 가파른 골짜기
에 드리울 때까지 하루 종일 이 산에 천둥소리가 계속되었다. 눈사
태의 메아리는 또 다른 눈사태 소리가 크게 들리기 전까지는 거의
사라지지 않았다. 이런 장면을 가장 좋은 환경에서 목격하니, 이때
까지 온갖 고난을 겪고 걱정을 한 보람을 느꼈다.

　새로 내린 눈이 떨어지는 눈사태 외에도 다른 성격의 눈사태가
가끔 일어났다. 수년간의 겨울 동안 쌓였을 오래된 눈이 있는 낭떠
러지 일부가 떨어져 나가면서도 눈사태가 일어났다. 이 눈사태는 낭
떠러지 꼭대기에서 시작하여 그 위의 눈밭이 서서히 아래로 내려가

면서 생긴다. 눈 덮인 낭떠러지는 언제나 크레바스를 이루고 있었으며 바다로 들어가는 빙하의 끝부분과 같은 식으로 부서져 있었다. 때로는 수천 세제곱미터의 큰 눈덩이가 떨어져 나가 갑자기 골짜기 아래로 떨어져 항상 우리를 놀라게 한다. 보통 이런 눈사태의 첫 신호는 대포 발사를 알리는 것과 같으며, 이어서 큰 눈덩이가 빠르게 내려가면서 우르르 큰 소리가 난다. 이전에 내린 눈 때문에 일어나는 눈사태는 새로 내린 지표면의 눈 때문에 일어나는 눈사태와 크게 다르지만, 최근에 폭풍이 분 경우에는 두 경우가 함께 일어나는 경우가 많다. 눈사태로 파인 길은 투명한 얼음으로 싸이는 경우가 많다. 눈덩이가 내려가면서 마찰로 생긴 열 때문에 눈이 녹아서 생성된 물이 언 것이다.

폭풍이 지나간 다음 날은 화창하고 아름다웠다. 햇볕은 따뜻하고 좋았지만, 그늘의 기온은 언제나 영하였다. 눈의 표면은 낮 동안에는 충분히 녹지 않다가 밤에는 얼어서 크러스트를 이루었다. 따라서 계절이 너무 지나서, 우리가 산을 오를 수 있을 정도로 눈이 충분히 단단하게 얼어붙지 않는다는 게 점점 더 분명해졌다. 눈은 어느 정도 굳어져서 본래의 특징은 변했지만 지표면의 눈의 결정은 한낮에도 이른 아침처럼 햇빛에 눈부시게 빛났다. 눈은 녹지 않았지만 눈의 표면은 증발하여 조금씩 낮아졌다. 까마귀가 지나긴 흔적은 처음에 부드러운 표면에 0.6센티미터 정도밖에 패이지 않았지만, 햇빛이 첫날 약간 비춘 후에 여전히 분명하게 구분되었다……

동료들과 헤어진 후 6일째에 동료들이 적어도 우리가 헤어진 캠프장까지 돌아왔을 것이라고 판단하고, 텐트와 석유난로를 버리고 담요와 남은 식량을 챙겨서 산을 내려가기 시작했다. 눈은 어느 정도 굳어졌지만 아직까지도 1미터 80센티미터 깊이로 푹푹 들어가는 부분이 있었다. 왕겨 같은 눈 속을 지친 몸으로 헤매며 천천히 아래로 내려가고 다시 크레바스의 미로를 뚫었다. 이제 크레바스는 우리가 몇 번씩이나 힘들게 헤치고 갔던 새로 내린 눈 층에 일부는 가려 있었다. 다음 캠프장으로 가는 도중에 나를 찾으러 올라온 동료들과 만났다. 세 사람을 만날 것이라고 예상했었는데, 다섯 명이 한 줄로 깊은 눈을 헤치고 올라오는 것을 보았다. 이 드넓은 황야에서 사람을 보는 것은 정말 묘한 느낌이라서 나는 한동안 그들을 바라보다가 소리를 질렀다. 나는 동료들을 다시 만나 정말 기뻤지만, 촌스럽고 별난 모습을 그냥 넘어갈 수가 없었다. 모두가 색안경을 끼고 긴 등산용 지팡이를 들고 두세 명은 등에 짐을 묶어 멨다. 몇 주 동안 빙퇴석과 눈 덮인 들판을 힘들게 다니다보니 옷에는 해진 부분이 많았고, 해진 부분을 구할 수 있는 아무 색의 천으로나 기워 입었다. 바람 속에 적지 않은 누더기가 펄럭거렸다. 모르는 사람이 보면 위험한 산적 떼 같았을 것이다……

강렬한 햇빛을 받고 있는 이 가파른 골짜기에는 수차례 눈사태가 일어났었고 다시 눈사태가 일어날 위험도 컸다. 우리는 눈사태가 이미 일어나 새로 내린 눈을 휩쓸고 내려간 지점을 선택하여, 지그재그로 내려가 바닥에 안전하게 도달했다. 그러나 우리 바로 이삼 미터 옆에서는 눈사태가 일어나기 시작했다. 바닥에 거의 왔을 때 나는 위에서 나는 시끄러운 소리에 정신이 쏠려 있었는데 위를 보자 바위 두 개가 골짜기에서 굴러 내려와 내 쪽으로 똑바로 향하고 있었다. 가파르고 미끄러운 골짜기에서 바위를 피하는 것은 어렵고 위험한 일이다. 나는 바위 한 개가 내 오른쪽 어깨를 넘어가도록 하면

서 곧바로 그 방향으로 움직여서 다른 바위가 내 왼쪽 어깨를 넘어
가도록 했다. 총알 파편에 맞듯이 이 돌의 파편에 맞았지만 다치지
는 않았다……

　　대단한 용기를 지닌 러셀과 동료들은 상당량의 과학 데이터를 들고 안전하
게 문명 세계로 돌아왔다. 이들은 세인트 엘리어스 산 뒤의 산맥에 숨은 캐나다
에서 가장 높은 봉우리인 로건 산을 처음으로 정찰했다. 그들이 현장에서 세인
트 엘리어스 산의 높이를 측량한 결과는 우리가 현재 알고 있는 5489미터에서
30미터 이하로만 차이가 났다. 아브루치 공으로 잘 알려져 있는 사보이의 루이
지(Luigi of Savoy)는 러셀 원정대가 만든 지도를 사용하여, 1897년에 세인트
엘리어스 산에 도착해 눈과 눈사태를 헤치고 나아가 결국 정상에 도달했다.
　　이스라엘 러셀은 미시건 대학교로 가서 지질학을 가르치다가 53세의 이른
나이에 폐렴으로 사망했다. 이때 세인트 엘리어스 산의 영광 또한 사라졌다. 매
킨리 산(디날리 산)이 북아메리카에서 가장 높은 봉우리로 알려졌기 때문이다.
세인트 엘리어스 산은 그후 네번째로 높은 산으로 떨어졌지만, 랭겔-세인트 엘
리어스 국립공원 및 보호지역은 오늘날 미국 국립공원 중에서 가장 큰 공원으
로 남아 있다.

만 개의 연기가 피어오르는 골짜기

THE VALLEY OF TEN THOUSAND SMOKES

로버트 F. 그릭스(1881~1962)

이 골짜기는 한때 아름다웠을 것이다. 눈이 덮이고 빙하가 갈라진 산으로 둘러싸인 이 골짜기는 길이 24킬로미터, 폭 4.8킬로미터 정도였다. 순록은 이곳 목초지에서 풀을 뜯었고, 큰사슴은 자작나무와 포플러나무의 잎을 따 먹었고, 비버는 습지에 둑을 쌓았고, 송어는 개울에서 헤엄쳤으며 늑대들은 가문비나무 그늘에 숨어 있었다. 불길하게도 온천물이 여기저기에서 나와, 근처에 알래스카의 좁고 긴 지역의 화산인 카트마이 산이 있다는 증거를 나타냈다. 카트마이 산은 사람들이 거의 탐험하지 않아서 이 골짜기를 흐르는 강은 수년간 이름도 기록되지 않았다. 결국 로버트 F. 그릭스가 한동안 캠프 생활을 한 근처의 작은 마을의 이름을 따서 이 강을 우낙(Unak)이라고 불렀다. 교육을 받은 식물학자인 그릭스는 이 골짜기를 녹음이 우거졌을 때 보았다면 좋아했을 것이다. 그러나 그가 처음 이 골짜기를 보았을 때는 이미 골짜기가 전혀 다른 모습으로 바뀌어 있었다.

카트마이 산은 1912년 6월에 폭발했다. 북아메리카 북서부 전역에 이 폭발의 여파가 퍼졌다. 만약 이 산이 뉴욕 시에 있었다면 그 폭발 구름이 올버니(Albany)에서도 보였을 것이고 폭발 소리는 시카고에서도 울렸을 것이며 그 가스는 덴버의 놋쇠도 더럽혔을 것이다. 분명히 이 화산 폭발은 북아메리카에서는 20세기에 일어난 가장 큰 폭발이었으며, 아마 전 세계적으로 봐도 그럴 것이다. 그러나 이 폭발이 아주 외딴 곳에서 일어났기 때문에 이 폭발로 사망한 사람은 알려져 있지 않다.

그릭스는 이 폭발 지역에 위험을 무릅쓰고 간 최초의 과학자였다. 그는 1915년부터 1919년까지 『내셔널 지오그래픽』이 후원하는 원정대를 여러 차례 이끌고 화산재로 막힌 강과 모래가 흐르는 강바닥을 건너 카트마이 산의 뭉텅뭉텅 남은 부분들로 향했다. 1916년 원정 마지막 날 카트마이 산길을 건너 다른 편에 무엇이 있나 보던 그릭스는 이름 없는 골짜기를 발견했다. 이 골짜기는 지옥처럼 펄펄 끓는 분기공이었다. 그릭스는 이 엄청난 전경을 보고 이 골짜기에 "만 개의 연기가 피어오르는 골짜기"라는 이름을 붙였다.

그는 1917년 여름에 돌아왔다. 그가 이끄는 열 명의 원정대는 라디오나 비행기가 보편화되기 전의 시대에 사람 사는 마을에서 수백 킬로미터 떨어진 곳에서 악몽 같지만 동시에 장엄한 광경과 마주했다. 강한 바람이 골짜기를 휩쓸어 예리한 속돌들이 날아다녔다. 분기공이 부글부글 끓었고 황화수소 냄새가 코를 찔렀다. 마치 행성 하나가 생성되는 것을 지켜보는 것 같았다. 그릭스 원정대는 두려움에 떨며 이 모습을 응시한 후에 주저하며 이 흔들리는 땅에 첫발을 내딛었다.

올해 원정대가 이 골짜기에 도달했을 때 대원들이 받은 인상은 엄청났다. 아무도 이와 비슷하게라도 놀라운 것을 상상하지 못했다. 이 대단한 장관의 어떤 개념도 설명할 수 있는 말이 없다는 점에는 모두가 동의했다.

곧이곧대로인 화학자는 연기 만 개가 있다고 주장한 내 말이 정당한지 보기 위해 연기 개수를 세고 있었다. 그는 내가 꽤 정확하게 숫자를 말했다고 곧 큰 소리로 알렸다. 분명히 맑은 날에도 연기가 몇천 배는 더 보일 것이지만, 날씨가 습하면 무수히 더 많이 보일 것이다. 왜냐하면 보통 때는 작은 구멍 수백만 개로부터 나오는 잘 보이지 않는 가스가 습할 때는 응축되어 연기가 천만 개까지 늘어날 것이기 때문이다.

상당히 여행 경험이 많고 전 세계의 엄청난 관경들을 많이 본 한 대원은 '만 개의 연기가 피어오르는 골짜기' 주위로 가는 것에 좀 회의적이었다. 그러나 그도 골짜기에 매료되어서는 계속해서 이렇게 말했다. "세상에, 뭐라고 말해도 과장이 아니겠어요." 이 말은 완벽한 사실이다. 길이, 넓이 등의 통계가 잘못되었을 수 있지만, 아무리 숫자를 크게 해도 이 새롭고 광대한 땅을 실제의 차원만큼 제대로 전달할 수 없었다.

이 골짜기는 실제로 지구상의 모든 불가사의 중에 최고는 아니라고 해도 세계 최고의 불가사의 중 하나이다. 이 골짜기를 도저히 설명할 수가 없다. 골짜기의 경계 안에서 여러 날을 지내고 난 후에야 그 정도를 가늠할 수 있다…… 처음에는 모두가 경이와 찬탄을 느꼈지만 곧 도취 상태가 되었다. 이 전경의 크기 자체가 우리를 압도했다. 우리가 골짜기의 어느 구석으로 가도, 멀리서 볼 때 작은 분기공으로 생각했던 것이 엄청난 분기공으로 나타났으며, 전경을 볼 때보다 각각이 훨씬 놀라운 장관이었다. 이 화산 지역은 믿을 수 없을 만큼 넓었다. 우리는 아무리 경험을 많이 해도 이 엄청난 배출구의 정도를 가늠할 수 없을 것 같았다.

처음 이삼일 동안 우리는 너무나 두려웠다. 한동안 우리는 전혀 평상시대로 생각하거나 행동할 수 없었다. 밤에 담요 속에 누워서는 자책하고 다음 날 내가 하고 싶은 일의 목록을 정했지만 다음 날 아침이 되면 행동을 취할 수가 없었다. 그저 쳐다보고 입만 벌릴 수 있을 뿐이었다.

화학자 쉬플리는 대원들 중에서 가장 침착했다. 그러나 그 때문에 우리는 채집하러 간 과학 자료를 구하지 못하고 돌아올 뻔했다. 어쨌든 이 골짜기 전체는 거대한 화학 실험실과 같아서 쉬플리가 아마 더 자신을 잘 다스렸을 것이다. 그러나 셋째날에 그는 "자신이 작은 화학물질 병을 들고 장난칠 기분이 아니라는 것"을 깨달았다.

X[그릭스는 일부러 그의 이름을 언급하지 않았다]는 겁이 나서 죽을 것 같다고 솔직하게 말했다. 그는 내가 말한 대로 했지만, 무언가 하라는 말을 들을 때를 제외하면 애인의 장례식에라도 온 것처럼 멍한 눈으로 멍청하게 앉아 있었다. 우리가 아무리 노력해도 그를 회복시킬 수가 없었다. 그나마 우리가 노력했기 때문에 그는 분기공에 올라가서 사진을 찍어올 수 있었던 것 같다. 그는 다시 이곳을 나가기 전에 미칠 것 같다고 혼잣말을 했다. 그가 좀 마음을 편히 가질 필요가 있었기 때문에 우리는 그를 아래쪽 캠프로 보내어 다시 용기를 되찾도록 했다. 그러나 결국에 그는 우리 누구보다도 스스로를 잘 다스리게 되었다.

이런 식으로 나를 압도한 기분에 나는 전혀 준비하지 못했다. 1916년에는 처음 느낀 경이감과 찬탄 외의 것을 생각할 정도로 이 골짜기에 그렇게 오래 머물지 않았었다. 결코 이런 기분을 전할 만큼 충분히 상황을 파악하지 못했다. 이 골짜기에는 분명히 백만 개가 아닌 수백만 개의 연기가 피어오른다고 모두들 말하기 때문에 이 지역은 '백만 개의 연기가 피어오르는 골짜기'라고 불려야 했다.

내 마음 속에는 분명한 공포가 큰 부분을 차지했다. 아마 나는 솔직히 겁이 난다고 말해야 했을 것이다. 그 장관은 내가 기억한 것보다 훨씬 커서 나는 내가 맡은 일이 너무나 겁이 났다. 나를 괴롭힌 공포는 토지 함몰과 연기 두 가지였다.

우리는 이 골짜기의 가장자리(나중에 안 것이지만 최악의 장소)를 답사하면서, 우리 대원이 발을 디딘 땅이 공허하게 울리는 소리를 분명하게 들을 수 있었고 한 번 이상 우리 아래쪽 땅이 흔들리는 것을 느꼈다. 만약 우리 발밑의 땅이 갑자기 무너져 김을 내뿜는 분기공 속으로 빠진다면 어떻게 될까?

어쩌다가 산들바람이 잠깐 불어 우리 주위에 분기공에서 내뿜는 수증기가 조금만 실려와도 곤란한 화상을 입었다. 만약 사람이 그런 곳에 빠지면 곧장 반숙이 될 것이라는 것을 우리는 알고 있었다.

처음에 우리는 산에 오르기 위해 로프로 서로 몸을 묶어서 누군가 떨어지면 다른 사람들이 잡아당길 수 있도록 했다. 그러나 상황을 좀더 이해하게 되면서 로프를 버렸다. 누군가 일단 떨어지면 그를 당기려고 하는 것보다 그냥 두는 편이 낫다고 결정했기 때문이다.

우리는 증기는 전혀 위험하지 않을 것이라는 최고 권위자의 말에 안심했지만, 우리에게 안전하지 않은 것이 있을 때 경고를 해달라는 목적으로 화학자를 대동했다. 나는 이 골짜기가 세계의 다른 어느 곳의 골짜기와도 다르다는 사실을 알았기 때문에, 내가 안심하는 데 실질적인 근거가 없을 수도 있다고 생각했다. 내가 걱정한 것은, 무

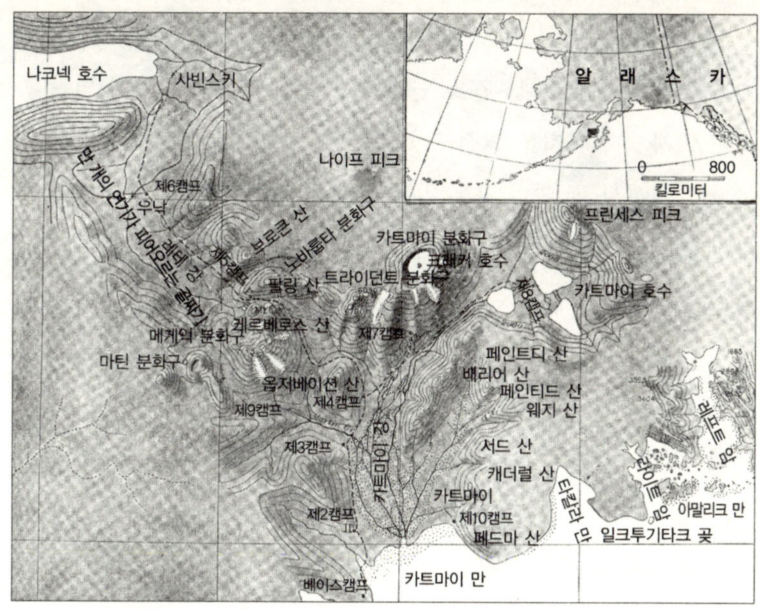

카트마이 산 분화구에서 북서쪽으로 24킬로미터 뻗어 있는 '만 개의 연기가 피어오르는 골짜기'는 알래스카의 좁고 긴 지역에서 가장 강력한 이 화산이 1912년 폭발했을 때 빛나는 화산재로 덮였다.

색무취무미의 가스이지만 0.05퍼센트 농도도 치명적인 일산화탄소였다. 일산화탄소는 보통 화산 폭발이 일어나는 곳에서 방출된다. 게다가 일산화탄소는 간단한 화학실험으로는 감지되지 않는다. 우리가 이 위험을 알기 전에 그만한 양을 흡입했다면 어떻게 될까?

그러나 우리가 이 세상에서 만나는 실제의 모든 걱정거리와 마찬가지로, 이것은 우리가 상상한 것보다 훨씬 덜 위험하다는 것이 경험으로 증명되었다. 경험에 따르면 언제나 우리가 숨을 쉴 공기가 충분하기 때문에 유독한 가스가 경고 없이 우리를 쓰러뜨릴 가능성은 없었다. 우리의 코는 위험한 곳을 충분히 감지하기 때문에 우리는 약간의 두통과 일시적인 불편 외에는 어떤 부상도 입지 않았다.

함몰도 마찬가지였다. 우리는 이 환경에 익숙하게 되어 경험의 기초를 세워서 곧 어느 정도 안전한 곳을 골라 갈 수 있게 되었다. 분기공 자체가 가져온 퇴적물이 분기공의 좁은 통로와 주위의 땅을 단단히 덮어서 굴 위의 얇은 지붕이 사람 한 명 정도는 안전하게 지탱할 것이다. 가장 위험한 곳은 균열 부분이 화산재와 진흙으로 연결되어 있어서 균열이 있다는 사실을 암시하는 어떤 것도 남기지 않은 곳이었다. 우리가 이 골짜기에서 여러 날을 보낸 후에는, 아마 처음 도착했을 때 겪었다면 되돌아갔을 곳들을 경험했다.

여러 번, 우리가 실수로 딱딱한 땅속의 얇은 곳에 발을 디디다가 수증기가 구멍에서 분출하여 새로운 분기공을 만들었다. 그러나 그런 경우 언제나 발 하나만 빠져서 금방 빼면 그만이었다……

우리는 골짜기가 내려다보이는 산중턱의 녹고 있는 중인 눈 더미 가까이에 텐트를 치기로 했다. 이곳에는 골짜기 어디에도 나무 막대기 하나 남아 있지 않아서 캠프파이어의 즐거움을 누리지는 못했지만, 우리는 집과 똑같이 편안하게 지낼 수 있었다. 우리 46미터 뒤쪽은 우리 냉장고였다. 우리는 필요하면 무엇이든 얼릴 수가 있었다.

바로 앞에는 요리용 레인지, 즉 약한 분기공이 있어서 이곳에 냄비를 걸어 요리를 할 수 있었다. 수증기와 함께 나오는 유독한 가스 때문에 이런 요리 방식의 가능성을 처음에는 좀 의심했지만, 결과는 기대 이상으로 만족스러웠다. 어떤 음식에서도 조금의 독성도 나타나지 않았다. 언제나 모든 음식이 정확하게 완성되었다. 냄비가 액화하는 온도의 수증기에 둘러싸여 있기 때문에 아무리 오래 방치되거나 잊어버리고 있어도 어떤 것도 끓어 넘치거나 산산조각이 나거나 타지 않았다.

어떤 카메라도 이 모습을 정확하게 담을 수 없다. 카메라는 '만 개의 연기가 피어오르는 골짜기'를 일부 풍경으로만 담을 뿐이며, 수백만 개의 분기공이 우르르 쉬익 소리를 내는, 이삼 년 동안만 지속된 세계 최고의 근사한 장관의 일부분만 보여준다.

한 가지 단점이라면 우리 요리용 레인지로는 굽는 요리를 할 수가 없다는 것이었는데 그 때문에 우리는 비축해둔 베이컨과 핫케이크를 먹을 수가 없었다. 물론 이 골짜기에는 베이컨을 구울 만큼 뜨거운 분기공이 많이 있었다. 더 활발한 분기공 대부분의 수증기는 아주 뜨거워서 분기공 위에 어느 정도 떨어진 곳에서도 액화되지 않는다. 막대기를 분기공에 넣어볼 때 끝이 금방 시꺼멓게 타면 온도가 튀김 온도보다 높다는 뜻이다.

우리 온도계는 이 분기공 온도만큼 높은 온도를 잴 수 없었기 때문에 우리는 분기공 온도가 정확히 얼마인지는 확인할 수 없었다. 그러나 분기공 대부분은 너무 활발하게 분출해서 베이컨과 핫케이크를 굽는 것은 권할 만한 시도가 아니라고 생각했다. 많은 경우 수증기가 세서 올라오는 수증기 위에서 프라이팬을 단단히 붙들고 있어야 할 것이었다. 게다가 예상치 못한 지역에서 갑자기 바람이 불어오면 요리하던 사람의 얼굴 방향으로 수증기가 뿜어져 그 사람은 심각한 화상을 입을 수 있었다.

첫날밤에 우리는 우리 텐트 아래 땅이 확실히 따뜻한 것을 알고 놀랐다. 실험 삼아 온도계를 땅속 15센티미터 아래에 꽂아보니 갑자기 끓는점까지 온도가 올라갔다. 그곳은 최근에 우리 뒤에 크게 쌓인 눈 더미가 물러가고 비어 있었던 곳이었기 때문에 정말 놀라운 일이었다.

우리는 온도를 낮게 유지하려고 우리 아래쪽에 침구 대부분을 깔았다! 얼마 지나지 않아 우리 담요는 땅만큼 뜨거워졌다. 우리는 눈이 쌓인 곳에 가까이 있었고 해발 762미터 높이에 공기는 때로는 아주 차가웠다. 그래서 우리 한쪽에서는 김이 나고 다른 한쪽은 얼었다. 우리는 온도를 똑같이 맞추기 위해 몸을 계속 굴려야 했다. 우리는 첫날밤에는 거의 자지 못했고 모두가 심한 감기에 걸릴 것이라고 예상했다.

우리는 몇 시간 후에 땅이 뜨거울 뿐만이 아니라 보이지 않는 수증기가 땅 전체에 퍼지고 있다는 사실을 깨달았다. 땅에서 온 이 수증기가 액화되어 우리 담요를 축축하게 만든 후 젖게 해서, 아침에 우리는 가장 묘한 상황에 처했다. 이 뜨뜻하고 축축한 잠자리에서 깨어난 우리의 느낌은 어린 시절에 겪은 괴로운 기억하고만 비교할 수 있다. 바로 그 느낌이었다……

분화구에서 연기가 조용히 상당량 뿜어 나오는 동안, 상당한 압력으로 균열 부분에서 자주 휘몰아치는 구름은 우르르 쉬익 소리를 내며 나온다. 누군가 조약돌들을 이 분기공 입구에 던지면 조약돌은 올라오는 가스에 떠올라 곧바로 튀어 나오거나 땅에 가라앉는 깃털처럼 올라오는 수증기 속에서 천천히 가라앉는다. 이러한 분기공은 골짜기에서 가장 뜨거운 곳이다. 이 분기공에서 나온 가스는 구멍 위의 몇 미터에서도 액화되지 않는다. 가스를 모으는 사람이 자신의 샘플에 대기의 오염물질이 섞여 있지 않았다고 쉽게 확신할 수 있기 때문에 이곳은 가스를 모아서 분석하기에 가장 적합한 장소였다……

넓은 지역에서 땅이 열로 인해 새빨간 색으로 탔다. 이때 나오는 다양한 강렬한 색들은 아름다움의 극치를 이루었다. 주황색과 벽돌색부터 밝은 체리색, 보라색에서 검은색까지 온갖 색조가 나타났고 가끔 푸른색 줄이 대조를 이루었다. 이러한 여러 가지 색은 원래 불에 탄 작은 분기공이 있던 지역에서 가장 누드러진다. 땅 곳곳에 한 번에 1.6킬로미터씩 불에 탔던 모습이 보인다.

골짜기를 둘러싼 눈 덮인 들판은 졸졸 흐르는 시냇물을 산비탈 아래로 보내지만, 이 시냇물은 강 유역의 바닥에 도달하기 훨씬 전에 말라서 없어진다. 그러나 빙하에서 흐르는 상당히 큰 개울이 온갖 장애물에도 불구하고 골짜기를 뚫고 거의 없어질 정도로 줄어들어 뜨거운 지역 밖으로 나간다. 따라서 이 물은 흐르는 것을 거의 잊어서 우리가 이 개울을 망각의 강 '레테'라고 불렀다. 강물이 하데스 중앙을 거쳐 흐를 뿐만 아니라 빙하에서 온 진한 갈색 짐니로 가득한 기분 나쁜 물이 골짜기로 소용돌이쳐 거세게 흐를 때 가장 기괴하게 보인다는 면 때문에 이 이름은 더 적합해 보인다.

이 강은 여러 곳에서 화산 활동 선을 똑바로 가로지르며 여기에서 우리는 서로 반대 원소인 '불'과 '물'이 얼마나 가까이 서로 방해받지 않고 접근할 수 있는지를 본다. 강기슭에 쌓인 진흙은 완벽한 비전도체여서 차가운 물에서 불과 몇 센티미터 떨어진 땅이 뜨겁게 끓고 있다. 작은 분기공에서 나온 수증기가 강물을 뚫고 사실상 끓어오르는 곳이 있다! 상당한 크기의 분기공 여러 개가 강기슭에 있다.

이곳에서는 개울에서 물고기를 잡고 갈고리에서 빼지 않은 채 익힐 수가 있다. 물론 물고기가 있다면 가능한 이야기였다. 이렇게 연기가 자욱한 개울에 물고기가 살고 있으리라고 상상하기는 힘들다. 그러나 사실 물고기가 나타나지 않을 이유는 없다. 왜냐하면 강기슭은 물이 끓을 정도로 뜨겁지만, 골짜기 전역의 물은 차가운 섭씨 9도를 유지하기 때문이다……

나는 이 골짜기에서 보낸 마지막 날을 결코 잊을 수 없다. 우리는 한치 앞도 안 보이는 폭풍에 밖으로 나갈 수가 없어서 이틀 동안 젖은 텐트에 누워 있었다. 나는 이 골짜기에 예정된 시간보다 이미 오래 머물렀기 때문에 남은 일이 급했다. 그날 밤에는 날씨에 상관없이 계곡을 나갈 것이라고 아침에 발표했으며, 장비를 내리라고 명령했다. 우리는 마지막 비가 내리고 안개가 낀 상황에서 출발하여 수증기 속에서 길을 찾지 못했지만 두 시간 후에는 비가 멎었다.

화창한 대기 가운데 푸른 하늘에 빛나는 태양의 모습이 드러났다. 커다란 뭉게구름이 드문드문 떠 있는 중에 눈부시게 밝은 빛이 비추었다. 나는 이 골짜기의 반이 이렇게 황홀하게 보이는 것을 본 적이 없었다. 우리가 감아올릴 수 있는 한 빨리 우리 필름들을 노출시켜서 두 시간 후에 가장 좋은 사진 여러 장을 얻었다. 낮에 열두 번은 소나기가 내려 흠뻑 비에 적기도 했지만 우리는 이런 휴식 시간을 이용하여 한 분기공 그룹에서 다른 분기공 그룹으로 옮겨갔다.

우리는 녹초가 되어 6시에 도착해서 열심히 큰 사진 장비를 꺼내어 가장 훌륭한 전경을 찍으려고 했다. 그러나 너무 늦었다. 내가 내린 명령 때문에 캠프장에는 우리가 필요한 것이 하나도 없었다.

명령에 따르는 수밖에 없었기 때문에 우리는 하는 수 없이 짐을 챙겨서 길을 따라 터벅터벅 걸어 다른 쪽으로 갔다. 어느 때보다도 멋진 골짜기를 마지막으로 돌아보고 나는 거의 울 뻔했다. 우리가 한 번도 건너지 않은 것 같은 분기점에 올라갔을 때 이 장면의 배경으로 내가 본 것 중에 가장 아름다운 석양 속에 마법의 커튼이 펼쳐졌기 때문이다. 우리는 놀라운 색의 향연에 몇 시간 동안 정신이 팔려 있었다. 이 화려한 색이 서서히 황혼 속으로 희미해지는 동안, 우리는 옵저베이션 산(Observation Mountain)의 산마루 아래를 돌아 카트마이 골짜기로 갔다……

그러나 모두가 이 경험에 감동받은 것은 아니었다. 그릭스는 함께 간 지형학자 한 명의 경험담을 인용한다. 상상력이 풍부하지 않으면 좀더 가혹하게 들릴 것이다.

"나는 채식주의자가 아니다. 게다가 수증기 구멍에서 끓인 차는 차가 아니다. 물 한 방울도 방수가 안 되는 텐트는 텐트가 아니다. 텐트 위의 섭씨 43도의 땅에 놓인 모직 이불은 아름답게 김을 뿜을 것이다. 이것은 자연의 현상이지만 잠자기에 좋지는 않다. 나는 채식주의자가 아니라고 앞에서 언급했을 것이다. 나는 아침에 먹는 베이컨을 좋아한다. 나는 베이컨을 구워 먹는 걸 좋아한다. 수증기 분출은 멋진 자연현상이긴 하지만 베이컨을 구울 수는 없다. 나는 뉴잉글랜드 출신이어서 구운 콩 요리를 해 먹으려고 결심했다. 다시 분출하는 수증기는 이 일을 망쳤다.

연기만 없으면 완벽하게 훌륭한 지방이었을 곳을 연기가 망쳐놓았다고 해야겠다. 그러나 담배를 피우지 못하면 내 생각은 언제나 그 영향을 받기 때문에 이런 내 주장은 아마 가치가 없을 것이다."

1919년 우드로 윌슨 대통령은 카트마이 국립 기념지(현재 카트마이 국립공원 및 보호지역)를 만들어 이 아름답고 굉장한 '만 개의 연기가 피어오르는 골짜기'를 미래의 세대가 간직할 수 있도록 보존하게 했다.

그러나 이 연기 자체는 윌슨 대통령의 기대에 부응하지 않았다. 이삼 년 후에 연기는 사라지기 시작했다. 골짜기는 더 이상 커다란 배출구 역할을 하지 않았다. 대신 이 104제곱킬로미터의 골짜기가 수십 미터의 빛나는 화산재로 덮여 원래 있던 상당량의 물을 가두었고 이 물은 점차 분기공에서 빠져나갔다.

분기공은 오래전에 사라졌지만 골짜기는 놀라운 곳으로 남아서 오늘날에도 공원 본부를 출발한 도보 여행자들에게 가장 인기가 높은 장소이다. 모래 같은 화산재는 여전히 식물에 유해하기 때문에 골짜기는 황량한 달 같은 환경이 되었고, 그 때문에 이곳은 아폴로 우주 비행사들의 이상적인 훈련 장소가 되었다.

극한의 시베리아 유배 생활

WITH AN EXILE IN ARCTIC SIBERIA

블라디미르 젠지노프(1880~1953)

유배는 선택한 것일 수도 있고 강요에 의한 것일 수도 있다. 차르가 지배하던 러시아에서는 공공연한 혁명가들뿐만 아니라 패나 많은 보통 사람들이 너무나 자주 유배되었다. 남자, 여자, 의사, 교사, 학생, 음악가 등 어떤 사람이라도 자유주의에 동조하는 혐의를 받으면 체포되어 재판도 없이 외딴 시베리아로 보내졌다. '행정적인 과정으로 유배된' 사람들은 나중에 소련이 조성한 강제노동 수용소 같은 곳이 아니라, 깊은 숲속의 원시적인 정착촌에서 5년을 지내는 경우가 많았다. 물론 탈출을 선택할 수도 있었지만, 광활한 시베리아에서 탈출에 성공하기란 쉽시 않았다. 딜출을 시도한 많은 사람들은 산적이 될 수밖에 없었거나 현지인들에게 살해당했다. 대부분의 유배자들은 그냥 참고 살려고 했다. 책과 편지를 주고받는 것이 허용되었지만, 심리적인 고립감은 너무나 컸다. 어떤 사람들은 술에 의지하기도 했고 또 어떤 사람들은 자살하기도 했다. 극소수의 사람들은 유배 생활을 이용하여 민속지학과 자연사 연구에 몰두했다.

그런 부류의 사람 중 한 명이 블라디미르 막시모비치 젠지노프였다. 지적인 이상주의자인 젠지노프는 부유한 모스크바 가정에서 자라 독일에서 유학하며 정치적 망명자 사회에 가담해 사회주의혁명당에 입당했다. 그는 모스크바로 돌아와, 실패로 돌아간 1905년의 혁명 이후 계속된 체포에 휩쓸려 아르한겔스크로 유배되었지만 유배지에 도착한 당일에 탈출했다. 곧 다시 체포된 그는 야쿠츠크 구역으로 유배되었다. 이곳은 시베리아에서도 외딴 지역이었으며 상습범들만을 보내는 무서운 곳이었다. 그는 다시 탈출했으며 결국 상트페테르부르크에 가서 '정치 활동'을 재개했다.

그는 정식으로 체포되어 한 번 더 유배되었다. 1912년 12월, 그는 32세의 나이에 야쿠츠크 북동쪽 끝의 루스코에 우스티에로 가는 긴 여정을 떠났다. 인디기르카 강이 북극해로 들어가는 땅으로 젠지노프는 그곳을 '신과 인간 모두가 잊은' 땅이라고 했다. 이 기간은 그의 파란만장한 삶 가운데 가장 이상한 막간이었다.

이곳이 다른 세계와 얼마나 떨어져 있는 곳인지 알리려면 좀더 자세히 설명할 필요가 있다. 시베리아 횡단 철도의 시베리아 대도시 이르쿠츠크부터 야쿠츠크 시까지 거리는 약 3200킬로미터다. 이 두 곳 사이의 교통수단은 여름에는 레나 강을 건너는 증기선, 겨울에는 말이었다. 이 여정은 25일 내지 30일이 걸리며, 겨울에는 밤낮으로 말을 타고 가야 한다.

야쿠츠크부터 루스코에 우스티에까지도 같은 거리지만, 이 구간의 교통은 훨씬 더 불편하다. 이곳에서는 이 지역의 모든 강, 습지, 수많은 호수가 모두 얼어붙는 겨울에만 여행이 가능하다. 봄, 여름, 가을에는 건널 수 없는 수많은 습지들 때문에 다른 세계와 완전히 단절되어 있다.

나는 특별히 선발된 카자흐인의 감시 아래 야쿠츠크에서 출발했다. 이 카자흐인은 내가 다시 탈출하지 못하도록 감시하는 일을 맡았다. 우리는 1912년 12월 첫날에 출발했다. 우리는 209킬로미터만 간 후에는 말 대신 순록을 탔다. 그리고 여러 유목민촌에서 때때로 새로운 순록으로 갈아탔다.

우리가 가는 길에는 야쿠족, 퉁구스족, 유카기르족 등의 천막촌이 있었다. 이 지역에는 러시아인의 정착지가 없기 때문이다. 우리는 2월 중순 경에 인디기르카 강에 도착했는데 이 정도면 속도가 아주 빠른 편이었다. 여기에서부터 우리는 더 이상 순록을 이용할 수 없었다. 남은 97킬로미터 거리의 여행은 개썰매로 가야 했다.

그렇게 우리는 6400킬로미터에 달하는 전체 여정을 말, 순록, 개의 도움으로 두 달 반에 걸쳐 마쳤다……

우리는 시베리아에서만 볼 수 있는 원시림인 타이가 지대를 거쳐 북쪽으로 갔다. 깊은 협곡, 구불구불한 수로, 눈이 쌓인 강바닥, 크고 작은 산, 열십자로 높고 바위가 많고 숲으로 덮인 산을 지났다. 밤에 우리는 때로는 여행자를 위해 특별히 지어진 아무도 살지 않는 오두막이나 유목민 천막에서 묵었다. 그런 오두막들은 언제나 정돈되어 있어 사람이 살기에 적당했다.

우리는 한 해 중 가장 추운 기간 동안 여행했다. 수은주는 영하 20도 위로 한 번도 오르지 않았고, 대부분의 시간이 영하 50도 정도였다. 지구상에서 가장 추운 곳으로 알려진 베르호얀스크에서 한번은 영하 71도까지 내려가기도 했다.

그러나 이 추위보다 더 안 좋고 훨씬 더 위험한 것은 야쿠츠크 지역 북부에서 주기적으로 나타난다고 알려진 눈보라였다. 나는 이 강한 눈보라보다 더 위협적인 것을 알지 못한다. 다행히 야쿠족과 퉁구스족 출신의 안내인들이 지방 환경을 경험하여 잘 알고 있어서 우리는 살아남을 수 있었다.

우리는 새해 첫날에 이런 무시무시한 눈보라를 맞아 지붕과 모든 것이 눈에 묻힌 길가의 오두막 숙소에서 밤을 보내야 했다. 시베리아의 거센 눈보라 소리를 들으며 털 담요를 덮고 희미한 촛불 아래에서 모파상의 「지중해 항해*The Mediterranean Voyage*」를 읽으니 아주 따뜻하게 느껴졌다.

우리는 야블로노비 산맥의 지맥의 옛 길에서 내려와 시베리아 타이가 원시림을 뒤로 하고 북극 툰드라로 들어갔다. 우리는 점점 북쪽으로 가면서 바다에 더 가까이 접근했다. 식물이 훨씬 더 드물게 나타났다. 처음에는 키가 큰 버드나무 관목이 있었지만 점점 키가 작아지더니 결국에는 완전히 사라졌다. 온통 하얀 눈으로 덮인 끝없이 광활한 대지가 펼쳐져 우리는 눈을 둘 곳이 없었다.

루스코에 우스티에의 개척지는 바로 이런 북극 툰드라의 좁고 긴 땅에 위치해 있다. 루스코에 우스티에는 길이 1530킬로미터 이상인 인디기르카 강 유역 전체에서 가장 큰 개척지로 알려져 있다. 그러나 이 개척지에는 살림집이 여섯 채밖에 없다. 집이라는 뜻의 러시아 단어 '돔(dom)'이 이곳에서는 연기라는 뜻의 '딤(dym)'이 되었다. 이 극지방의 춥고 눈보라가 치는 땅에서 불, 또는 '연기' 없는 집은 집이라고 할 수 없기 때문에 이렇게 단어가 바뀐 것도 너무나 당연한 일이다.

이 개척지의 인구는 스물두 명이었다. 내가 도착해서 스물세 명이 되었다. 물길을 따라 흩어져 있는 오두막 두 채 내지 네 채로 구성된 인디기르카 강의 모든 개척지들을 합쳐도 인구가 400명이 넘지 않는다……

이곳에서 문명과 가장 가까운 곳은 일직선으로 480킬로미터 서쪽에 있는 주택 30채의 우스트-얀스크와 동쪽으로 같은 거리를 가면 나오는 주택 25채의 니즈네 콜르미스크다. 루스코에 우스티에 주민 중에는 누구도 이 두 지점 외에 간 사람이 없었고 야쿠츠크에 가본 사람도 없었다. 상트페테르부르크나 모스크바 같은 이름은 그들에게 동화 속 지명처럼 들렸다. 따라서 루스코에 우스티에의 실제 거주자들이 원시적인 야만의 상태에서 크게 벗어나지 못한 것은 그리 놀랄 일이 아니다. 인디기르카 강 주위의 정착민 중에는 글을 아는 사람이 한 명도 없다. 나는 이 특이한 지역에 들어선 유일한 문명인이었다.

물론 편지 왕래는 흔적도 없었다. 공무상의 서신에 대한 답변은 빨라도 1년 6개월 후에야 야쿠츠크에서 얻을 수 있었으며, 이는 특별 배달부를 통해서만 가능했다. 나는 일 년에 두 번, 겨울이 시작될 때와 끝날 때만 집에서 온 우편물을 받을 수 있었다. 이때는 남쪽에서 상인들이 상품을 들고 찾아와서 현지 사냥꾼들의 모피와 교환했다. 그러나 모스크바에서 온 편지가 내게 칠팔 개월 안에 도착한 적은 한 번도 없었다.

내가 루스코에 우스티에에 도착한 것은 굉장한 사건이었다. 한동안은 이곳 원주민들뿐만 아니라 이웃 개척지의 원주민들도 나를 찾아왔다. 그 사람들은 마치 이상한 동물을 자세히 조사하듯이 입을 꾹 다물고 나를 아주 조심스럽게 살펴보았다.

내가 가져온 물건 대부분은 이곳 사람들이 처음 보는 것이었다.

그들은 경외감을 느끼듯이 나의 멋진 윈체스터 소총을 만져보았다. 나는 야쿠츠크 사령관과 오랫동안 '외교적인 협상'을 벌인 끝에 이 총을 가지고 가도 된다는 허가를 받았다. 원주민들은 대부분 활과 화살과 창으로 무장하고 북극곰과 용감하게 맞선다. 두세 명만 아주 조악한 엽총을 가지고 있었다.

그들은 내가 가방에서 계속 꺼내는 온도계, 큰 책, 카메라 같은 여러 물건들이 무엇을 하는 데 쓰는 것인지 알지 못했다. 특히 이들은 아주 평범한 등유 램프를 보고 깊은 인상을 받았다. 나는 등유 9킬로그램도 가져왔다.

내가 램프를 꺼내고 있을 때 마침 이웃의 남자 아이가 있었는데 그 아이는 이 사건을 다음과 같이 설명했다.

"그 아저씨는," 아이는 너무 흥분해서 숨도 쉬지 않고 말했다. "밝게 빛나는 찻주전자를 꺼내어 위에 접시를 올려놓았어요." 그것은 도자기 갓이 놓여 있는 유약칠을 한 금속 램프였다.

저녁에 이 집 저 집에 다음과 같은 소문이 났다. "그 남자가 빛을 밝혔대! 그 남자가 빛을 밝혔대!"

그리고 많은 사람들이 램프를 보려고 일부러 찾아왔고, 호기심 많은 한 사람은 80킬로미터 이상 떨어진 곳에서 개를 데리고 왔다. 이 사람들은 화롯불에 통나무를 태우거나 거무칙칙하고 조그만 야간 램프에 고래 기름을 태워 집에 빛을 비췄다. 신기한 나의 짐, 습관, 솜씨 등을 보고 이들은 나를 보통 인간이 아니라 화성이나 달에서 온 존재처럼 생각했다.

나는 1년에 20루블을 내고 루스코에 우스티에 주민에게서 집 한 채를 빌려 내 취향에 따라 집을 꾸몄다. 이 집의 실내 배치, 벽에 걸

린 사진과 달력, 접시, 사모바르(samovar, 러시아의 차 끓이는 주전자
/옮긴이), 책 등은 내가 이곳에 머무는 동안 끊임없이 사람들의 호기
심을 강렬히 불러일으켰다……

물론 나는 모든 일을 혼자 해야 했다. 윈체스터 소총과 그물을 써
서 순록, 기러기, 물고기 등 먹을 식량을 구해야 했다. 직접 음식을
해서 먹고 오두막 수리도 직접 하고 부엌에서 쓸, 물을 대신하는 얼
음과 땔나무도 직접 모아야 했다.

한마디로 내 생활은 로빈슨 크루소의 생활과 다름없었다. 사냥꾼
이자 어부, 요리사, 나무꾼, 목수, 물(얼음) 배달원, 재봉사, 제화공
이었다. 따라서 내가 유배 생활을 하는 동안 외로웠는지 친구들이
물었을 때 나는 외로움을 느낄 시간이 없었다고 거짓 없이 대답할
수 있었다.

겉으로 볼 때 루스코에 우스티에는 눈이 덮인 목재 오두막과 헛
간 몇 개가 초라하게 모여 있는 집단에 불과했다. 우리 눈으로 볼 수
있는 데까지 아무리 멀리 봐도 사방이 눈, 눈, 눈이었다. 여기저기에
작은 관목 덤불이 있었는데, 겨울에는 눈에 파묻혔다. 이 하얀 황무
지의 단조로운 풍경 속에서는 쌓인 눈에 반쯤 가려진 오두막도 찾기
어려웠다. 특히 11월과 12월, 해가 지평선에서 아주 사라지고 '일
광'이라고 할 만한 박명이 두세 시간만 지속되던 때에 개허지는 특
히 음산했다. 이때는 일 년 중 가장 쓸쓸한 시기였다. 어둠 속에서
개들이 슬프게 짖는 소리는 익숙하지 않은 사람에게는 거의 참을 수
없는 것이었다.

겨울밤은 때로는 화려했다. 검은 벨벳 같은 하늘에 오후 3시쯤에
나타나 오전 11시까지 반짝이는 별은 다이아몬드처럼 빛났다! 거의

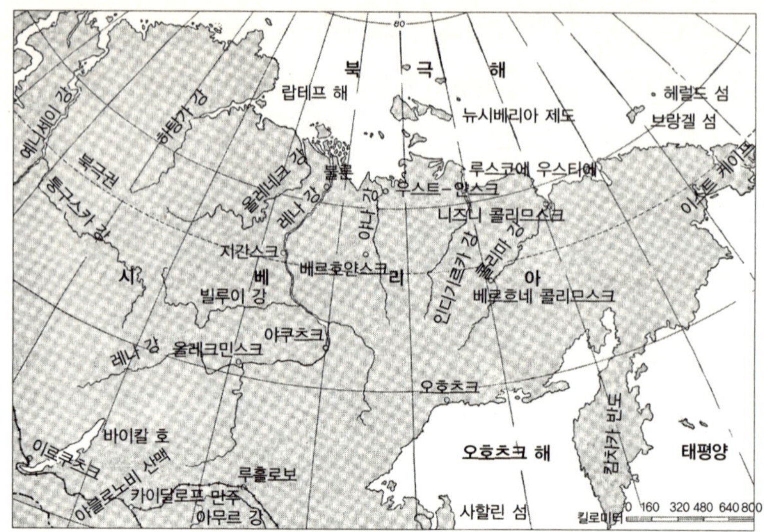

차르의 명령으로 시베리아의 황량한 야쿠츠크 구역으로 유배된 블라디미르 젠지노프는 시베리아 횡단 철도의 이르쿠츠크(왼쪽 하단)에서 말, 순록, 개썰매를 타고 북극해 해안에 있는 루스코에 우스티에(중앙 상단)의 황량하고 눈에 갇힌 오두막까지 갔다.

매일 밤 북쪽에 가장 밝게 빛나는 별이 하나 있었지만 나는 익숙해져서 거의 관심을 두지 않았다.

바다에 가까운 위치 때문에 이곳의 기온은 영하 50도 이하로 내려가는 일이 거의 없다. 그러나 강한 겨울 눈보라가 자주 발생한다. 이 눈보라에 사람들이 질식하고 퍼붓는 눈에 발이 빠지고 다섯 걸음 앞 이상을 보지 못한다. 길을 가다가 이러한 눈보라를 만난 여행자들에게 애도를 표하라! 이런 재앙을 맞았을 때 유일한 희망은, 몸을 피할 곳을 찾아 개와 함께 뒤집힌 개썰매 아래에서 계절이 바뀌기를 기다리는 것이다.

밤에는 이 눈보라 속에 오두막의 지붕까지 묻혀버리기 쉽다. 이때 눈이 표면에 평평하게 쌓여서 누군가 그 밑에 사람이 사는 집이 있다고 생각 못하고 지나갈 수도 있다. 내가 살던 집도 여러 차례 눈에 덮여서 한번은 5월 1일에 두더지처럼 터널을 파고 밖으로 나와야만 했다.

이러한 눈보라가 치는 동안 집에서 열 발자국이라도 떨어지는 것은 위험하며, 그렇게 해야 하는 사람은 보통 밧줄을 몸에 묶는다……겨울은 9월부터 5월까지 여덟 달 동안이나 계속된다. 여름은 생각보다 따뜻해서 기온이 섭씨 30도까지 올라가기도 하지만, 여름에도 눈보라 한 번 치지 않고 지나가는 경우는 거의 없다. 태양이 결코 지평선 아래로 사라지지 않는 여름 '날'은 4월 28일부터 7월 20일까지 석 달 동안 계속된다. 인디기르카 강은 주로 6월 초에 녹는다.

식물상은 거의 없다. 여름에는 땅속 60센티미터까지 녹는다. 그 아래는 항상 얼어붙어 있다. 이 지역 전역에는 숲이 없다. 루스코에 우스티에 원주민 중에는 자라는 나무를 본 사람이 없다. 마치 북쪽 사람들에게 열대 야자수가 신기해 보이듯이 그들에게는 보통 전나무도 신기해 보인다. 갯버들 관목이 바다 쪽으로 16킬로미터까지 펼쳐지다가 끝이 난다(루스코에 우스티에부터 북극해까지는 약 72킬로미터이다). 그곳에는 풀도 자라지 않는다.

여름에는 어느 방향으로 가든 습지밖에 보이지 않는다. 봄과 여름에 남쪽에서 쓰러진 나무 다수가 인니기트카 강 물길에 쓸려 흘러온다. 원주민들은 강기슭에서 이 나무를 부지런히 주워서 지독한 겨울 추위를 버티는 데 쓰고 또한 집을 짓는 데도 쓴다……

기러기, 두루미, 오리, 갈매기, 온갖 종류의 도요새 등 엄청나게 많은 습지 조류들이 5월 말경에 도착하기 시작한다. 그 모습을 본 사람들만이 이 새들이 밀어닥치는 모습의 진가를 알 것이다. 날카로운 소리로 재잘거리며 지저귀는 새 떼가 밤낮으로 하늘을 가득 채운다. 하얀 백조들이 순서대로 무리를 지어 지나가고, 기러기들은 길게 줄지어 날아가고, 오리들은 무질서하게 떼 지어 미끄러져 간다.

답답한 겨울의 정적이 끝난 후에 있는 새들의 이런 떠들썩한 도착은 승리를 자축하는 술잔치 같다. 하늘과 땅 사이에 압도적인 생명의 물결이 다투며 흔들린다. 작은 웅덩이마다, 작은 언덕마다 생명이 고동치는 완전한 세계가 된다. 모든 새가 조물주가 주신 재능에 따라 넘고 뛰며, 날개를 퍼덕거리고 지저귀며 노래한다.

모두가 아주 중요하고 자기만이 할 수 있는 일을 하느라고 바빠서 이웃에게는 관심을 기울이지 않는다. 날개 있는 약탈자가 나타나면, 무리들은 하나로 묶인 것처럼 하늘로 올라갔다가 같은 장소로 돌아올 뿐이다. 그러나 또 다른 무리가 이미 그 장소를 차지했다. 한 무리가 또 한 무리를 대신한다. 이 이주자들은 경계 없이 펼쳐진 빈터에서도 자리가 좁다고 느끼는 것 같다.

겨울의 음산한 정적이 끝난 후의 이 시끄러운, 가슴을 떨리게 하는 생명의 물결이 얼마나 유배자를 동요시키고 자극하는지는 정말 설명하기가 힘들다. 잠과 식량 문제는 성가신 사소한 문제로 보인다.

아침 일찍 기러기가 지저귀는 소리에 나는 잠에서 깨어 총을 들고 습지와 눈 건너의 툰드라를 향해 출발했다. 저녁에 나는 반쯤 죽어서 돌아왔다. 피로로 몸은 젖은 솜처럼 무거웠고 발이 아팠다. 꿈에서도 새들이 시끄럽게 우는 소리와 날개 치는 소리에 시달렸다.

기러기는 여름에 깃털을 간다. 이 지역에서는 7월 8일부터 20일까지다. 기러기는 다른 새들과는 깃털 가는 방식이 다르다. 기러기는 날개의 깃털이 한꺼번에 모두 빠진다. 따라서 기러기들은 깃털을 가는 시기에 날 수 없어서 새 깃털이 자랄 때까지 무방비 상태가 된다.

전문 사냥꾼들은 이러한 사실을 잘 알고 있으며 이 기회를 이용하려고 한다. 깃털을 가는 시기에 기러기들은 크게 무리를 지어 수백만 마리가 북극해안 주위와 북극해 근처에 모인다. 기러기들이 모이는 장소를 아는 사냥꾼들은 배를 타고 사냥단을 조직한다. 이 원정대는 위험에 처할 때가 많다. 사냥꾼 각각은 카누를 타고 물갈퀴가 양쪽에 달린 노를 저어야 한다. 한 습지에서 다른 습지로 배를 자주 옮겨야 하기 때문에 가벼운 카누만 먼 거리를 갈 수 있다.

나는 이 중 한 원정대에 참가하는 허가를 받는 데 성공했다. 원주민들은 이 여행이 너무 힘들고 위험할 것이 분명하다면서 내가 가는 것에 반대했다. 그들은 내가 경험이 부족하기 때문에 분명히 목숨을 잃을 것이라고 주장했다……

이 원정은 정말로 고난의 연속이었다. 우리는 인디기르카 강을 따라 북극해로 내려갔으며, 적어도 폭 24킬로미터는 되는 만을 건넜고, 마지막으로 아주 오랫동안 습지에서 습지로 카누를 끌고 갔다. 우리가 사냥하러 간 지역은 루스코에 우스티에에서 북쪽으로 113킬로미터 떨어진 곳이었다.

우리가 지낸 환경과 마찬가지로 사냥도 이제껏 겪은 것 중 가장 험했다. 심지어 습지 한가운데에서 짐을 져야 하기도 했었다. 그러나 나는 정규 극지방 탐험대원들도 거의 목격할 기회를 갖지 못한 모험에 참여할 수 있었기 때문에 결코 후회하지 않았다.

이곳에는 기러기들이 정말 많았다. 멀리 있는 물 위의 기러기 떼들이 큰 섬처럼 보였다. 열다섯 명으로 이루어진 우리 사냥단은 4500마리도 넘는 새를 잡았다.

시베리아 북쪽 끝에서 순록을 모는 유목민족인 퉁구스족은 루스코에 우스티에 근처에 사는 야쿠
족, 추크치족과 마찬가지로 원주민 부족 중의 하나다.

기러기 한 떼가 카누를 탄 사냥꾼들에게 둘러싸인다. 이때 기슭에는 그물이 물을 향해서 올가미처럼 펼쳐진다. 사냥꾼들이 기러기들을 서서히 그물 쪽으로 몰고 가면 결국 새들은 그물로 들어간다.

기러기 떼 전체가 그물에 들어가, 그물이 팽팽하게 당겨지면 도살이 시작된다. 새의 머리 아랫부분을 잡고 공중에 빙빙 돌리고 난 후 목을 부러뜨려 즉사시킨다. 이런 작업을 몇 분 한 후에는 그물 주위에 죽은 갈매기가 산처럼 쌓인다.

사냥한 새들은 전부 이 원정대원들이 똑같이 나눠 가진다. 대원들은 땅속, 혹은 더 정확하게 말하자면 진흙 속에 기러기를 묻어 서리가 내릴 때까지 몇 주간 썩힌다. 이 식량은 주로 개를 먹일 것이며 파낼 때쯤이면 잘 썩어 있을 것이다. 그러나 사냥꾼들 자신도 절대 이 썩은 고기가 가치 없다고 생각하지 않는다. 원주민들은 부패한 음식을 그리 불쾌하게 생각하지 않는다.

나 역시 공동 운반한 몫을 받았지만 이를 사양하고 대신 살아 있는 새 열 마리를 달라고 요구했다. 나는 미리 준비해둔 모스크바의 친척들에게 보내는 편지를 이 새들 몸에 묶었다. 나는 이렇게 해서 기러기들이 따뜻한 지역으로 돌아가 아마도 어떤 사냥꾼들의 손에 잡힐 때 내 소식을 전할 수 있으리라 기대했다. 그러나 나중에 보니까 안타깝게도 내 편지는 한 장도 목적지에 도착하지 않았다……

이것은 필사적인 갈망에서 나온 행동이었다. 젠지노프는 공허감, 비참함, 고독감에 억눌려 도저히 참을 수 없었다. 루스코에 우스티에에서 1년을 좀 넘세 더 지낸 후 젠지노프는 탈출을 시도했다. 그러나 어떻게 알았는지 부족민 한 명이 당국에 신고해서 젠지노프의 탈출 기도는 실패로 돌아갔다. 젠지노프는 남은 유배 생활을 문명에서 완전히 벗어나 있지는 않은 레나 강 하류의 한 마을에서 보냈다.

마침내 모스크바로 돌아온 젠지노프는 루스코에 우스티에의 민속지학과 조류학에 관한 소책자 여러 권을 출간했다. 그리고 그는 러시아 혁명의 소용돌이에 휘말려 케렌스키 사회혁명당과 함께 권력을 잡았지만 그 당의 몰락으로 다시 휩쓸려 나왔다. 그는 여기저기에서 볼세비키와 투쟁했으며 결국 간신히 처형당하는 것을 면했다. 대신 그는 다시 한번, 이번에는 중국으로 유배되었다.

이번 유배에는 기한이 없었다. 그는 여생 동안 파리, 베를린, 프라하 등을 떠돌아다니며 사회주의 잡지에 글을 기고하다가 뉴욕시에서 회고록을 집필하며 생을 마감했다.

5부

험준한 밀림을 헤치며

밀림의 강들을 통과하여 바위새 둥지로 간 여행

A JOURNEY BY JUNGLE RIVERS TO THE HOME OF THE COCK-OF-THE ROCK

어니스트 G. 홀트

영국 탐험가 중에서 가장 낭만적이고 사람을 매혹시키는 퍼시 포세트 대령은 1920년에 다시 아마존 깊은 곳에 숨은 전설의 도시들을 찾으러 돌아오면서 리우데자네이루에서 우연히 만난 한 미국 청년과 동행했다. 포세트는 어니스트 G. 홀트를 조금 얕보았지만 두 사람은 몇 달 동안 함께 브라질의 외딴 내륙 지방에서 어려운 목표물을 찾아다녔다. 홀트는 나중에 포세트가 "야생 탐험의 세례식에 대부 역할을 했다"고 썼다. 당시에는 몰랐지만 그는 포세트 원정대에서 마지막으로 살아남은 사람이 되었다.

홀트는 일류 조류학자였지만, 어떤 직업에도 오랫동안 종사하지는 못한 듯하다. 포세트를 만났을 당시에 홀트는 스탠더드석유회사 직원이었다. 그후 1925년에 포세트 대령이 싱구 강(Xingú River) 지역에서 영원히 사라졌을 때 홀트는 피츠버그의 카네기 박물관의 상근 조류학자였다. 결국 그는 자연보전과 관련된 직책들을 차례로 맡게 되었고 그 과정에서 20세기 자연보전운동의 선구자 알도 레오폴드와 친구가 되었다.

1930년부터 1931년까지 홀트는 아마존-오리노코 분수령을 따라 있는 고지로 가는 10개월간의 원정대를 이끌었다. 이 지역은 동물학적으로 거의 알려지지 않은 곳이었다. 국경을 조사하던 브라질-베네수엘라 국경 위원회의 경로를 따라서 홀트 일행은 표본 수천 점을 채집했다. 이 표본 대부분은 조류였으며 그중에 어떤 종은 학계에 처음으로 발표되었다. 그는 피츠버그 박물관의 찰스 아고스티니와 피츠버그 대학교 대학원생 에멧 R. 블레이크를 조수로 데려갔다. 블레이크도 나중에 유명한 현장 조류학자가 되었다. 원정대는 숲에서만큼이나 물에서도 많은 시간을 보냈다. 그들은 배를 타고 아마존 강을 건너 실타래처럼 엉킨 지류들을 거친 후 오리노코 강을 떠났다.

홀트가 『내셔널 지오그래픽』 1933년 11월호에 기고한 글의 내용에서 관찰한 것처럼 아마존 강을 여행하는 사람들 각자가 분위기에 따라 영향을 받는다면, 당시 홀트는 외롭고 생각에 잠겨 우울한 감정을 경험했을 것이다. 왜냐하면 이곳은 어디에서나 늘 밤처럼 어둡고 헤아릴 수 없이 깊은 물과 숲이 있기 때문이다.

우리의 큰 화물선은 서인도 허리케인과의 숨바꼭질에서 이겼다. 이제 잭슨빌을 출발하여 13일이 지난 화물선은 남서쪽에서 흘러오는 가라앉은 갈색 물결을 맞았다. 화물선은 원주민 보트가 가끔 지나갈 때를 제외하면 하루 종일 앞으로 나아갔다. 원주민 보트에는 갈색이나 파란색이나 빨간색 돛이 달려 있어서 선체도 화려할 것 같았다. 우현 난간 너머로는 넓은 진흙탕이 보였고 밤이면 더 어두운 수관(樹冠)도 보였다. 좌현 쪽으로는 수평선을 따라 낮고 검은 선만 있었다. 조타수가 키를 잡아 배는 그 검은 선 끝의 바람 불어가는 쪽을 향해 미끄러졌고, 우리는 숨을 내쉬었다.

익숙한 소금 물보라가 동쪽 무역풍에서 사라졌다. 대신 보이지 않는 젖은 땅, 나뭇잎, 꽃에서 뇌리를 떠나지 않을 정도로 달콤하고 섬세한 매혹적인 향기가 났다. 그동안 낮고 검은 선 위로 흐릿한 붉은색의 달에 나뭇가지들이 번개 모양을 새겼다. 배가 다시 한번 돌 때 파라 주(벨렝 시)의 전등불들이 어둠 속에서 반짝였다. 갑자기 나는 닻사슬이 철렁거리는 소리, 물이 튀는 소리와 함께 우리는 브라질에 도착했다……

이곳에 닻을 내린 또 한 명은 이렇게 쓴다. "노사 세뇨라 지 벨렝 두 그라우 파라(Nossa Senhora de Belem do Grao Para)에서 자정에 누워 있는 것만큼 여행자들에게 흥미로운 상황은 별로 없다.

서쪽 방향으로 온통 어둡고 고요하다. 이곳이 방랑자의 마음을 어찌나 부르는지! 싱구 강 유역의 인디언들은 벌거벗고 있다. 진흙 속에는 악어들이 있다. 멋진 깃털이 난 새들과 신기한 과일들…… 이 모든 것이 원시적인 열정의 힘으로 우리를 끌어당긴다."

1500년에 핀손이 착륙하기 전에 달콤한 물을 한 통 채운 때부터, 특히 오레야나가 스페인으로 돌아가 여성 전사들과 마노아의 황금 도시에 관한 과장된 이야기를 퍼뜨렸던 1543년부터, 이 세상에서 가장 거대한 강은 많은 상상을 불러일으켰다.

템스 강의 구불구불한 부분을 모두 펼쳐도 한쪽 가장자리부터 다른 쪽 가장자리까지 겨우 닿을까 말까 할 정도로 입구가 아주 넓은 강줄기는 덴마크 왕국보다도 큰 섬 하나에서 큰 소리를 내며 흐르고, 매초마다 1억 리터의 흙탕물을 쏟아내 966킬로미터의 바다를 더럽히며 역시 빨리 흐른다. 브라질 사람들은 이 강줄기를 오리우마르(O Rio Mar), 즉 강바다라고 부른다……

일이 다 끝나면 파라의 상인은 상점의 철제 셔터를 내리고, 어둡고 좁은 거리 상가에서 일 걱정으로부터 벗어나 그란지 호텔의 쾌활한 이웃들에게로 달려간다. 이곳에서 젊은 사람들은 공원에서 악단이 연주하는 동안 행진하거나, 만나서 영화를 본다. 여기에서도 미국인들은 오래된 멋진 망고나무 아래의 보도에 놓인 작은 거미발 탁자에 모여 있다.

그러나 우리는 이런 즐거운 생활 방식을 즐길 수가 없었다. 우리는 토요일에 파라의 부두에 도착했지만, 미국 영사 조지 E. 셀처의 친절한 직원들 덕분에 우리의 양식과 장비는 곧 세관을 통해 보내졌고, 우리는 다음 날 아침 아마존 강 탐사 회사가 있는 벨렝에서 배를 타고 마나우스로 떠났다. 우리가 탄 두 개의 스크루를 갖춘 대형 3층 갑판선은 뱃머리가 날카롭지 않고 뒤쪽은 사각형으로서 네덜란드인들이 아마존 여행자의 편의를 위해 완벽하게 설계한 선박이었다. 우리가 배에 탔을 때 갑판 위는 사람들로 북적거렸다. 그러나 경적이 울리자 여기저기서 서로 등을 두드리고 몇몇은 눈물 흘렸고 많은 사람들이 작별 인사를 나누었다. 그리고 혼잡한 상황이 가라앉자 승객 몇 명만 남았다. 우리나라에서처럼 이곳에서도 "좋은 여행을"은 의식적인 인사이지만, 모든 여행이 배를 타야 하고 도시 간을 이동하는 데도 몇 시간이 아니라 며칠이 걸리는 지역이기 때문에 더 그럴 것이다. 예를 들어 파라부터 마나우스까지 여행하는 데도 북대서양을 항해하는 것보다 시간이 더 걸린다……

우리는 해가 지기 바로 전에 브레비스 해협으로 갔다. 이 해협은 파라 강 어귀와 아마존 강 사이에 있는 깊고 좁으며 구불구불한 수많은 해협들 중 하나이며, 조수는 이곳들 사이를 헤치고 빠지다가 밀려오다가 하면서 육지를 수많은 밀림 섬으로 나눈다. 이곳에서 우리는 작은 곳에 배를 대고 보일러에 쓸 나무를 구했다.

이 철로 된 밥통 같은 보일러에 나무가 너무 많이 필요하기 때문에, 목재 담당 부서는 저지대의 전형적인 기관이 되었고 처음 이틀 동안 증기선이 멈추는 이유는 모두 이 나무 때문이었다. 매시간 때로는 밤늦게까지 구릿빛 상체를 드러낸 남자들이 땀을 흘리며 두꺼운 판자 위로 끝없이 연이어 뛰어다니며 철제 갑판에서 쿵쿵 소리를 울리며 나무 막대 열 개씩을 날랐다……

배 한 척이 이렇게 많은 나무를 쓴다면 1852년에 최초의 증기선이 아마존에 노를 저어갔을 때부터 이 길을 왕복한 수백 척의 배들은 모두 얼마나 썼을까? 그러나 벌채, 심지어 목재 담당 부서 자체도 바로 그 물이 흘러나오는 녹색 벽에 거의 구멍을 뚫지 못했다. 해협 주위에 무질서하게 흩어져 있는 초가집은 질투심 많은 숲이 땅을 내주지 않기라도 했는지 강 가장자리의 나무 더미 위에 서 있다. 자연은 헐벗은 땅이 조금이라도 있는 것을 허용하지 않는다.

맹그로브는 한동안 살면서 무성한 큰 아룸을 비롯한 수생 식물들과 번갈아가며, 시대를 잘못 태어난 듯한 호아친*이 좋아하는 기슭의 덩굴을 이룬다. 이 덩굴 뒤에는 우아한 아사이 야자수나 절대적으로 필요한 미리티 야자수가 무성하게, 때로는 끝없이 펼쳐져 있다. 그러나 둘 다 놀랍도록 복잡한 숲의 한 구성 요소일 뿐이다. 이 숲에는 무화과나무, 세크로피아, 고무나무, 백 종의 단단한 나무가 있다. 크고 작은 나무들의 하얀 나무줄기들은 교수대 밧줄에 하

★ 아마존에만 거주하는 새로, 특이하게도 새조새처럼 날개에 발톱이 달려 있다.

얀 해골이 매달려 있듯이 그물처럼 엉켜 있는 열대 덩굴 식물 속에 빛난다.

이 모든 식물 위로 솟아 있는 거대한 케이폭나무는 연자주색 보석이 달린 것 같은 나뭇가지를 태양을 향해 넓게 뻗고 흔든다. 케이폭나무는 나무의 제왕이지만, 다른 나무들처럼 덩굴의 노예이다……

아마존에 처음 오는 사람은 아무리 많은 여행서를 읽어도 현실을 결코 대비하지 못한다. 처음 오는 사람은 분위기에 영향을 받는다. 그는 푸른색과 갈색 사이를 가로막는 기슭의 흐릿한 가는 선이 전혀 없는, 먼 수평선 쪽으로 눈을 돌려서 넓은 이 대륙을 방랑하는 상상을 할 수도 있다. 이 대륙에서는 태평양이 보이는 곳에 있는 안데스 산맥의 눈에서 강이 흐르기 시작한다. 또 그는 이곳의 깊이를 보고 진흙만 볼 수도 있다. 나는 너무 많은 물, 너무 많은 식량, 권태로운 날씨, 그리고 이 모든 것이 합쳐져 불가피하게 나타나는 결과에 영향을 받는다. 그러나 우리는 갑판 위에서의 시원한 저녁이나 열대 지방과 사막만이 만드는 일몰의 장관을 놓친 적이 없었다.

모두가 책 속에서 많이 읽은 거대한 뱀, 재규어, 원숭이, 화려한 깃털이 달린 새를 놓친다. 1.6킬로미터 떨어진 숲속의 동물들은 달에 있는 것이나 마찬가지일 것이다! 좁은 수로와 더 좁은 수로에서 앵무새와 마코앵무새가 시끄럽게 우는 소리를 들을 수도 있지만 이 새들이 머리 위에서 날지 않는다면 아무것도 보지 못한다. 그리고 강기슭에 간다면 어디에서 어떻게 봐야 하는지 모르는 한 야생 생물들은 피해 다닐 것이다. 곤충 외에는 전부 그럴 것이다! 잎이 2미터 40센티미터나 되는 거대한 접시 같은 큰 수련도 외떨어진 늪에서 숨는다……

브라질 - 베네수엘라 국경 위원회는 마나우스에 모였고, 이곳에서 홀트와 일행은 작은 증기선으로 갈아타고 소형선대와 합류하여 네그루 강을 건너 카우아부리 강과의 합류점에 갔다. 이곳에서는 예루살렘 섬이 기지 역할을 했다. 그들은 그곳에서부터 작은 마투라카 강까지 계속 거슬러 올라갔다. 마투라카 강 근처에는 국경이 코르질에이라 단층지괴 꼭대기를 따라 펼쳐졌다.

마투라카 강은 샛강 정도에 불과한 저지의 강으로서 코르질에이라 단층지괴 기슭의 작은 언덕들과 외진 돌출부들 사이를 이리저리 구불구불 흐른다. 좁은 수로는 U자형 급커브, 여울, 깊은 웅덩이, 작지만 사나운 급류가 이어지며 통나무와 나뭇가지들로 막혀 있어서 배 앞에 도끼를 든 사람들을 둘 필요가 있었다.

우리가 카우아부리 강에서 육로를 항해했다면 이곳에서는 숲을 항해했다! 우리 머리 위로 나무 꼭대기들이 거의 맞닿아 있으며 햇빛 가득한 카우아부리 강의 맨질맨질한 조약돌들 대신 이끼로 덮인 큰 돌들이 보인다. 그러나 이 어둑어둑한 곳에서는 예루살렘 섬에서부터 내내 우리를 쫓아다녔던 먹파리[흡혈각다귀] 떼로부터 잠시나마 벗어났다. 우리는 마투라카강 어귀 바로 안에서 이 여행 중에 유일하게 미개한 인디언들의 흔적을 보았다. 개울을 가로질러 어린 나무로 만든 오래된 다리가 놓여 있었다.

점심 휴식시간 대부분에 늘 하는 것처럼 나는 어느 날 정오에 물가로 가서 오른쪽 기슭의 멋진 숲에서 사냥을 했다. 곧 나는 열대림의 평상시의 정적과는 대조를 이루는 여러 종류의 기묘한 새들을 발견하고 온 정신을 집중하여 계속 지켜보다가 표본 사진을 회수할 수 있게 되자마자 금방 뒤쫓아갔다.

한 원정대 지도자의 초상 : 어니스트 홀트가 브라질—베네수엘라 국경에서 채집한 새들에 이름을 붙이며 스미스소니언 자연사박물관에 보내기 전에 크기를 재고 있다.

결국 나는 그날 남은 시간 동안 채비할 수 있는 만큼 많은 새들을 확보하고 나서 배로 돌아가기 시작했지만 문득 어디로 가야 할지 모른다는 사실을 깨달았다.

숲속에 오래 있다가 백주대낮에 길을 잃었다고 하면 우스워 보일지도 모르지만 그때 상황은 우습지 않았다. 나는 이 저지대가 개울들과 열십자로 얽혀 있을지라도 마투라카 강을 확실히 알아볼 수 있다고 생각했지만, 많이 구부러져 있어서 정확히 내가 온 방향대로 걸어가지 않으면 마투라카 강에 도착할 수 있다고 보장할 수 없었다. 또 내가 다시 마투라카 강 기슭에 서 있다면 어느 방향으로 가야 할까? 위원회가 지나가면서 도끼로 찍은 표시가 있을지도 모른다. 그러나 없을지도 모른다. 우리 배가 거슬러 올라가고 있는지 내려가고 있는지를 무엇으로 알 수 있을까? 그리고 내가 강을 제대로 찾지 못한다면 그 다음에는 어떻게 될까? 가장 가까운 카보클로(caboclo,

백인과 인디언의 혼혈/옮긴이)의 집은 최소한 80킬로미터 떨어져 있다. 길 없는 습지 밀림을 통과해서 그 정도 거리를 가는 건 방향을 안내할 나침반이 있어도 불가능한데 이때는 나침반도 없었다. 위원회는 오래전에 지나간 것이 분명하고, 나는 오는 길에 부러진 나뭇가지를 남기지 않아서 내 몇 안 되는 일행이 나를 결코 찾아올 수 없다는 사실도 분명했다.

내게는 성냥도 없어서 연기를 피울 수도 없었다. 나는 총으로 신호를 울렸지만, 숲속에 너무 깊이 있어서 이 총소리가 숲 밖에서 들리지 않는다는 사실을 알았다.

나는 이리저리 수색하며 내가 온 길을 찾으려고 노력하다가, 맥박과 호흡이 점점 빨라지고 입 안이 마르는 것을 느꼈다. 공황 상태에 빠지는 것을 피하기 위해 앉아야 했다.

내가 이 일을 자세히 설명하는 것은 교통경찰이 길을 가르쳐주지 않는 곳에서 길을 잃는다는 것이 어떤 의미인지 한 번도 생각해본 적이 없을 사람들을 위해서이다. 잔인한 야수나 커다란 뱀이 몰래 숨어 있다가 갑자기 달려들어 가차 없이 사람 목숨을 앗아간다거나 그보다는 서서히, 하지만 더 끔찍하게 독이 퍼지게 된다거나 하는 밀림의 통상적인 공포는 내게 아무 의미가 없었다. 왜냐하면 그런 것들은 전부 공상에 잠긴 작가들의 상상 속에서만 위험하다는 것을 나는 알고 있었기 때문이다.

그러나 나는 축축한 숲 바닥이 차갑고 기운을 빠지게 한다는 것을 알고 있었다. 속이 쓰려 아플 정도로 배가 고픈 상태에서 밀림 속을 뚫고 길을 찾는 비통한 심정과 더 이상 고통을 느끼지 않을 때 계속되는 피로감도 잘 알고 있었다. 열대림에는 배고픈 사람이 따 먹을 수 있는 과일이 풍부하다는 잘 알려진 생각이 얼마나 덧없는 것인지도 잘 알고 있었다. 마쿠스족에 대한 공포는 떠오르지도 않았다. 마쿠스족의 빠른 화살에 맞아 죽으면 갑작스러운 사고 같아서 두렵다는 생각조차 없을 것이다. 그러나 '굶주리고 점점 힘이 약해져서 결국 개미가 입과 눈에 붙어도 날려버릴 힘조차 남지 않는다면' 하는 생각이 정말 무서웠다.

물론 나는 결국은 강으로 돌아가는 길을 찾고 우리가 그날 아침 지난 지점을 확인하여 개울을 따라가서 배에 도착했다. 내 옷에는 찢어진 부분이 없었고 내 손과 얼굴에는 눈에 띄는 상처도 나지 않았으며 아무 일 없다는 듯이 잡은 새들을 담은 내 가방을 내려놓아서 눈이 예리한 인디언들까지도 깜빡 속았다. 인디언들이 글을 읽는 법을 배우지 않기만을 바랄 뿐이다……

위원회의 임무는 국경이 코르질에이라 단층지괴의 분수령을 따르는 국경선의 중심 언덕의 위치를 찾고, 그 분기점을 측량하고 표시하는 일이었다. 평평해 보이는 평원에서 솟은 분리된 산봉우리, 언덕 산들의 미로 속에서 그 분기점이 어디 있는지 결정하는 것은 꽤 큰일이었다. 탐험대가 곧바로 보내져서 코르질에이라로 가는 길을 열었고 물론 우리는 그들 바로 뒤에 갈 것이었다. 그렇지만 엔지니어들이 산꼭대기 위의 나무들을 쓰러뜨리고 천측구를 세워 우리가 이 지역을 파악할 수 있도록 하기 전까지는 출발할 수 없었다.

울퉁불퉁한 봉우리들과 코르질에이라 단층지괴의 아래 부분이 끝없이 북동쪽으로 뻗으며 줄지어 솟아서 마지막에는 많은 구름 아래의 수평선, 수백 킬로미터의 미지의 땅으로 사라졌다. 반대 방향에는 꼭대기가 평평한 산과 수많은 언덕과 산마루가 여기저기에 있었다. 그 모습은 마치 부서진 기둥의 파편처럼 코르질에이라 단층지괴에서 던져진 것처럼 보였다.

북서쪽으로 80킬로미터 떨어진 곳에는 피에드라 델 쿠쿠이(Piedra del Cucuy) 바위의 화강암 조각이 솟아서 끝없는 평원에서 두드러져 보였다. 그러나 무엇보다도 인상적인 것은 사방으로 우리 눈으로 볼 수 있는 곳까지 끝없이 펼쳐진 광대한 숲이었다. 카펫 아래의 벽돌 부스러기처럼 숲 아래에 둥글게 솟은 산을 제외한 모든 것을 숲은 감추었다.

나는 처음으로 엔지니어들의 전망대에 올라갔을 때 이 원정에서 가장 큰 전율을 느꼈다. 노란색과 검은색이 섞인 열대 핀치(어떤 조류학자는 잘못 알고 카나덴시스canadensis라고 이름을 붙였다) 한 마리를 잡았으며, 부리가 산호색인 암청회색의 큰 밀화부리에게 살그머니 다가가다가 너무 놀라서 그 자리에 얼어붙었다. 그러나 신기한 것을 보면 무의식적으로 스냅 사진을 찍는 것처럼 오른손 집게손가락이 자동적으로 움직여 총을 쏘았으며 내 총소리에 놀라서 정신을 차릴 때에는 믿을 수 없는 동물이 땅에 쓰러져 있었다. 나는 12년 동안 꿈꾼 것이 갑자기 실현되었다는 사실을 감히 믿을 수가 없어서 머뭇거렸다. 곧 나는 이 세상에서 가장 아름다운 새를 집어 들었다. 내가 쏜 것은 바위새였다. 바위새는 깃털이 불꽃 같이 화려하고 아름다운 새로서, 두 겹의 볏이 로마 투구의 가운데 솟은 부분처럼 부리 끝에서부터 후두까지 걸쳐 있다. 수컷이 이렇게 화려한 색이다. 암컷은 갈색으로 새침하며, 암컷의 볏은 수컷의 볏을 연상케만 할 정도로 작다.

바위새는 겁이 많으며, 기아나 고지대의 특정한 고립된 언덕과 낮은 산골짜기를 서식지로 정했다. 이 지역에는 백인들이 거의 들어가지 않으며 소수의 인디언들만 거주한다. 우리는 그밖에도 여러 표본을 잡았으며, 크고 둥근 돌의 쪼개진 맨 표면에 붙어 있는 울새의 둥지와 비슷한 둥지 하나도 찾았지만 그 둥지는 비어 있었다……

원정대가 현지에서 가능한 많이 식량 공급을 확보하는 것은 바람직한 일이다. 아마조니아에서는 카사바 녹말이 콩과 쌀과 함께 주식이 되고 원숭이 고기도 물론 허용된다. 그러나 우리는 소위 조류학을 전공했기 때문에, 우리 사이에서는 앵무새와 큰부리새를 섞은 희귀한 요리나 팔색조를 조금 넣어 맛을 낸 티나무(tinamou) 스튜가 자연스럽게 유행이 되었다. 사실 가죽을 보존해놓은 후에는 소량의 음식을 만들 정도의 몸집이 되는 모든 새의 고기를 냄비 안에 넣었다. 우리가 채집한 모든 것을 가능한 전부 이용했다……

어느 날 한 사냥꾼이 작지만 멋진 밀림 동물인 큰살쾡이〔재규어런디〕 한 마리를 가져와서 아고스티니가 맡았다. 지금의 나는 표본의 가죽을 벗기고 몇몇 현대 광고의 핵심이라 할 수 있는 냄새를 부득이 맡으면서 다음 식사는 생각하지 않는다. 나는 이 동물 시체를 보고서 설마 이것이 식탁에 오를 것이라고는 생각하지 않았다. 그러나 분명히 아고스티니는 이 동물의 단단하고 하얀 살코기에 흥미를 느껴서 놀랍게도 저녁으로 이 고기를 먹자고 제안했다. 그가 나를 구슬려 설득하려 했음에도 나는 곧바로 단호하게 싫다고 했다. 그러나 우리의 브라질 요리사가 배신을 하고 그의 편에 섰다. 그날은 하루 종일 바빴기 때문에 우리 모두 배가 고팠고 저녁으로 요리사는 매혹적인 소테(saute)를 내놓았다. 내가 큰살쾡이를 기억해냈을 때는 이미 실컷 먹고 난 이후였다.

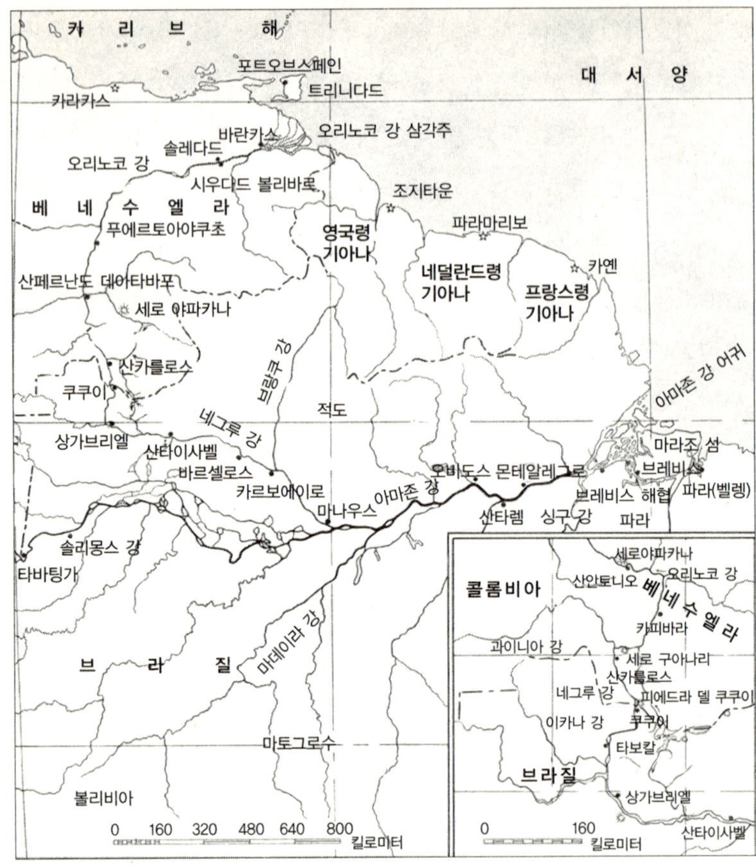

홀트의 원정대는 브라질 파라(오른쪽)에 도착해서 증기선을 타고 마나우스에 간 후 북쪽으로 네
그루 강으로 가서 수많은 정글의 강들을 통과하여 오리노코 강(왼쪽 상단)으로 향하는 길에 자연
사 표본을 채집했다.

나는 금방 보복할 수 있었다. 우리가 상가브리엘(Sao Gabriel)의
진흙 오두막에서 즐겁게 지내는 동안, 나는 인디언 아이들이 내 창
문 아래에서 땅속 굴에서 나와 혼인비행을 시작하는 커다란 사우바
(sauba)개미를 잡아 꿈틀거리는 채로 흙단지에 넣는 것을 지켜보았
다. 아이들은 내 질문에 당황했든지 잘 알아듣지 못했든지 낚시 미

끼로 쓰려고 개미를 잡는다고 말하고는 도망갔다. 얼마 지나지 않아 한 인디언이 들어와서 진짜 숲에 사는 사람다운 친절함으로 음식을 담은 호리병박을 건넸다. 웃으면서 받아보니 호리병박의 반은 튀긴 개미로 차 있었다! 날개는 잘려 있었지만 다리는 모두 그대로 붙어 있었다.

우리의 인디언 이웃이 친절한 마음으로 별미를 우리에게 가져왔으니까, 우리는 꼭 이것을 먹어야 했다. 실험을 좋아하는 내 조수들에게 새로운 음식을 즐기는 것보다 더 어울리는 것이 무엇이 있을까? 사실 내가 조수들에게 강요했다. 각자가 2.5센티미터가 넘는 큰 사우바개미 한 마리씩을 조심스럽게 입 안에 넣고 씹기 시작했다. 아고스티니는 천천히 생각에 잠기며 씹더니 결국 남은 부스러기를 입에서 빼고 재판관 같은 목소리로 말했다. "맛이 괜찮긴 하지만 좀 신맛이 강해서 제 입에는 맞지 않습니다." 한편 블레이크는 예의를 차리지 않고 다리와 껍질이 엉킨 것을 뱉더니 다음과 같이 내뱉었다. "음, 솔직히 말해서, 개미를 먹는 것은 너무 벅차네요!"……

결국 우리는 오리노코 강 하류의 시우다드 볼리바르(Ciudad Bolivar)에 도달했고, 선창에 우리 표본들을 안전하게 넣어둔 채 포트오브스페인(Port-of-Spain)과 집을 향해 하류로 배를 타고 갔다.

우리는 아마손 강 어귀 중 한 곳에 들어가, 계속 내륙의 수로도 지구 최대의 밀림을 통과하여 4800킬로미터를 항해하고 나서 곧 오리노코 강 어귀 36곳 중 한 곳 옆을 출발했다.

우리는 아마존 강과 오리노코 강을 샴쌍둥이처럼 연결하고 기아나 고지대를 그린란드를 제외하고 지구에서 가장 큰 섬으로 만든 이상한 수로인 카시쿠이아르 운하를 횡단했다. 우리는 비에 젖은 산

위에 서 있었다. 이 산을 밟은 백인은 이전에 없었다. 이제 우리가 발자국을 남기고 떠났다.

다른 승객들은 이미 잠자리에 들었다. 우리 세 명만 어두워진 갑판 위에 남아 난간 위로 밤의 풍경을 보았다. 우리가 그렇게 오랫동안 여행한 강의 남은 모습까지 놓치고 싶지 않았다.

그러나 우리가 볼 수 있는 것은 거의 없었다. 하늘에 달도 뜨지 않았고 매년 이 시기에는 삼각주의 대농장을 태우기 때문에 바다 쪽으로 연기가 장막을 드리워서, 보통 열대 하늘에서 아주 가까이 반짝반짝 빛나는 별조차 가렸다. 옆쪽은 캄캄했고 우리 바로 앞쪽은 해협의 희미한 은빛과 그 측면을 지키는 물에 반쯤 잠긴 맹그로브의 잉크처럼 까만 두 줄만 보였다. 단색의 해오라기와 번쩍이는 진홍색 따오기는 승객들 대부분과 마찬가지로 잠이 들었고, 개구리, 큰 악어, 맹그로브 뿌리 주위에서 헤엄치는 꽃발게 떼가 망을 보았다.

소리 없이 증기선이 지나갔다. 증기선은 물살에 뿌리 끝이 흔들리는 가장 튼튼한 맹그로브가 도달한 가장 먼 지점을 지나, 오리노코 강에서 미끄러져 곧바로 성난 물살을 맞았다. 바닥이 평평하고 가로 들보가 넓은 이 증기선은 앞뒤로 흔들리며 맹렬히 쉿쉿 소리를 내기 시작했고, 배에 실린 수송아지들은 아주 놀라서 갑자기 트리니다드의 도살 우리에서 곧바로 죽을 운명이라도 느낀 것처럼 큰 소리로 울어대기 시작했다.

맹그로브의 낮은 가장자리도 열대 지방의 밤의 전체 어둠 속에 멀어졌다. 이제 우리의 마지막 끈은 끊어졌다. 우리는 슬픈 마음으로 침상에 돌아갔다.

세계에서 가장 높은 폭포로 가는 밀림 여행

JUNGLE JOURNEY TO THE WORLD'S HIGHEST WATERFALL

루스 로버트슨(1905~1998)

루스 로버트슨은 알래스카에서 제2차 세계대전 특파원으로 일하면서 미지의 땅에는 좋은 이야깃거리가 있다는 사실을 알게 되었다. 그래서 로버트슨은 베네수엘라의 미국 조종사들에 대한 인물평을 쓸 기회를 잡아 『뉴욕 헤럴드 트리뷴 *New York Herald Tribune*』의 전망 없는 일자리를 그만두고 카라카스로 갔다. 로버트슨은 미국인들 대부분이 베네수엘라에 대해 거의 아는 것이 없거나 아예 모른다는 사실을 깨닫고 그곳에서 겪은 이야기를 팔면 생계를 유지할 수 있겠다고 생각했다. 그곳은 미지의 땅이기도 했다. 카라카스에서 남쪽으로 800킬로미터 떨어진 곳에 위치한 그란사바노는 사람들이 거의 탐험하지 않았으며 아서 코난 도일 경이 『잃어버린 세계 *The Lost World*』에서 공룡과 원시인이 현재에도 살고 있는 곳으로 묘사할 만큼 영감을 얻은 지역이다. 크고 안개에 싸인 암석 대지 위의 2400미터 높이의 고원을 제외하면 모든 지역이 열대림에 가려 있었다.

곧 로버트슨은 이 잃어버린 세계 어딘가에 1.6킬로미터 높이의 절벽에서 떨어지는 폭포가 있다는 이야기를 들었다. 많은 사람들은 이 이야기를 무시했지만, 로버트슨은 전설적인 미개척지 비행사 지미 엔젤을 만나, 그가 금을 찾는 임무로 비행을 하다가 멋진 폭포가 신비한 협곡 입구의 넓은 대지 가장자리로 쏟아지는 광경을 보았다는 말을 들었다. 로버트슨은 바로 사진기자로서의 본능이 치솟는 것을 느꼈지만, 은빛 리본이 떨어져 무지갯빛 안개로 흩어지는 모습을 작은 비행기의 창문을 통해 직접 본 후에야 위에서 '생색내는 듯 내려다보는' 광경뿐만 아니라 아래쪽에서 본 광경까지 촬영하겠다고 결심했다.

그래서 피오리아 출신으로 키가 150센티미터밖에 안 되고 검은 머리에 은발이 섞인 44세의 루스 아그네스 맥콜 로버트슨이 엔젤 폭포(Angel Falls)의 가장 아래쪽에 가는 첫 원정대를 계획하고 이끌어, 이 폭포가 세계에서 가장 높은 폭포라는 사실을 증명했다. 로버트슨은 경로의 일부를 앞서 정찰한 안내인 알레한드로 라이메, 정부가 파견한 무전기 기사 엔리케 고메스, 무비카메라 촬영기사 어니스트 니, 측량기사 페리 라우리, 그리고 페몬족 인디언 열 명과 함께 1949년 4월에 출발했다. 페몬족 인디언들은 아우얀 테푸이(Auyan-tepui, 악마산)를 경외감으로 지키며 추룬 강 협곡 아래에 가본 적이 없었다. 이 아우얀 테푸이 대산괴에서 엔젤 폭포가 시작된다. 다음 발췌문의 시작에서 이 원정대는 이미 노를 저어 강에 간 후에 폭포의 맨 아래쪽으로 가는 길을 떠나고 있다.

이 여정의 둘째 날 나는 말할 수 없이 피곤했다. 더 이상 가벼운 배낭을 메고 통나무나 바위 위로 오를 수가 없을 것 같았다. 비가 잠시 그쳐 햇빛이 밀림 속의 작은 틈새 여기저기를 뚫고 비추었다. 숨이 막힐 듯이 더웠다. 나는 숨을 쉬기 위해 점점 더 자주 멈춰 서야 했다.

우리는 협곡 벽에 떨어지는 여러 폭포에서 흘러드는 수많은 개울을 건넜다. 이 개울물은 얼음처럼 차갑고 신선하며 별 맛이 없었지만 이 길에서 쉬는 이 순간에는 어떤 감미로운 음료도 이보다 더 맛있을 수는 없었다.

점심은 어떤 동물이 몸을 피하던 곳으로 보이는 바위에서 먹었다. 적어도 이곳은 축축하지 않았다. 양말을 짜서 드물게 햇볕이 드는 곳의 관목 위에 걸어 두었다. 양말에서 김은 났지만 마르지는 않았다. 라이메가 설탕을 좀 먹으라고 해서 에너지를 얻기를 바라며 그렇게 했다.

우리의 진행 속도가 더딘 것에 라이메는 점점 낙담하고 있었다. 그 자신은 인간 발전기였다. 그의 에너지는 결코 바닥이 나지 않는 것 같았으며 하루 일정을 마칠 때쯤에도 그는 여전히 생기 넘쳤다.

양쪽의 협곡 벽이 점점 좁아졌기 때문에 우리 목표 지점에 가까이 가고 있다는 걸 알게 되었다. 그리고 이전에 폭포를 찍은 항공사진에서 알아본 둥근 만곡부를 한 공터 앞에서 볼 수 있었다. 거리만 봤을 때는 결코 먼 곳이 아니었지만, 길을 따라 가려면 쓰러진 나무들과 흙사태 현장을 넘어 힘들게 느린 속도로 수백 년은 가야 했다. 엔리케와 나는 그날 속내를 서로 털어놓고 다음에는 콘크리트 고속도로가 깔리면 이 협곡으로 여행을 하기로 결정했다!

그리고 이제 더 이상 한 발사국도 갈 수 없을 것 같았을 때 위에서 누군가 외치는 소리가 들렸다. 처음으로 본 폭포!

만곡부를 돌고 나니까 멀리 우리의 목표 지점이 보였다. 이것이 우리 영혼에 어떤 영향을 주었는지 설명할 방법이 없다. 우리는 정면을 보지는 못하고 북동쪽에서 측면을 보았는데, 바위의 노두(露頭)가 시야의 아랫부분을 가렸다. 그럼에도 불구하고 보이는 광경은 넋이 나갈 정도였다. 이제 우리는 실제로 그곳에 갈 수 있다고 생각했다. 우리는 더 가까이 가는 데 대찬성했지만 라이메는 우리에게 텐트를 치고 다음 날 정찰하러 가서 텐트를 치기 더 좋은 곳이 있는지 보자고 현명하게 충고했다.

그후 그날 오후에는 별로 한 일이 없었다. 추룬 강 바위 위를 걸어가 서서 장엄한 광경을 황홀하게 쳐다보는 것은 너무나 멋진 일이었다. 내가 전에 비행기를 타고 10초간 본 풍경과는 전혀 달랐다.

인디언들은 밤을 보낼 오두막 한 채를 짓기 시작했다. 인디언들이 손도끼를 찍는 소리, 부드러운 땅에 장대를 박는 소리, 지붕을 만들기 위해 야자수나 다른 큰 나무의 잎을 자르는 소리 등 고마운 소리가 들렸다. 곧 불을 지펴서 옷을 말릴 수 있었다. 오랜 여행으로 몸이 뻣뻣해지고 쑤시고 아팠다. 게다가 나는 몸이 멍들고 긁혔으며, 썩은 나무 위를 뛰어다니고 잎이 쌓인 땅에 곤두박질치느라고 바지는 십여 군데 찢어지고 지저분해졌다.

허리에 빨간색 천을 간단하게 두르기만 한 우리 인디언 라파엘은 발바닥을 베인 상처가 심해서 우리가 도착한 직후 내게 왔다. 나는 술파 크림을 상처에 발라주었고 페리가 상처 부위를 단단하게 붕대로 묶었다. 역시 맨발을 조금 베인 인디언 여자도 와서 우리는 똑같이 치료를 해주었다.

우리는 피곤했지만 밤늦게까지 자지 않았다. 우리는 모닥불에서 찻잔을 들고 물가의 바위에 가서 앉았다. 마치 신호라도 받은 듯이 7시쯤에 주황색 보름달이 떠올라 어두운 협곡 벽이 조금은 밝아졌으며, 폭포들은 가운데 쪽으로 은빛 줄무늬를 그리며 희미하게 반짝였다. 우리가 이번 여행에 아무리 고생했어도 이 순간이 그 고생 전부를 가치 있게 만드는 것 같았다. 페리는 우리가 폭포에서 3.2킬로미터 떨어진 곳에 있다고 말했다. 엔리케는 그날 밤 우리의 메시지를 전송했다. 그는 듣고 있는 사람들에게 우리가 목표 지점을 보고 있다고 말했다.

5월 12일 정오에 마침내 나는 엔젤 폭포 맨 아래의 앞에 튀어나온 마지막 바위에 올라갔다.

몇 시간 동안 우리는 우리 있는 곳에서 거의 1.6킬로미터 위의 꼭대기에서 떨어진 엄청난 바위들 때문에 고생했다. 우리는 폭포 소리를 들을 수는 있었지만 밀림의 나무들 때문에 하나도 볼 수 없었다.

마침내 11시쯤에 나는 가장자리 근처에서 쏟아져 내리는 폭포의 꼭대기를 볼 수 있었디. 나는 다시 울창한 숲으로 들어가서 그 방향으로 올라갔다.

폭포 맨 아래 앞에 튀어나온 바위는 마치 우리 앞의 장엄한 장관을 보라고 누군가 만들어놓은 것 같았다. 협곡 가장자리 몇십 센티미터 아래의 삐죽삐죽한 바위들 사이로, 폭포는 어느 것에도 방해받지 않고 800미터 이상 떨어졌다. 이 폭포 소리는 다른 모든 소리를 잠재웠고, 바람이 폭포를 채서 골짜기 아래로 날려 보내면 폭포가 나선형으로 휘돌았다. 이따금 우리가 앉아 있던 바위까지 폭포가 소용돌이칠 때는 온몸이 젖었다.

폭포 뒤에는 설명할 수 없는 장관을 보여주는 엄청나게 큰 원형 무대가 있다. 내가 알기로는 우리가 이 바위에서 이 광경을 처음으로 본 사람들이었다. 이 바위들은 폭포뿐만 아니라 우리가 올라온 골짜기 전체를 바라보는 위치에 있었다. 우리는 추룬 강의 구불구불한 녹색 길을 더 깊이 볼 수 있었고 우리가 야영지로 정한 3.2킬로미

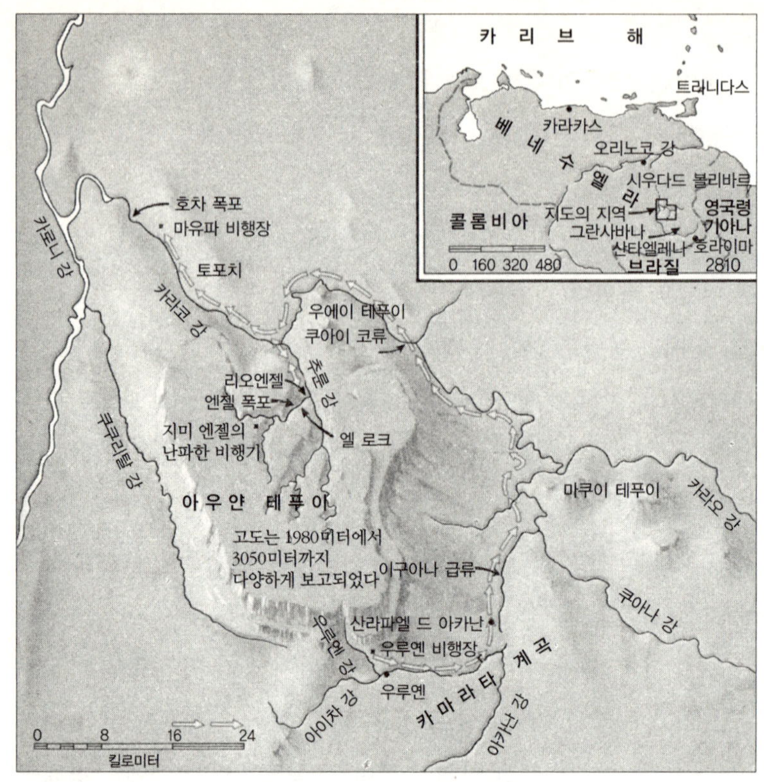

세계에서 가장 높은 폭포인 엔젤 폭포는 꼭대기가 평평한 암석대지, 아우얀 테푸이의 가장자리에서부터 979미터 아래까지 떨어진다. 이 폭포는 밀림에 가려 있고 베네수엘라 오지의 아주 깊은 곳에 위치해서 1949년까지는 폭포의 바닥까지 간 원정대가 없었다.

터 떨어진 바위가 많은 작은 물가도 볼 수 있었다.

페리는 잠깐 본 후에 서둘러서 폭포 측량 작업을 시작했다. 라이메는 기준선 지점을 찾는 페리를 도우러 갔다. 나는 풍경에 매료되어 바위에 앉아 있었다. 올드 레야는 근처에 책상다리를 하고 앉아 있었다. 그는 덤덤한 표정으로 내게 만들어준 갈대 돗자리를 향해 고개를 숙이고 있었다.

우리가 그날 아침 캠프를 떠나기 전에 인디언들은 붉은색 물감으로 온몸을 칠하고 내게 왔었다. 그들은 붉은색 물감과 거울을 가져와서 나도 '영혼들에게 나를 보이지 않게' 할 것인지 물었다. 나는 정중하게 내 얼굴에 원과 화살을 그렸다.

결국 우리는 이 무대의 박스석을 떠나 다음 폭포들과 이 폭포들을 추룬 강과 연결하는 작은 강을 보기 위해 다른 방향으로 향했다……

"누구 미신을 믿는 사람?" 다음 날 아침에 페리가 알고 싶어 했다. 그날은 5월 13일 금요일이었다. 페리와 라이메는 체인 테이프를 댈 기준선을 파기 충분한 인원의 인디언들과 함께 일찍부터 측량을 시작했다. 두 사람이 출발했을 때는 사진을 찍기에는 비가 너무 많이 오는 것 같았기 때문에 나는 캠프장 주위에서 빈둥거리며 우리가 목표를 달성했다는 사실을 실감하고 즐겼다. 그런 성취감으로 긴장이 풀려서 아침식사 후에 처음으로 해먹으로 되돌아가 두 시간을 더 잤다.

13일의 금요일에 운 나쁜 사건 두 가지만 일어났다. 침을 쏘는 큰 개미 한 마리가 내 양말 위로 올라왔지만 물리기 전에 떼어냈다. 정오에는 엔리케가 땅 위에 앉아서 식사를 하고 있을 때 큰 타란툴라가 아주 가까운 거리까지 기어왔다. 이 타란툴라가 밀림에서 나와 빠른 속도로 엔리케를 향해 가는 무시무시한 모습을 라이메와 나는 동시에 보았다. 엔리케는 수프 한 방울 흘리지 않고 문자 그대로 단숨에 일어섰다. 라이메가 모닥불에서 가져온 막대기로 타란툴라를 죽인 후에 엔리케는 수프를 옆으로 치웠다. 그는 식욕을 잃었고, 나는 당연하다고 생각했다. 나는 캠프장 주위에서 끈 샌들을 신지 말아야겠다고 마음속으로 다짐했다.

페리에게는 하루 더 할 일이 남았다. 그는 협곡 바닥의 가능한 모

밀림의 밤. 오랫동안 축축한 초목들을 헤치고 비에 젖어 며칠씩을 지낸 후에 모닥불은 언제나
반가웠다. 원정대원들은 불 앞에서 몸을 녹이며 신발을 말리고 커피가 끓기를 기다릴 수 있다.

든 지점에서 각도를 재야 했다. 무거운 경위의(經緯儀)와 다른 필요
한 장비를 모두 들고 물살이 빠른 추룬 강을 걸어서 반대쪽으로 가
는 것은 어려운 일이었다.

아침 방송 시간에 축하 메시지가 나왔다. 우리는 이틀 후에 새 활
주로에 소형 비행기를 준비해달라는 말을 전했다. 무전기 장치는 내
가 생각한 것보다 이번 원정에 훨씬 더 중요한 역할을 했다. 이 무전
기 장치가 있었기 때문에 이 '잃어버린 세계' 같은 고립된 지점에서
이런 준비를 할 수 있었던 것이다.

5월 15일 일요일, 우리는 5시에 일어나서 협곡을 떠나는 여행을 준비했다. 이날은 어니의 생일이었다. 인디언들과 라이메가 야영장을 정리하고 배낭에 짐을 모두 꾸리는 동안 나는 전날 세운 계획을 실행하기로 결심했다. 나는 라이메에게 혼자 앞서서 가겠다고 말했다. 나는 한발 앞서서 출발하니까 유리할 것이라고 설명했다.

나는 우리 일행이 이삼 분 후에 따라 올 것이라고 확신하며 6시에 즐겁게 야영장에서 출발했다. 길은 따라가기 그렇게 어렵지 않아서 잠시 길을 잃어도 조금만 돌면 금방 밝게 빛나는 덤불을 찾을 수 있었다. 그러나 30분이 지나자 밀림 속에 혼자 있다는 생각이 나를 짓눌렀다. 조금씩 내리는 이슬비와 젖은 잎사귀들에 내 살갗까지 젖었다.

주위에 아무도 없을 때 밀림은 어찌나 무시무시하던지! 갑자기 딱딱 하는 소리가 나고, 동물들이 잔 잠자리를 지난다는 생각에 순간적으로 공포를 느꼈으며 분명히 어떤 냄새가 났다. 덤불 속에서 동물들이 나를 아직 지켜보고 있지는 않을까 생각했다. 나는 주저하면서도 앞으로 갔다. 어딘가 뒤에 있는 것이 분명한 일행과 합류하러 되돌아가고 싶지는 않았다.

도대체 내가 왜 손도끼나 칼이나 **뭐라도** 들지 않고 출발을 했는지 모르겠다! 결국 이성이 공포를 이겼다. 닭을 닮은 새 한 마리와 도마뱀 몇 마리를 제외하면 움직이는 것이라고는 아무것도 보이지 않았다.

라이메와 엔리케는 8시 조금 넘어서 나를 따라잡았다. 우리는 하루 안에 메인 캠프를 세우기로 결정했지만, 라이메는 내가 오랜 여행을 견딜지 비관적이라고 솔직히 말했다. 라이메는 허비되는 시간을 참기 힘들었겠지만 한 시간에 5분씩 쉬는 데 동의했다.

마지막 두세 시간은 내게 고문이나 마찬가지였다. 내 걸음은 점점 느려졌다. 엔리케와 라이메는 어떻게 그런 속도를 유지하는지 나는 도저히 알 수 없었다. 그들은 험한 지점에서 나를 참을성 있게 기다려주었고 강기슭에서는 소리를 질러 용기를 주거나 안전한 바위나 통나무를 가리키며 건너는 걸 도와주었다. 아무튼 우리는 오후 늦게 메인 캠프를 지었다. 마지막의 기억은 희미하다. 마지막 개울을 건너고 마지막 습지에서 내 물이 찬 밀림용 장화를 질질 끌고, 마지막으로 젖어 미끄러운 통나무 위에 기어올라 마침내 멀리서 부르는 소리를 들었다.

캠프! 나는 짐을 내려놓고 작고 축축한 내 수건을 챙겨 추룬 강으로 가서 땀과 나무껍질 조각과 이끼와 흙을 씻어냈다. 이번에는 물이 얼음같이 지나치게 차가웠다. 나는 캠프로 돌아가 해먹을 매달고 축축한 담요 안으로 기어 들어가서 나를 둘러싼 한기와 싸웠다. 그러나 나중에 커다란 알루미늄 캔에 든 진하고 뜨거운 수프와 차 한 잔을 마시자 기적처럼 몸이 따뜻해졌다.

나머지 길을 나가는 것은 쉬웠다. 지난 이삼일 동안 비가 오는 동안 추룬 강 수위가 아주 높아져서 카누가 쉽게 나갔다. 협곡의 추룬 강을 통과하고, 새 활주로가 있는 카라오 강까지 가는 내내 강 아래로 내려갔다. 해가 뜨자 우리는 암석 대지에서 시작되는 여러 곳의 폭포를 경이롭게 쳐다보았다.

1949년 5월에 페리 라우리가 계산한 기록은 지금까지 유효하다. 엔젤 폭포의 전체 높이는 979미터로서 세계에서 가장 높은 폭포이다.

루스 로버트슨은 한동안 신문 헤드라인에 올랐다. 그러나 어쨌든 로버트슨은 카메라와 타이프라이터 뒤에서 더 행복했기 때문에 총 13년 동안 베네수엘라에서 프리랜서로 활동했다. 그러고 나서 그녀는 멕시코로 가서 『아미스타드 *Amistad*』 편집장을 지낸 후, 텍사스의 걸프 해안에서 여생을 보냈다.

현재 엔젤 폭포는 베네수엘라의 카나이마 국립공원에서 관광객들에게 가장 인기 있는 명소이며, 좀더 모험을 즐기는 관광객들은 로버트슨의 여정을 따라 추룬 골짜기를 올라 원형 무대의 노두까지 가서 '세계의 제8대 불가사의'라고도 불리는 광경을 본다.

6부

바다와 섬

돛배로 케이프혼 일주

ROUNDING THE HORN IN A WINDJAMMER

앨런 J. 빌리어스(1903~1982)

무뚝뚝하고 튼튼하며, 손이 두툼하고 얼굴이 붉으며, 눈이 깊고 푸른 앨런 빌리어스는 이미 사라지고 있던 가로돛배의 선장역을 맡도록 태어난 사람 같았다. 고향 멜버른 항구에 돛대가 가득하던 어린 시절부터 빌리어스는 항해를 사랑했으며 15세 되던 때에 "내가 발견한 최고의 대학교"라면서 바다로 탈출했다. 바다는 힘든 학교였지만 빌리어스를 잘 가르쳤다. 빌리어스는 30세가 겨우 넘어서 돛배의 선장이 되어 전 세계를 돌며 93,342킬로미터를 항해했다. 그는 아랍 범선을 타고 인도양을 항해했으며 포르투갈의 "용기 있는 선장들" 어선 선대와 함께 그랜드뱅크스(Grand Banks, 캐나다 뉴펀들랜드 남동부 근해의 얕은 바다/옮긴이)로 항해했다. 그는 제2차 세계대전 중에 안치오와 노르망디에서 상륙용 보트를 지휘하여 수훈십자훈장을 받았다. 그의 인생은 바람과 물보라로 빛났다. 그는 땅에서는 운전도 하지 않으려고 했다. 그래서 늘 그의 아내가 운전을 했다.

　빌리어스는 당대 최고의 항해 작가였다. 그는 시인의 아들로서 신문사에도 잠깐 몸담았다. 그는 20세에 지나가버린 항해의 시대를 글과 사진으로 포착하는 첫번째 책을 발간한 것을 시작으로 40권의 책을 발표했다. 또 그는 말 그대로 『내셔널 지오그래픽』의 '선장'으로서 글을 30편이나 썼으며, 그 첫번째 글이 그레이스 하워의 항해 이야기인 「돛배로 케이프혼 일주」였다.

핀란드인이 소유한 돛대가 세 개인 전장범선, 그레이스 하워는 이상적인 배였다. 당시 25세였던 빌리어스와 그의 기자 친구 로날드 워커는 이 돛배가 여전히 오스트레일리아 곡식 무역에 쓰여 케이프혼을 돌아 유럽으로 밀을 실어가며 세계에서 폭풍이 가장 심한 바다에서 분투한다고 기록했다. 두 사람은 선원으로 등록했으며 1929년 4월에 그레이스 하워는 닻을 올리고 오스트레일리아의 왈라루 항구를 출발했다. 이 배는 138일 동안 격렬하고 비극적이며 거의 재난에 가까운 항해를 마친 후 아일랜드 코브에 간신히 돌아갔나. 뱃사람들은 언제나 미신을 잘 믿는다. 선원들은 배에 열세 명이 탈 때부터 일이 잘못될 것이라고 알고 있었을 것이다……

우리는 항해를 순조롭게 시작했다. 우리는 겨울이 오고 있다는 사실을 알고 있어서 케이프혼까지 빨리 가게 해달라고 기도했다. 케이프혼은 여름에 날씨가 아주 나쁘기 때문에 우리는 그곳으로 가는 서풍 항해를 오래 끌고 싶지 않았다. 우리는 엿새 후에 태즈메이니아 남쪽에 갔다. 여기까지는 좋았나. 우리는 내내 큰 파도와 함께 강한 서풍을 받았다. 날씨는 살을 에는 듯이 추웠으며 그레이스 하워의 작은 갑판에서는 파도의 힘이 크게 느껴졌다. 우리는 돛 하나나 둘을 부풀게 했다. 첫날밤에 뒷돛대의 밑에서 세번째 돛이 지탱 밧줄에서 떨어져 날아갔고, 우리는 배에 여분이 없었기 때문에 그 활대에는 돛을 달 수가 없었다……

우리는 추위는 신경 쓰지 않았다. 우리는 추운 타륜에서 계속 젖고, 버팀대와 밧줄 앞에 있을 때 파도가 들이치고, 돛대 높은 곳에서 이를 딱딱 부딪치며 위험하게 일해야 하는 것에도 신경 쓰지 않았다. 우리는 큰 파도를 두고 웃었으며, 보통 때보다 더 큰 파도가 밀려와 배 전체가 흔들리고 배를 심각하게 파손할 것이라고 위협하는 충격을 받으면서도 그것들이 농담이라고 생각했다. 순풍이 불었고 우리는 빠른 속도로 케이프혼을 향해 가고 있었는데 우리가 무엇을 걱정했겠는가?

왈라루부터 케이프혼까지는 대략 9600킬로미터이다. 우리가 강한 서풍을 받으며 9노트★ 속도로 항해하면 30일이면 도착할 것이다. 얼마간 바람이 약하게 불어서 지연되고 며칠 동안은 바람이 너무 세게 불어서 배를 세워야 하니까 35일 내지 38일 정도 걸릴 것이다. 우리는 모든 범선들이 그렇듯이 강한 서풍을 받기를 기대했다. 만약 우리가 극심한 불편과 추위와 습기, 끝없는 노동에 시달려야 한다면 적어도 그 시간이 오래 지속되지 않고 금방 일주를 할 수 있기를 바라기 때문이었다. 바람이 순풍이라면 강하게 불어도 범선은 신경 쓰지 않는다. 서쪽에서 오는 강풍은 우리를 앞으로 나가도록 돕기 때문에 전혀 두려워하지 않았다. 우리가 두려워한 것은 동쪽에서 부는 바람이었다.

동쪽에서 바람이 불어왔다. 이 바람은 배의 방향을 남동쪽으로 바꾸었다. 차갑고 달갑지 않은 폭풍이 몰려와 남극의 얼음으로 상처

★ 배의 속도를 나타내는 단위 한 시간에 1해리, 곧 1,852미터를 달리는 속도를 1노트라 한다.

를 남겼다. 우리는 강한 동풍에는 속수무책이었다. 우리는 돛을 감고 배를 세웠다. 이곳은 태즈메이니아와 뉴질랜드 사이에 있는 태즈먼 해의 남쪽 해역이었다. 우리는 태즈먼 해를 건너 뉴질랜드 남부를 거쳐 케이프혼으로 가는 중이었다. 겨울에는 태즈먼 해에 폭풍우가 사납게 몰아친다. 우리도 그 사실을 알고 있었지만, 최소한 우리가 서풍을 받을 것이라고 기대했다……

동풍은 계속 불었고 그칠 기미가 보이지 않았다. 강풍이 계속 이어졌다. 이 오래된 전장범선의 덮개가 없는 갑판은 계속 파도에 시달렸다. 타륜까지 이어진 구명줄에 기를 쓰고 매달려야 했다. 밤에 망을 보던 사람이 몰아치는 파도 때문에 앞갑판까지 갈 수가 없었다. 만약 그가 앞갑판까지 갔다면 물에 빠졌을 것이다. 우리는 일손이 얼마나 부족한지 인식하기 시작했다. 한 당직에 여섯 명, 또 다른 당직에 일곱 명이 배당되었다.

결국 스벤손 선장은 동풍에 질려서 뉴질랜드의 두 섬을 분리하는 쿡 해협으로 키를 돌려, 동풍이 우리가 뉴질랜드 남쪽을 통과하는 것을 허락하지 않는다면 쿡 해협을 통과하여 남태평양으로 갈 생각이었다. 우리는 3주간의 항해 끝에 쿡 해협에 도착했다. 그때부터 바람이 멎어서 우리는 계속 항해할 수가 없었다. 우리는 나흘 동안 그곳에 멈춰 있었다. 한쪽에는 에그몬트 산(Mount Egmont)이 보이고 다른 한쪽에는 뉴질랜드 남섬의 바위가 많은 북부 해안이 보였다. 마침내 서풍이 불어 우리를 배웅해줄 때 우리는 북쪽으로 뉴질랜드 북단을 돌아서 항해할 준비를 하고 있었다.

우리는 뉴질랜드의 수도 웰링턴의 등대를 보고 배가 무사하다고 보고했다. 하루 이틀 계속 부는 서풍을 받으며 우리는 채텀 제도

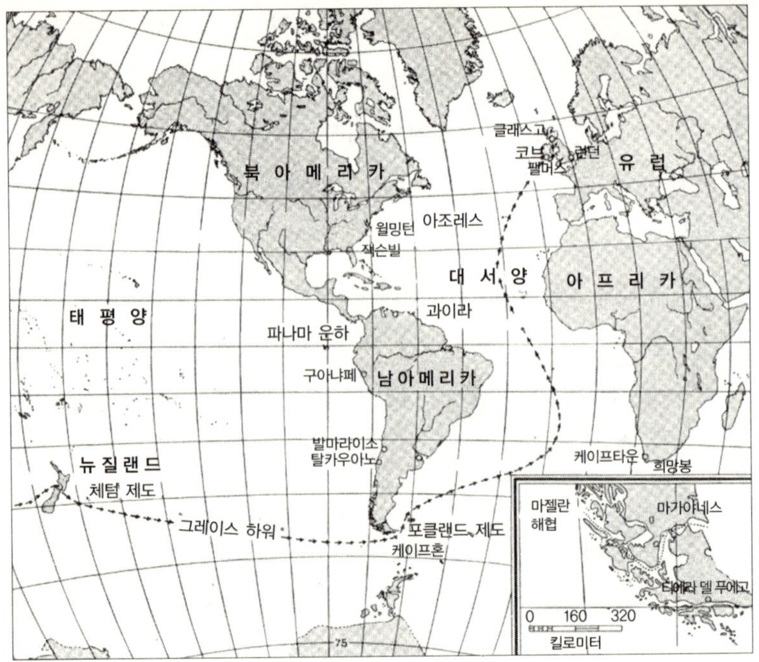

운이 나쁜 그레이스 하워는 오스트레일리아의 왈라루를 출발하여 태평양을 건너 폭풍이 몰아치는 케이프혼을 돌고 대서양으로 올라가 아일랜드 코브로 가는 항해를 했다.

(Chatham Islands)를 떠났다. 우리는 계속 이렇게 가면 더 이상 지나친 고난을 겪지 않고 케이프혼에 도착하겠다고 생각하기 시작했다. 그러나 그때 바람이 멈칫거리며 다시 그쳤다. 다시 바람이 불기 시작했지만 이번에는 동쪽에서 안개와 비를 동반한 강풍이 구질구질하게 계속되었다. 비바람과 추위의 고난이 며칠 동안 계속되었다. 우리는 우리가 자는 동안 바람의 방향이 바뀌었기를 기대하며 여러 차례 갑판의 교대 당번들에게 갔다가 실망하고 더 이상의 기대를 접었다. 우리는 부루퉁한 표정으로 무관심하게 우리가 감수한 결과를 받아들였다.

방수포는 오래전부터 소용이 없었다. 이제 배 안에는 마른 곳도 마른 옷가지도 없다. 앞갑판의 저장 상자는 무용지물인 문을 통해 마구 휩쓸고 들어온 큰 파도로 수차례 물에 젖었다. 앞갑판 문이 닫혀 있을 때는 숨이 막힐 것 같았다. 문이 열려 있을 때는 파도가 휩쓸고 들어왔다. 우리는 파도에 노출되기보다는 질식사 쪽을 택해서 문을 닫았다.

따뜻한 음식이 없을 때가 많았다. 파도 때문에 주방의 불이 꺼졌고, 담수 펌프가 있는 주갑판으로 물이 끊임없이 밀려 들어왔기 때문에 바닷물과 담수가 섞일까봐 비효율적인 펌프를 쓸 수 없어서 목이 말랐다. 우리는 몸이 젖어 춥고 배가 고팠다. 전장범선에는 난방 시설이 없다. 우리가 보고 있음에도 활발한 움직임을 멈춘 침상의 바퀴벌레와 빈대들은 모두 죽었는지도 모른다……

38일째 되는 날 워커가 삭구(索具) 작업을 하다가 죽었다.

이 일은 대단한 일이 아니었다. 매일 일상적으로 일어난 사건 중에 900번은 아무도 죽지 않았지만 901번째 사건에서는 그전에 아무도 죽지 않은 것에 대한 보복이라도 받듯이 죄 없는 누군가가 죽었을 뿐이다.

우리는 워커의 일지에 설명되어 있는 것처럼 처음부터 느슨하지 않았던 앞 위쪽 돛의 밑에서 세번째 활대에 돛을 달았다. 오랫동안 동쪽에서 불어오던 바람이 마침내 조금 서쪽에서 불어서 우리는 돛을 조금 더 달아 항해를 도우려 했다. 사실상 큰 차이를 나타내지는 않았지만, 심리적인 효과를 무시할 수 없었다.

워커는 피닐라라는 작은 소년과 함께 돛을 풀어 펼치러 올라갔다. 하루 중 최악의 시간인 새벽 4시가 좀 넘은 때였다. 우리에게는

한 교대조에 사람이 많지 않아서 두 사람을 삭구 작업에 보내는 것
은 좋지 않았지만 그럴 만한 이유가 있었다. 우리는 5시 30분에 커피
를 마셨는데, 바다의 전통으로는 진행 중인 일이 커피 벨이 울리기
전에 끝나지 않으면, 일을 끝내는 시간이 얼마나 걸리든 그만큼 커피
마시는 시간이 줄어든다. 배에서는 작업 때문에 커피 마시는 시간이
늦게 시작되어도 그 시간이 연장되지 않는다. 좋은 항해사라면 자신
의 교대조가 커피 마시는 시간이 줄어드는 것을 원치 않을 것이다.

그래서 우리의 이등 항해사가 그 운명의 아침에 워커와 어린 피
닐라를 보내 앞 위쪽의 밑에서 세번째 돛을 풀어 펼치도록 했다. 이
돛은 밧줄 여러 개로 아주 단단히 묶여 케이프혼의 강풍에 맞서고
있었다. 이 돛은 묶여 있었기 때문에 비에 젖었고 범포는 물에 불었
다. 밧줄에 얼음이 얼어 있었다. 이런 상태에서 돛을 펼치려면 한 시
간은 걸릴 것이라는 사실은 선원이라면 누구나 안다. 두 사람이 함
께해서 30분 만에 돛을 펼쳤고 갑판 위의 우리 다섯 명과 이등 항해
사는 캡스턴으로 활대를 감아올리는 힘겨운 과정을 시작했다. 돛이
반쯤 올라갔을 때 이등 항해사는 밧줄이 바람 불어오는 쪽의 돛귀에
걸린 것을 보았다. 돛은 제대로 올라가지 않았다. 그는 비를 뚫고 돛
대 꼭대기의 워커에게 밑에서 세번째 활대로 가서 밧줄을 빼내라고
소리쳤다. 워커가 가서 밧줄을 빼냈다. 워커는 우리에게 이제 다 제
대로 되었다고 외쳤다. 우리는 다시 돛을 감아올리기 시작했다. 마
룻줄이 휩쓸려가면서 활대가 떨어졌다.

이 활대가 워커에게 떨어져 워커는 활대 밑에 깔려 죽었다.

우리는 돛으로 달려가 그가 활대 사이에서 의식을 잃은 것을 볼
때까지만 해도 그가 죽었다는 사실을 몰랐다. 우리는 그가 기절했을

뿐이라고 생각했다. 입에서 서서히 피가 흘러나온 것을 제외하면 상처 하나 나지 않았다.

우리는 그가 죽었다고는 전혀 생각하지 못했다. 우리는 그를 갑판으로 데려가서 부상이 어느 정도인지 우리가 할 수 있는 일이 무엇인지 보려고만 했다. 나는 갑판에서 가져온 차가운 물을 그에게 주려고 했다. 그것이 얼마나 부질없는 일인지 알지 못했다. 우리는 그가 있어야 흔들리는 돛의 높은 곳에서부터 갑판에서까지 어려운 일을 할 때 도움을 받을 수 있다고 생각하며 그가 정신이 들기를 바랐다. 기절한 사람을 미끄럽고 앞뒤로 흔들리는 삭구에서 운반하는 것은 쉽지 않았다.

그러나 그는 깨어나지 않았다. 우리는 밧줄로 그를 조심스럽게 내렸다. 바닥까지 내렸을 때 스벤손 선장은 한 번 보더니 "죽었어"라고 말했다.

죽다니! 기절할 정도로 충격적이었다. 우리는 믿지 않았다. 믿을 수가 없었다. 바다에서의 죽음만큼 고통스럽고 끔찍한 죽음도 없다. 바닷가에서는 기분전환을 하고 그 사실을 잊을 수가 있다. 만나볼 다른 사람이 있고 이야기할 다른 사람이 있다. 한 사람을 그렇게 그리워하지 않는다. 그러나 바다의 범선에서는 몇 사람만 함께 있고, 항상 삭구에서 바람이 애처롭게 불고 파도가 늘 일렁인다. 한 사람이 죽으면 아무도 그를 대신하지 않는다. 기분전환을 할 것도 없다. 죽은 영혼에는 아무 일도 일어나지 않고 죽은 사람으로 인한 손실을 보충할 수도 없다.

우리는 다음 날 돛을 반만 올리고 그의 시신을 고물에서 가라앉혔다. 핏기 없는 선원은 물속 깊이 가라앉았다. 나는 수장만큼 감동

돛이 세 개인 전장범선 그레이스 하워는 전성기인 20세기 초반에도 먼 바다에서 그 모습이 사
라지고 있었다. 그때 남은 전장범선들은 오스트레일리아와 유럽 사이의 곡물 무역을 담당하며
가장 빠른 항해를 하는 '레이스'를 펼쳤다.

적인 것을 알지 못한다. 물론 1등선 승객들이 춤추는 시간을 잠깐이라도 방해하지 않도록 3등석 승객이 죽은 날 밤에 증기선의 1등석 전용 산책 갑판 높은 곳에서 시신을 수장하는 것은 감동적이지 않지만, 케이프혼 돛배에서 동료 선원 시신을 두고 마지막으로 슬픈 의식을 치르는 것은 감동적이다.

우리 모두 그를 잘 알았다. 바다에서는 이처럼 한 인간의 극단적인 '내부', 즉 그가 무엇으로 이루어져 있는지를 본다. 이곳에서는 어떤 속임수도, 도시 생활의 허영도, 실제의 의도와 성격의 가장도 통용되지 않는다. 우리는 전부를 본다. 우리는 불쌍한 워커를 알고 있었고 그를 상당히 좋아했다. 그리고 이것이 그의 죽음이었다!

선장은 기도를 했고, 우리는 스웨덴어와 영어로 찬송가를 불렀다. 그리고 짧은 조사(弔詞)를 읽었다. 배는 슬픈 듯 허우적거리며 흔들렸고 삭구에 신음소리처럼 불던 바람은 잦아들었다. 갑판에 험악하게 몰아치던 파도도 약해졌다. 우리는 난간으로 그의 시신을 운반하여 승강구를 기울였다. 풍덩 떨어지는 소리가 희미하게 들리며 수장이 끝났다.

우리는 배를 다시 바람 앞으로 향하게 하고 항해를 계속했다.

우리는 57일 후 케이프혼에 도착했다. 6월이었다. 서쪽에서 강풍이 불어왔고 큰 파도가 몰아치고 추위가 거의 압도적이었지만, 우리 배는 계속 나아갔고 우리는 기분이 좋았다.

케이프혼 반대쪽에서 겪은 비극을 잊기 위해서 우리는 어느 때보다도 빨리 케이프혼을 돌고 싶었다. 바다에서 죽음은 걱정스러운 일이다. 특히 나쁜 도구 때문에 누군가 죽었다면 우리 중 다른 사람도 또 죽었을 수 있기 때문에 더욱 그렇다. 우리는 키를 잡으며, 혼자

망을 보며, 활대 높이 올라가서, 축축하고 추운 앞갑판 밑 선원실에서 잠을 자면서 죽은 사람을 기억한다. 그 비극의 자세한 이야기를 마음속에서 계속 생각하기에, 험한 바다의 슬픈 지대 속에 더 오래 있는 것은 우리에게 좋지 않았다. 한 청년은 자다가 소리를 질렀다. 워커의 유령이 선원실에서 나와 우리를 부르는 꿈을 꾸었다고 했다.

강풍이 몰아치는 중에 배가 새기 시작했다. 펌프는 작동되지 않았다. 물이 스며들었지만 우리는 어쩔 도리가 없었다. 폭풍우와 눈보라가 몰아치는 밤새 우리는 갑판에 모여 있었다. 이 배가 아침까지 남아 있을지 확신하지 못했다.

다음 날 청년 한 명이 큰 파도에 휩쓸려 배 밖으로 떨어졌다. 그를 구하러 갈 구명정을 묶을 밧줄이 없었다. 우리가 무엇을 할 수 있었을까? 많은 사람들이 그렇게 사라졌고, 범선은 앞으로만 나아갈 수 있다…… 그를 구하려는 노력은 부질없어 보였다. 우리는 키를 세게 잡고, 흔들리며 신음하는 배를 바람 속으로 몰고 갔다. 우리는 급하게 새로 밧줄을 꼬아 구명정 도르래 장치에 연결했다. 우리 중에 한 사람은 뒷돛대의 꼭대기에 올라가서 떠내려간 사람이 어디로 갔는지 보았다. 앞 바다에 비바람이 거세게 불었고 해질녘이 되었다. 우리가 던진 구명부표를 그가 붙잡고 아직 살아 있는 모습이 보였다. 하지만 얼마나 오랫동안?

우리는 보트를 띄워 자원자 여섯 명이 바로 보트에 탔다. 항해사가 책임지고 가기로 했다. 가야 한다는 말을 들은 사람은 없었지만 누구도 꽁무니를 빼지 않았다.

보트는 배에서 바다 위로 내렸고 큰 파도 속에 부질없이 오르락내리락하는 것 같았다. 소용돌이치는 물속에서 보트 거의 전체가 물마루에 올라갔을 때 우리 낡은 배의 녹색 바닥을 보는 것은 기묘했다. 우리가 물골에 떨어졌을 때는 배의 맨 꼭대기 활대가 회색 하늘에 큰 아치를 그렸고 그 외에는 별로 보이지 않았다. 보트가 큰 파도 사이의 골짜기에 깊이 가라앉아서 우리는 곧 배를 볼 수 없었다. 우리는 물에 빠진 청년이 어디에 있는지 몰랐다. 우리는 그를 볼 수 없었다. 우리가 어떻게 하겠나? 우리는 거기에서 아무것도 보지 못했다. 배도 놓쳤다. 아마 본다는 것이 미친 짓이었을 것이다.

우리는 희망을 잃고 이리저리 노를 저어보았지만 돌아갈 수 없었다. 비가 억수같이 퍼붓기 시작했다. 우리 중에 아무도 방수복을 입지 않았다. 프랑스인은 침상에서 바로 나와 속바지 차림이었다(그의 침상은 우리 망부 아래에 있었다). 헬싱키 출신의 셰베리는 신경통으로 몸져누운 상태였다. 그러나 이제 그는 외투도 입지 않고 젖은 채 배고프고 지친 몸으로 노를 저었지만 그런 기색을 전혀 내지 않았으며 이 두번째 생명을 살리는 데만 집중했다. 우리는 한 명을 더 잃고 싶지 않았다. 케이프혼에 가면서 한 명을 잃은 것으로 충분했다. 아니 그 한 명도 너무나 아까웠다.

항해사는 고물 쪽에서 조타 노를 맡아 예리한 눈으로 이리저리 파도를 헤치고 나아갔다. 돌풍이 세게 몰아쳐 배를 안 보이게 막으면 우리가 배를 다시 못 찾을 수도 있었다. 스웨덴의 바크선 스타우트는 이와 거의 비슷한 상황에서 그렇게 되었다. 스타우트는 주활대에서 바다에 떨어진 사람을 구하려고 보트를 내보냈는데, 돌풍이 불어서 떨어진 사람을 구하려고 보트를 타고 간 사람들 모두 죽고 모든 것을 잃었다. 우리는 이 사건을 기억했다. 보트 안에는 생명을 이어가는 데 도움이 되는 것이 없었다. 우리는 물병과 빵통을 던져버려서 보트를 가볍게 했다.

그리고 우리는 순간적으로 그를 보았다. 바다에 기적이 있다면 이것이 바로 그 기적이었다. 그는 우리가 있는 곳에서 파도 세 개만 떨어진 물마루 위에 있었다! 우리는 포기하기 직전이었다. 우리는 온 힘을 다해 그쪽으로 가서 곧 그를 보트에 태울 수 있었다. 우리는 그를 고물 쪽으로 끌어놓고 배로 되돌아갔다. 배는 진작부터 우리를 지켜보다가 이제 서서히 바람 부는 방향에서 우리를 향해 왔다. 그 청년은 정신을 잃고 거의 얼어 죽을 뻔했지만 살아 있었다. 그는 정말 운이 좋았다……

그러나 이 항해는 운이 좋지 않았다. 곧이어 이등 항해사가 발광하여 그를 배의 고물 쪽에 감금해야 했다. 그리고 배는 대서양 남부에서 멈추었고 남은 식량도 거의 없었다. 그러나 결국 아일랜드에 정박하고 나서(138일간의 항해는 가로돛배 기준으로도 길었다) 빌리어스가 떠나고 난 후, 그레이스 하워는 다른 화물을 싣고 바다로 돌아가 계속 항해했다.

홍해에서 진주 채취

PEARL FISHING IN THE RED SEA

앙리 드 몽프레(1879~1974)

앙리 드 몽프레는 진주 채취업자이자 총포 화약 밀수업자이자 해시시 밀수업자였으며 그밖에도 하는 일이 더 있었다. 이슬람교로 개종한 프랑스인인 그는 마른 근육질 체형으로 샌들을 신고, 허리에만 천을 두르고 터번을 쓴 모습으로 홍해 여기저기에서 활약했다. 20세기 초반 1925년까지는 홍해에서 그가 "수에즈에서 봄베이까지 중에 가장 비범한" 사람으로 알려졌다.

드 몽프레는 부르주아이자 보헤미안인 가정에서 자랐다. 그의 부유한 아버지는 인상주의파 화가이자 폴 고갱의 절친한 친구였으며, 파리에 살면서 지중해 연안에 집 한 채를 더 가지고 있었다. 그 지중해 연안의 집에서 이 아들이 처음으로 바다에 이끌렸다. 그러나 그는 청년 시절 10년간 투기사업을 하다가 실패하여 시간을 허비한 후에 30세 때 방향을 바꾸었다. 그는 1910년 마르세이유에서 지부티까지 범선을 타고 가서, 금방 원주민과 동화되어 아랍어를 배우고 큰 삼각돛을 단 홀수선(배에서 물에 잠기는 부분/옮긴이)이 얕은 배를 건조했다.

그후 20년 동안 그는 아프리카와 아라비아 사이의 암초가 여기저기 도사리고 해적들이 들끓는 바다를 항해하며, 바다의 유랑자가 되어 진주 채취를 비롯해 이익을 쫓아 여러 가지 활동을 했다. 그는 갑자기 몰아닥친 폭풍으로 거의 난파하기 직전에 만약 알라가 그들을 구한다면 이슬람교를 받아들이겠다고 소말리 선원들에게 맹세했다. 그래서 드 몽프레는 기꺼이 압델 하이(Abd el Hai, 생명을 주신 분의 노예)가 되었다. 그러나 각국의 정부 당국이 볼 때 이 '바다의 늑대'는 해적질을 하는 밀수업자였다. 에티오피아의 황제 하일레 셀라시에는 사람을 시켜 그를 암살하려고 했지만, 무솔리니는 그를 찬양했다.

드 몽프레에게 밀수는 완벽한 자유를 추구하는 한 방편일 뿐이었다. 위험과 시도가 홀로 성격을 이루었다. 문명의 속박을 버리고 독립적인 개인으로서 행동하면 운명이 인도할 것이다. 그는 "바다, 바람, 사막의 아무도 밟지 않은 모래, 수많은 별들을 움직이는 광대한 먼 하늘"과 같은 신비 속으로 날아갔다. 그는 1930년대에 40권이 넘는 분량의 자서전을 쓰기 시작했다. 이때 『내셔널 지오그래픽』 편집자들이 이 모험가를 많은 미국 독자들에게 소개하기로 결정했다. 다음은 그의 전형적인 활약 중 하나에 대해 쓴 글에서 발췌한 내용이다.

다흘라크 제도(Dahalach Islands)에서 이삼 주 정도 지낸 후에 아라비아 해안 근처의 파라산 제도에 가기로 결정했다. 이곳은 진주 채취가 아직 끝나지 않은 곳이다. 우리가 조금 높은 하르밀 섬에 가까이 갔을 때 그 섬의 가장 높은 곳에서 한 사람이 장대 끝에 긴 천을 달고 흔들고 있는 모습이 보였다. 우리는 모래 바닥의 해안 가까이 접근했다.

"바람 부는 쪽으로!" 나는 키의 손잡이를 세게 돌려서, 난파선 잔해를 피했다. 이 난파선의 선재는 수면에 너무 가까이 있었고, 난파선 자체는 꽤 큰 배였다. 나는 바다를 향해 급하게 신호를 보냈던 사람을 보았다. 우리 잠수부들은 그를 알고 있었고 그에게 존경을 표시했다. 그는 마사우아(Massaua, 마사와)의 수단 출신 나코다[진주 채취선 선장]였다. 우리가 좀 전에 본 난파선은 그날 아침에 불이 붙은 후에 침몰한 그의 배였다.

그러나 그는 좌초지종을 자세히 말하기 전에 반원형의 천정이 있는 바위 그늘로 나를 데려가 누더기 천 덮개를 올렸다. 거기에는 또 한 명의 수단인이 움직이지 않고 있었다. 그는 눈을 뜨고 우리를 쳐다보는 것 같더니 다시 눈을 감고 쓸쓸하게 움츠러들었다. 이 불쌍한 친구는 하복부에 소총을 맞아 죽어가고 있었다. 나는 정신이 들게 하는 약을 가지러 갔지만 돌아왔을 때 나코다는 이렇게만 말했다. "다 끝났소."

해가 저물고 시끄러운 갈매기들이 우리 위를 빙빙 돌며 나는 고요한 저녁이었다. 우리는 침묵 속에서 아직 온기가 식지 않은 이 시신을 햇볕에 달구어져 아직 뜨거운 모래로 덮고 돌 두 개를 똑바로 세워 무덤 자리를 표시했다. 이 쓸쓸한 곳의 끝없는 평화가 원시적인 무덤에 장엄한 분위기를 감돌게 했다. 우리는 배로 돌아갔다. 그때서야 나코다는 두세 시간 전에 이곳에서 일어났던 사건을 우리에게 들려주었다. 그에게는 이 일이 물에 빠지거나 상어에게 물리는 것처럼 위험한 항해 중에 흔하게 일어난 단순한 사고였을 뿐이다.

그의 배가 계절 어획을 마치고 정박하는 동안 사라닉인들의 큰 사룩(zarug, 아라비아 해안의 부족이 항해에 사용하며, 해적들과 밀수업자들이 선호하는 가볍고 빠른 배)이 동이 트기 직전에 다가와서 그와 선원들은 깜짝 놀랐다. 해적들은 모든 것을 약탈하고 배의 삭구에 불을 붙여 정박한 곳에서 침몰시키기까지 했다.

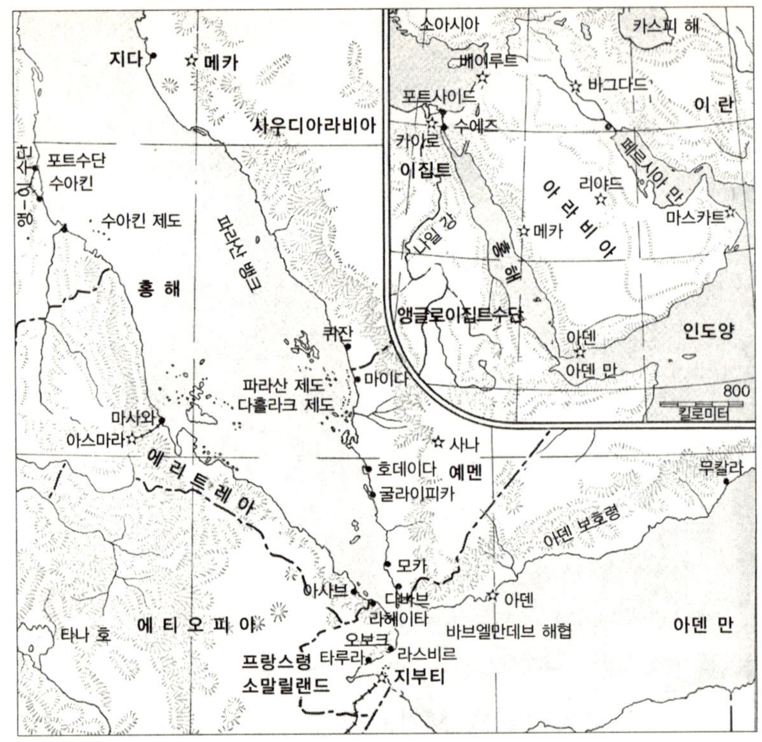

앙리 드 몽프레는 수년간 맑고 산호가 풍부한 홍해를 항해했다. 모래톱이 가장자리를 두른 다흘라크 제도, 파라산 등의 섬들에 진주 채취 잠수부, 해적, 밀매업자, 노예 상인들이 몰려들었다.

수단 선원 열아홉 명은 노예로 팔기 위해 해적선에 옮겨졌다. 지금 죽은 사람은 배에 있던 유일한 총을 쓰려다가 뜻밖에 총에 맞아 죽었다. 해적 한 명이 그의 손에 있는 총을 뺏으려다가 총이 발사되었다. 나코다는 새벽에 예인망으로 낚시를 하려고 해변에서 잤기 때문에 변을 피했다.

배가 침몰한 후 나코다는 해변에 그의 동료가 쓰러져 있는 것을 보았다. 해적들이 그를 죽이려고 바다에 던졌지만 그는 체력이 좋아서 해변까지 몸을 이끌고 가서 바위 뒤에 숨은 것이다.

이 기습 이야기를 듣고 분개하여 처음에는 그 해적들을 쫓아가려고 했다. 내게는 배에 총 여섯 자루가 있었고 낚시에 쓰는 다이너마이트 뇌관도 두세 개 있었다. 그러나 나코다는 체념했다. 그는 이 일을 허락한 알라가 어떤 천벌이든 합당한 벌을 내릴 것이라고 믿었다. 그러나 우리 배의 소말리 선원들은 우리가 나서자고 말했다. 아랍인들의 침입에 대한 아프리카 인종의 오랜 증오심이 깨어났다.

나코다는 사룩이 동쪽으로 순풍을 받으며 달리고 있는 것을 보았다. 그 배의 돛은 조금 전에 사라졌다. 오후 내내 바람이 불지 않아 배가 멎어 있었다. 기껏해야 이 배는 파라산 뱅크 암초 가장자리의 유일한 정박지 사르소에 도착했을 것이다. 게다가 나코다는 모든 생존자들이 그 배에 타고 있을 것이라고 믿어 의심치 않았다. 나는 "배에 무엇을 실었습니까?"라고 물었다.

"사다프(sadafs, 진주조개) 두세 자루와 내 상자 안에는 우리 항해 내내 모은 진주가 있는데 값으로 따지면 총 만 루피가 넘소." 과장을 감안해도 해적들은 그 기습으로 꽤 짭짤한 수익을 거두었다.

산들바람이 계속되고 있었고 밤새 계속될 것 같아 보였다. 우리는 모험을 감행해보기로 결정했다. 둥지에 새가 있다면 동틀 무렵에 그 새를 기습할 것이다.

그렇게 결정을 내리자 모든 소말리 선원들이 소리를 지르며 기쁘게 환영했다. 우리는 10분 후에 주범(主帆)을 부풀리며 섬 밖으로 나갔다. 밤이 되어 나침반으로 외해(外海)를 향해 방향을 잡았다. 우리는 새벽 전에 약 144킬로미터를 항해하여 홍해의 중심부를 건너야 했다.

나는 우리와는 전혀 상관없는 일 때문에 선원들이 죽거나 다치는

선체가 좁고 속도가 빠르고 대삼각범을 단 아랍 어선인 날렵한 사룩은 밀수선으로 금방 변모하기도 했으며, 홍해의 해안, 산호 기슭, 섬에 출몰하는 해적들이 선호하는 배였다.

것을 보고 싶은 마음은 결코 없었다. 어쨌든 나는 그날 밤 사룩을 우리가 기습한다면 절대 위험을 겪지 않을 것이라고 확신했다. 나는 원주민들의 습성을 잘 알고 있어서 그들이 내가 준비한 공격 형태에 어떤 반응을 나타낼지 예상했다. 다이너마이트 뇌관 세 개를 하나로 묶어서, 뇌관 하나에 20초 동안 타도록 계산된 도화선을 달았다. 이 즉석으로 만든 어뢰를 배의 긴 닻 끝에 묶었다. 내가 예상한 대로 모든 일이 진행된다면 직접 싸우는 일을 피하기에 충분할 것이다. 그러나 우리는 제때에 도착해야 했다.

섬은 산지였다. 우리는 밤에 이 섬을 볼 수 있었다. 새벽 2시에 모든 눈이 수평선에 고정되었다. 선실 보이도 자지 않았다.

야간용 망원경으로 나는 우리 배를 섬에 가까이 이끌었고 알리는 내게 이 섬의 남쪽으로 바다의 외딴 검은 지점을 가리켰다. 그것은 사룩이 모래톱 가장자리에 정박한 모습이었다.

우리는 곧바로 소총에 탄창 다섯 개를 장전했다. 우리에게는 탄창이 전부 50개뿐이었다. 그리고 만약 우리가 배에 올라 싸움을 한다면 도끼, 막대, 큰 쇠망치를 휘둘러야 할 것이다. 나는 이 모든 준비 과정 때문에 불안하고 초조한 상태였다. 그러나 주사위는 이미 던져졌고, 나는 더 이상 물러날 곳이 없었다.

우리가 정박해 있는 사룩에 100미터 정도 가까이 갔을 때 나이 많은 수단인은 그 배를 알아보았다. 나는 키를 올렸고, 돛이 내려가자 우리는 우리가 노리는 적의 몇 미터 앞까지 떠갔다. 돛 아래에 팔을 뻗고 있는 형체가 흔들리기 시작했다. 우리가 아무것도 모르고 우연히 지나가던 배인 것처럼 나는 평소처럼 "후우" 소리를 냈지만, 닻을 내리기에는 좀 이상한 시간이었다.

한편 나는 도화선에 담뱃불을 붙였다. 불꽃이 피어나며 작은 빛이 눈에 띄지 않고 지나갔고 검은 도화선은 어둠 속에 불길하게 연기를 피웠다. 나는 정박하려는 듯이 바다에 긴 닻을 던졌지만, 사실은 그 배의 중요한 부분 밑에 폭탄을 설치했다. 나는 조심스럽게 10초를 셌다. 그리고 준비를 하고 있는 나코다에게 "선원들을 부르시오"라고 소리쳤다. 우리는 함께 사룩의 선원들에게 가능하면 바다로 뛰어내리라고 소리를 질렀다.

사라닉인들이 잠에서 깨어나 소총에 탄창을 장전하는 소리가 들렸다. 나는 계속 시간을 쟀다. 18초, 19초…… 그리고 다이너마이트가 폭발하며 그들의 배에서 녹색 빛이 도는 불꽃이 뿜어 나왔다. 나는 보통은 자는 사람이 없는 돛대 아래에 폭발물을 설치했다. 돛대가 무너져 내리고 이삼 초 후에 사방으로 돌이 비 오듯 쏟아졌다. 자같이 하늘 높이 날렸다. 기적적으로 아무도 돌에 맞아 기절하지 않았다.

사룩은 이삼 초 후에 가라앉았고 사람들은 물속에서 허우적거렸다. 미친 듯이 소리를 질러댔다. 수단인들은 두 명씩 서로 다리가 묶인 상태여서 팔로만 힘겹게 헤엄쳤다. 사라닉인들은 작은 배를 타고 섬으로 도망갔다. 공포는 끝났다.

나는 큰 가솔린 등을 밝혀 이 광경을 비추어 보았다. 배는 사라졌지만 물건 다수는 고요한 바다 위에 떠 있었다. 한편 사라닉인들은 배 세 척을 타고 노를 저어 도망치고 있었다. 우리 소말리 선원들이 그들을 쫓는 동안 나는 그 방향으로 총을 쏘았다. 나는 우리 배에 남아 있던 사람들과 함께 수단인들을 끌어올렸는데 무거운 철 족쇄를 제거하기가 상당히 어려웠다.

동이 트고 있어서 우리는 곧 투명한 바닷물 속에 침몰한 사룩의 선체, 큰 바위에 얹혀있는 이물과 깊고 푸른 바다에 떠돌고 있는 고물을 볼 수 있었다.

구조된 수단인 중 한 명인 다리가 상당히 가는 헤라클레스는 밧줄 한쪽 끝을 잡고 잠수했다. 그는 발바닥을 수면으로 향한 채 잔해를 기어 다니며 팔을 뻗어 모든 물체를 조사했다. 그는 허리를 유연하게 움직이며 다시 올라와 수면으로 쑥 나오며 코로 바다의 거품을 뿜어냈다. 그는 밧줄을 묶었으며 우리에게 잡아당기라고 말했다. 상자 하나가 올라왔다. 우리는 이 상자를 우리 배로 끌어당겼다. 구리로 무늬를 새겨 장식한, 사라닉 나코다의 금고였다. 나는 억지로 맹꽁이자물쇠를 열었다.

수단 선원들은 진주가 안에 있기를 빌었다. 그러나 내용물은 우리의 기대와는 달랐다. 색이 번진 비단 옷과 종이에 싸여서 바닷물에 젖은 수많은 다른 물건들이 있었다. 한 비단 손수건에는 영국 금화 2파운드쯤 되는 50탈러와 터키 돈 조금이 싸여 있었다. 나는 뚜껑 안쪽에 새겨진 모하메드 오마르라는 이름을 해독했다. 나코다의 이름이라고 포로들이 말했다.

그렇다면 나코다는 진주를 자기 몸에 지니고 있는 것이 분명하다! 배 두 척이 그들을 쫓아가고 있는 중이니까 아직 희망은 있었다……

섬 뒤에서 총성이 울리고 곧 우리 배 두 척이 움직이는 모습이 보였다. 망원경으로 보니 아랍인 두 명이 각각 우리 선원들에게 둘러싸여 있었다. 선원들은 이 포로들을 데리고 왔다. 나코다는 다른 세 명과 거기에 있었다. 두 명은 벌거벗은 상태여서 허리에 두를 천을 달라고 했다. 아랍인들은 수줍어하는 경향이 강했다.

나코다는 35세의 남자로서 바다의 햇볕에 그을려 얼굴이 갈색이었고 짧게 기른 수염이 얼굴 전체를 덮어서 고상한 분위기를 자아냈다. 내 포로가 아니었다면 그에게서 좋은 인상을 받았을 것이다. 그는 검은 구슬을 꿴 줄을 가지고 있었고 내 소박한 보트에 실려와 내 앞에 오게 된 일에 거의 관심이 없어 보였다. 그는 허리에 단검집을 차고 있었다. 물론 선원들이 그를 잡았을 때 단검을 빼앗았을 것이다.

다른 세 사람은 20세와 30세 사이의 청년들이었다. 그들은 아침에 무자맥질을 하다가 보통 머리 덮개로 쓰는 작은 바구니를 잃어버렸다. 그들의 긴 곱슬머리는 멋진 구릿빛 어깨까지 내려왔고 팔꿈치 바로 위에 은팔찌를 끼고 있었다.

나코다는 배에 타자 마치 배에 방문하러 온 것처럼 관습적으로 인사를 했으며, 배를 다 돌며 악수를 하라고 해도 별로 어려움 없이 했을 것이다. 아랍인들은 운명론을 믿기 때문에 태연한 태도가 아주 자연스러웠다.

어제 이들은 그에게 잡혀 있었는데 오늘은 다른 상황이 되었다. 이런 것이 운명이다. 그래서 상황이 어떻든 그들은 일종의 평온을 유지하여 무관심한 방관자가 될 것이다. 게다가 그들은 전혀 죄책감을 느끼지 않는다. 그런 감정은 아예 존재하지 않는다. 그들은 이기거나 질 뿐이다.

곧 다른 두 배에 탄 사람들이 바다로 사라졌다고 우리 소말리 선원이 말했다. 그들이 소총을 쏘아 우리 선원은 놀라서 멈췄다. 나는 좀 전에 풀어주었던 포로 네 명의 족쇄를 다시 채우라고 명령했다. 그들은 신발 상인들이 하는 것을 보듯이 무심하게 족쇄를 다시 채우는 것을 보았다. 아브디가 나코다의 발에 족쇄를 너무 세게 채웠을 때만 나코다가 반항했다.

"모하메드 오마르. 조용히 해라. 계속 족쇄가 불만이라면 몇 분 후에는 목에도 채워 줄 테다."

"알라의 뜻대로. 그런데 당신이 나를 어떻게 알지?"

나는 신비한 분위기를 조성하려고 대답을 하지 않았다. 목을 매달지도 모른다는 생각 때문인지 강도들의 부자연스럽게 침착한 태도가 흔들리는 것 같았다.

내가 강도라고 말했지만 그것은 정확하지 않은 말이다. 그들은 아랍의 해적 사라닉인들이었다. 예를 들어 배를 빼앗는 것은 그들에게 사냥하는 것보다 덜 잔인한 일이다. 배는 스스로를 늘 보호할 수 있지만 동물은 그렇게 할 수 없기 때문이다. 지부티에서 이 해적들

다수는 사회의 규칙을 잘 지키며 정직하게 살고 있다.

어쨌든 나는 이 사람들을 그렇게 멀리 싣고 갈 생각이 없었다. 공포심을 유발해서 진주가 어디에 있는지 알고 싶었을 뿐이었다. 우리가 생각을 하는 동안 나코다는 한 상자를 열심히 보고 있었다. 우리는 그 상자를 주의 깊고 끈질기게 살펴보았지만 단순한 상자에 불과하다고 결론을 내렸었다. 나는 그의 족쇄를 풀고 내게 데려오라고 명령을 내렸다.

"당신은 바다의 법에 따라 당신이 어떻게 될지 알고 있나?"

"알라는 위대하셔서 그의 뜻에 따라 모든 일이 이루어질 것이다! 네가 나를 죽이려고 한다면 나는 반항할 수 없지. 하지만 나는 아무도 죽이지 않았다는 점을 말해두고 싶다."

"그렇다면 네가 하르밀 섬에서 바다에 던진 사람은 살아 있나?"

"알라만이 아시지."

"내가 그를 묻고 왔으니까 나도 알지." 그는 어깨를 으쓱하더니 계속 침묵을 지켰다. "하지만 네가 나를 몰라도 나는 너를 알아. 그리고 너의 모든 종족이 너는 도둑처럼 목매달려 죽으며, 또 네 잘려진 머리는 상어에게 던져졌다고 알게 될 거야. 너는 다친 사람을 바다에 던졌으니까 너도 내가 너를 묻어줄 거라고는 기대하지 않겠지. 개 같은 니의 영혼은 불의 날까지 떠돌 거야."

"알라의 뜻대로."

"그러나 네가 이 사람에게 진주를 준다면 너 자신을 구하고 너의 선원들을 구하는 길을 마련해주지."

"내게는 진주가 없다."

"나는 그렇게 묻지 않았는데. 진주가 어디에 있는지 알고 싶다."

"내게는 진주가 없다고 말했을 텐데. 내 몸을 뒤져봐라." 그러더니 그는 자신의 옷을 찢었다.

"나를 놀려봐야 소용없어. 나도 너한테 진주가 없다는 건 잘 알고 있지. 하지만 넌 진주가 어디에 있는지 알고 있어. 나는 네가 죽기를 바라는 이 모든 사람들에게 분명히 말했지." 나는 나지막한 목소리로 덧붙였다. "네가 목숨을 구하기 위해서 진주가 어디에 있는지 내게 말했다고."

나는 이렇게 말하면서 구리로 무늬를 새긴 상자와 그의 미덥지 못한 눈을 번갈아 보았다. 그가 상자에 보였던 관심은 진주를 숨긴 곳을 암시했고, 나는 어느 것도 확신하지 않은 상태로 암시를 주었다. 그러나 나는 올바른 방향으로 가고 있었다.

오랫동안 침묵이 흐른 후 그는 머리를 숙이고 가라앉은 목소리로 항복하는 사람처럼 말했다. "내 상자를 가져오시오. 거기에 있소."

상자의 바닥을 이루는 받침대 하나의 길이 전체에 구멍이 뚫려 있었으며 밀랍으로 봉해져 있었다. 이 구멍에서 그는 작은 자루를 당겼다. 나는 이 자루를 수단인에게 넘겨 열어보게 했다. "하지만 빠진 게 있소!" 그는 탄식을 했다.

"무엇을 원하오?" 모하메드 오마르는 이렇게 대답했다. "일부는 다른 자루에 넣어 세린즈(serinj, 대리인 또는 중개인)에게 맡겨야 했소. 그래야 아무도 그 진주의 존재를 알지 못하기 때문이오. 조심스러워야 한다는 걸 나는 경험으로 알고 있소."

"좋아. 네 말을 믿도록 하지." 나는 그렇게 말하고 그 수단인을 돌아보며 다음과 같이 덧붙였다. "하늘에 당신이 세상에서 가장 아름다운 진주를 되찾은 것을 감사하도록 하시오. 그 대리인은 최악의 진주를 가진 것이 틀림없소." 나는 식사 시간이었기 때문에 아랍인 세 명을 풀어주라고 명령했다. 이 아랍인들은 선원들과 함께 아무 특별한 일도 없다는 듯이 전통적인 밥 한 그릇을 먹었다. 하지만 이제 나는 이들을 어떻게 해야 하나? 내가 이런 생각을 하는 동안 배 두 척이 수평선에 나타나서 우리에게 왔다. 나머지 사라닉 선원이었다. 나는 그들에게 멀찌감치 있으라고 말했다. 그들 중 한 명이 상황을 충분히 잘 설명했다……

바다에서 물이나 식량이 없으면 분명히 죽는다고 그들은 생각했다. 동양에서는 모든 것이 조정되기 때문에 상황을 조정하는 게 나았다. 그들은 배를 잃었다고 우는 소리를 하면서 우리에게 자비를 청했다. 그들은 한목소리로 애원했다. 악마가 그들을 현혹하여 하르밀 섬으로 이끌었다, 게다가 그들은 단지 물을 원했을 뿐이며 싸움을 시작한 이유는 수단인이 쏜 총탄 때문이었다, 등등. 사냥꾼 이야기에서 그 시작이 토끼였다니!

"세린즈는 어디에 있나?" 내가 곧 질문했다.

"우리는 모릅니다. 배가 폭발했을 때 물에 빠졌을 겁니다. 그때 이후로 그를 본 사람이 아무도 없으니까요. 당신들이 화약으로 그를 죽였어요."

나는 곧 나코다가 얼마나 신중했는지를 생각했다. 그는 탐욕으로 인해 권위를 발휘하지 못하게 되는 큰 위험을 어떻게 피할 수 있는지 알고 있었다. 진주를 넣은 자루를 세린즈에게 주어 그를 모든 보물을 가진 사람으로 뽑았고, 분명히 그는 자신의 목숨으로 그 명예의 값을 지불했을 것이다. 마치 같은 생각을 주고받기라도 하듯이 나코다의 시선이 나와 마주쳤다.

그 사람들 모두가 우리 배에 타는 것을 나는 원치 않았다. 그렇게 많은 수라면 그들이 무장하지 않아도 위험했기 때문이다. 나는 그들의 몸을 수색하다가 세번째 사람에게서 진주가 든 자루를 찾았다. 세린즈가 자신의 목숨을 바친 바로 그 진주였다.

나는 그 진주가 어디에서 온 것인지 모르는 체했다. 나는 재판을 집행하는 사람이 아니었다. 무엇보다도 그 사람들 전부에게서 벗어나는 것이 급선무였다. 나는 그들을 배에 태우고 싶지 않았다. 우리는 이미 20명이나 되었고 그 이상이 마실 물도 먹을 식량도 없었다.

나는 물이 가득 담긴 등유통 네 개와 대추야자를 담은 큰 자루를 주어 사라닉 선원들을 통나무배에 태워 보내며, 증기선 항로를 향해 가서 마음씨 좋은 선장에게 태워달라고 하라고 충고했다.

얼마 후에 나는 전 해적 나코다를 만났는데, 이번에는 평화로운 상선을 타고 있었다. 아덴으로 향하던 노르웨이 화물선이 그들을 태워주었다고 그는 말했다. 그들은 진짜 표류자들이라고 주장하여 영국 당국의 보호를 받았다……

영국 당국은 제2차 세계대전 때 드 몽프레가 이탈리아인들과 공모했다는 혐의로 체포하여 케냐의 전쟁포로 수용소로 보냈다. 곧 풀려난 그는 숲속의 오두막에서 지내며 사냥을 하여 살아남았다. 그는 전쟁 후에 프랑스로 돌아와 루아르 계곡(Loire Valley)에 있는 17세기 저택을 사고 그곳에 정착하여 글을 쓰고 그림을 그렸다. 또 정원에서는 아편도 재배하다가 가까스로 기소를 면했다. 그는 가족 소유의 고갱 그림들을 저당 잡혔지만 나중에 그 그림들이 위작인 것으로 밝혀졌다. 이 늙은 해적에게는 숨겨놓은 한두 가지 속임수가 아직 더 있었다.

앙리 드 몽프레는 오래 살았다. 그는 95세의 고령에 사망했으며, 당연히도 프랑스에서 숭배의 대상이 되었다.

남태평양에서 시간을 거슬러 올라가다

TURNING BACK TIME IN THE SOUTH SEAS

토르 헤위에르달 (1914~2002)

낙원을 찾아 떠나는 여행은 여행자의 가장 오래된 꿈이 분명하며, 쿡 선장이 남태평양을 항해한 이후, 폴리네시아의 야자수가 늘어선 섬들만큼 유혹적인 낙원은 없어 보였다. 특히 지구에서 어떤 섬보다 먼 마르키즈 제도에는 특히 낭만적인 매력이 있었다. 그곳에서 허먼 멜빌은 친절한 식인종들과 함께 살았고, 폴 고갱은 타히티가 이미 지나치게 문명화되었을 때 그곳에서 그림을 그렸다. 그리고 남태평양의 매혹적인 파투히바 섬에서 토르 헤위에르달의 특별한 경력이 시작되었다.

헤위에르달은 어렸을 때부터 현대 세계를 벗어나는 꿈을 꾸었다. 이 노르웨이 청년은 오슬로 대학교에서 리브 토르프를 만나 좋아하는 야외 생활을 함께 즐겼다. 두 사람은 1936년 크리스마스이브에 결혼했다. 다음 날 그들은 파투히바 섬으로 전형적인 남태평양 전원 여행을 떠나, 나뭇잎으로 집을 짓고 코코넛을 먹으며 자연과 더불어 더없이 행복하게 지내려 했다. 그러나 그가 나중에 말한 이 "낙원을 찾아 간 첫번째 시도"는 성공하지 못했다. 뱀이 아닌 모기가 이들을 에덴동산에서 쫓아냈다. 모기들은 상피병(象皮病)을 옮겨 이 섬사람들의 목숨을 앗아갔다.

헤위에르달의 이단적인 생각과 그에 따른 모험이 없었다면, 두 사람이 실패한 시도는 주목할 만하지 않았을 것이다. 그는 파투히바 섬에서 남아메리카에서 비롯되었다고 생각되는 식물과 석기 유물을 발견했다. 이는 보통 알고 있는 것처럼 폴리네시아인들이 아시아에서 나온 것이 아니라 남아메리카에서 나와 자리를 잡았다는 그의 전제를 향한 큰 진전이었다. 1947년, 그는 자신의 생각을 무시하는 사람들에게 도전하여 페루의 밀려드는 파도에 발사목 뗏목을 띄우고 3개월간 6,920킬로미터를 가서 폴리네시아의 투아모투 제도의 한 암초에 부딪쳤다. 콘티키 호를 타고 떠난 대담하고 극적인 항해로 토르 헤위에르달은 유명해졌다.

그러나 1937년에는 토르 헤위에르달이 이러한 성공을 꿈꾸지 않았다. 토르가 22세, 리브가 20세였던 그때 두 사람은 낙원을 찾고 싶었다. 두 사람의 파투히바 섬 경험 이야기는 헤위에르달이 전혀 알려지지 않았을 때 『내셔널 지오그래픽』에 발표되어, 영어를 쓰는 대중들에게 토르 헤위에르달이 이때 처음으로 널리 알려졌다.

우리는 이 땅을 보기 전부터 소금기 가득한 바다 너머 우리에게 풍겨 오는 내지와 식물의 따뜻하고 활기찬 향기를 느꼈다.

그리고 푸른 바다가 언덕에서 아래쪽으로 뻗어 있는 밀림처럼 녹색으로 바뀐 섬의 그늘을 향해 항해하면서 우리가 비길 데 없이 아름다운 땅을 선택했다고 생각했다……

스쿠너(두 개 이상의 돛대를 가진 세로돛의 범선/옮긴이)는 급경사진 해안을 따라 서서히 나아갔다. 해안에 줄지어 늘어선 깊은 골짜기의 바위 입구는 아름답게 우거진 푸른 숲을 드러냈다. 가파른 산의 벽이 다음 골짜기에서 열릴 때까지 붉은 바위에 가려 흔들리는 야자수, 햇볕이 잘 드는 해변, 부서지는 파도의 하얀 포말이 보이지 않았다.

어디에 정박해야 할까? 이것이 우리의 당면한 문제였다. 다행히도 배에 탄 한 원주민 청년이 파투히바 섬 출신이었다. 우리 선장조차 이 섬에 가본 적이 없었기 때문에 이 청년만 그곳을 잘 알았다.

골짜기가 계속 나타날 때 그는 원주민들이 어디에 살고 어디에서 식수를 찾아야 하는지 설명했다. 그리고 마침내 그의 안내에 따라 우리는 구명보트를 탔고, 원주민들이 섬을 향해 노를 저어가는 동안 우리는 흥분하여 가슴이 콩닥콩닥 뛰었다. 우리 배가 해안에 닿기 전에 부서지는 파도가 큰 소리를 내며 올랐다가 눈처럼 하얀 포말을 일으켰다.

우리는 녹색 벽 같은 넘실되는 바다의 물마루 위에서 사납게 몰아치는 파도를 타고, 높이까지 춤을 추는 포말 한복판에서 부드러운 검은 화산암 모래 위로 던져졌다. 머리 위로 무역풍이 술 장식 모양의 야자수 잎을 흔들었다. 녹색 언덕이 우리 주위에 솟아 있었다. 공기 속에는 잊히지 않는 열대의 향기가 짙었다.

원주민들은 보트에 다시 타서 스쿠너를 향해 노를 저어 갔다. 테레오라 호의 하얀 돛이 수평선으로 사라졌다.

우리는 항해 중에 입던 옷이 든 트렁크만 들고 서 있었다. 그리고 거의 답사한 사람이 없는 이 섬을 과학적으로 조사 연구하기 위해 가져온 재료를 빼면 다른 것은 없었다. 이상하게 우리뿐이라는 기분이 엄습했다.

다음에는 무얼 해야 할까?

우리 둘은, 함께 충동적으로 트렁크를 나무 그늘 쪽으로 끌고 가기 시작했다……

우리는 골짜기 깊이 들어가고 강을 건너 언덕을 올라가서, 우리의 첫 집으로 바랐던 곳을 찾았다. 한때 이 골짜기 안의 왕이 이곳을 저택으로 선택했었기 때문에 이 집은 문자 그대로 왕의 자리였다. 이제는 개간지가 다시 밀림이 되었다.

우리는 수풀을 답사하면서 큰 돌들로 지은 목욕 웅덩이의 잔해가 남은 차갑고 깨끗한 샘을 발견했다. 근처에는 똑같이 큰 바위들을 쌓은 단과 계단이 언덕에 지어져 있었다.

울창한 초목이 우리 머리 위로 얽혀 있었고, 햇빛과 주위의 지역 풍경을 모두 가렸다. 그러나 이곳에는 좋은 물이 있었고, 이곳이 왕에게 적당했다면 우리가 누구 탓을 해야 할까?

나는 대나무 한 조각을 잘라서 막대기로 마디에 구멍을 내고 웅덩이의 돌 사이에 그 대나무 줄기를 밀어 넣었다. 대나무를 통해 깨끗하고 시원한 물이 나왔고, 이 물은 어떤 물보다도 맛이 좋았다.

우리는 시간을 낭비하지 않고 텐트 세울 공간을 만들기 시작했다. 우리는 타히티 손도끼로 두꺼운 녹색 바나나 줄기를 양파 자르듯이 베었다. 거대한 뺑나무도 땅에 쿵 소리를 내며 쓰러졌다. 리브는 덤불, 덩굴식물, 큰 잎사귀, 양치류들을 모두 베었고, 곧 햇볕이 들면서 약한 산들바람이 이 이전 왕의 저택의 잔해에 도달했다.

아까부터 우리는 멋진 장관을 볼 수 있었다. 아래쪽에는 야자수 숲의 녹색 지붕이 있었고 여기저기 푸른 개울이 보였다. 위에는 거대한 산맥이 있었고 그곳에 보이는 하얀 점들은 산양이었다.

우리는 해가 지기 전에 충분한 공간을 확보하여 작은 텐트를 세워 모기와 독이 든 지네를 피했다. 나는 붉은 산바나나 몇 개를 잘라서 구운 후에 우리 야자수 잎 침대로 갔다. 우리는 윙윙거리는 야자수와 멀리서 나는 총소리와 같은 야자열매가 떨어지는 소리를 들으며 잤다.

이상한 소리에 우리는 잠에서 깼다. 곰이나 들개, 아니면 과일쥐에게 달려드는 들고양이였을까? 작은 새들의 즐거운 노래 소리가 다음 날 아침 우리를 깨웠다. 파란색과 노란색의 큰 새 한 마리는 이들의 노래 소리에 깊고 낮은 소리를 더했다. 이 아름다운 새는 야자수 주위를 훨훨 날며 깊은 후우 소리를 내어 몇 킬로미터까지 그 소리가 울려 퍼졌다.

우리는 웅덩이의 깨끗한 물속에 잠깐 들어갔다 나와서 아침으로 야자열매를 먹고 나무에서 갈고리로 당겨 딴 잘 익은 오렌지 몇 개를 입가심으로 먹었다. 우리는 정말 아무 생각 없이 즐겁게 웃었다.

얼마나 멋진 곳인가! 인생이란 얼마나 멋진가!

이 밀림 속에서 오래된 고원을 정리하는 데 사흘이 걸렸다. 우리는 그곳 주위에서 야자열매, 바나나, 파파야, 망고, 오렌지, 레몬, 빵나무 열매와 잘 알려지지 않은 야생 열대 과일 다수가 자라는 햇빛이 잘 드는 정원을 정리했다. 일정한 기간에 익는 빵나무 열매와 망고를 제외하면 여러 덤불과 나무는 한해 내내 꽃과 덜 익은 과일과 잘 익은 과일을 동시에 달고 있었다.

절벽에서 자라기 때문에 타히티에서는 따기 매우 어려운 붉은 산바나, 혹은 페이(fei)는 오모아 골짜기에 많았다. 우리는 이 과일을 매일 먹었다. 이 과일은 날로 먹을 수가 없어서 우리는 밖에 피운 불

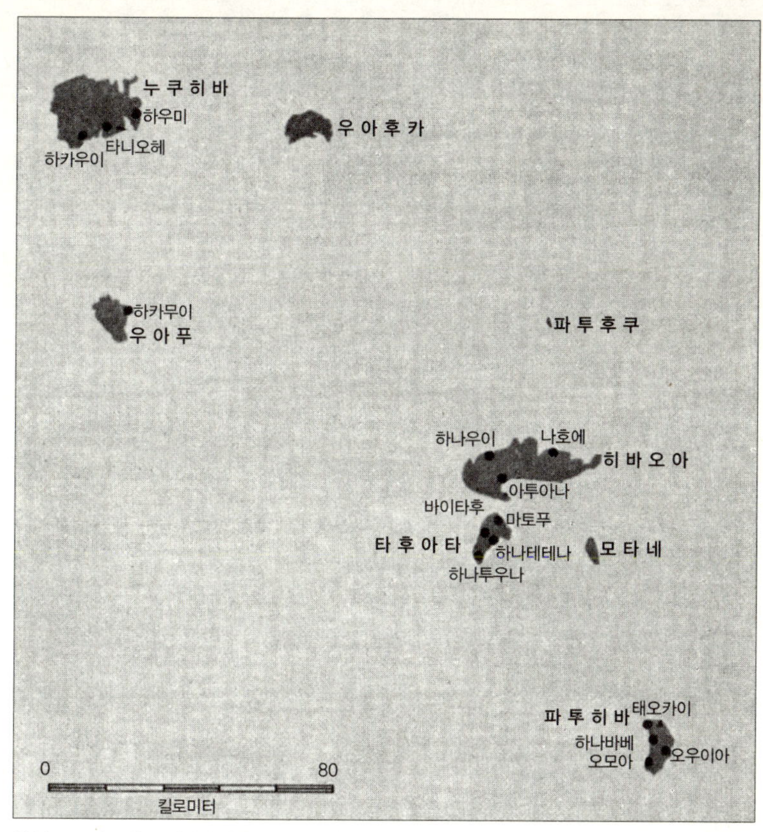

양옆으로 파도가 부서지며 울퉁불퉁하고 험한 협곡과 울창한 수목이 우거진 화려하며 낭만적인 마르키즈 제도는, 토르 헤위에르달이 파투히바 섬에 도착했을 때 프랑스령 폴리네시아의 일부였으며 타히티의 통치를 받았다.

에 굽고 야자열매 심을 갈아서 짠 하얀 기름과 곁들여 먹었다.

우리의 날마다의 식단에 붉은 산바나나와 마찬가지로 중요한 것은 큰 녹색 빵나무 열매였으며 이것 또한 익혀야 먹을 수 있었다. 우리는 이 열매를 작은 불의 가운데에 놓고 껍질이 검게 타고 맛있는 하얀 과육이 쪼개져 나올 때까지 두었다. 이 열매는 녹말이 많고 속이 꽉 차 있었으며 맛은 갓 구운 빵과 감자를 섞은 것과 같았다.

그러나 샘 아래의 질퍽질퍽한 흙 밑에서 우리는 진짜 감자밭을 찾았다. 이곳에 타로토란 뿌리와 큰 하트 모양의 잎이 자랐다.

이런 식량과 바나나와 야자열매가 우리의 주식이 되었다. 야자열매는 물리지가 않았다. 우리는 아침으로 야자열매를 먹고 저녁으로도 먹었으며, 어린 녹색 열매의 시원한 즙을 언제나 곁에 두고 있었다. 사탕수수를 으깨어 오렌지와 레몬 과즙에 섞은 음료수 또한 우리가 좋아하는 찬 음료수였고, 따뜻한 음료수로는 오렌지 나무의 시든 잎으로 끓인 차를 마셨다.

그러나 우리는 우리 집을 지을 장소를 확보하면서 식량을 더 찾았다. 우리는 오래된 잔해 속에서 돌, 조개껍질, 뼈로 만든 도구들을 찾았다. 수집가들이 모을 만한 것이었다.

우리의 작업이 끝났을 때 우리는 잔해 위에 우리 오두막을 세우는 것을 도와달라고 친절한 원주민들에게 부탁했다. 우리는 왕의 성이 세워졌던 곳에 우리의 소박한 집을 지었다. 단단한 나뭇가지로 완성한 토대는 가로 1미터 80센티미터, 세로 3미터 60센티미터였다……

우리의 작은 집은 봄의 신선함으로 우리를 맞았고, 우리는 대나무가 오래되면서 바뀌는 아름다운 색에 결코 질리지 않았다. 주름을 잡은 벽은 녹색에서 적갈색과 노란색으로 변했다. 우리는 나뭇가지로 침대를 만들고 야자수 잎 더미를 덮었다. 그리고 나는 작은 선반, 탁자, 구부러진 의자 두 개를 만들었다. 우리는 해변에서 모은 큰 진주조개 껍데기를 접시로 썼다. 컵과 숟가락으로는 대나무 마디를 썼고, 큰 컵과 공기로는 야자열매 껍질을 썼다……

바다가 웬만큼 잔잔할 때 우리는 원주민 두 명과 함께 통나무배를 타고 낚시를 하러 나갔다. 마르키즈 제도 주위에는 산호초가 없기 때문에, 수천 킬로미터를 굽이쳐 오는 너른 바다의 험한 파도가 파투히바 섬의 해안에 큰 소리를 낸다. 그러나 며칠 밤낮으로 광대한 태평양은 이 섬 주위에서 빛나는 거울처럼 잔잔할 것이다. 보름달이 뜨는 그런 밤에 우리는 날치를 잡으러 갔다.

바깥쪽으로 나온 노 받침대가 달린 통나무배 두세 척이 검은 벨벳 같은 바다로 미끄러져 나갔다. 우리 뒤에는 열대 하늘을 배경으로 섬들의 찢어진 실루엣이 있었으며, 우리 앞쪽에는 각 통나무배의 이물에서 마른 막대기의 횃불이 타올랐다. 물을 따라 불꽃이 튕기며 타오르는 횃불은 검고 깊은 물속에 있는 날치를 유인해서, 날치들이 어뢰처럼 공중 위로 치솟았다. 우리는 낮은 통나무배 바닥에 앉아서 이 날치들을 큰 그물로 잡으려고 했다. 이 일은 엄청나게 재미있었다. 날치는 화살 같은 속도로 통나무배 주위에서 질주했다.

날치는 우리 머리, 배, 옆구리에 부딪쳤고 여러 마리가 통나무배 안으로 바로 치솟아 들어와서 물에서 말고는 날아오를 수 없어 속절없이 버둥거렸다. 횃불이 다 탔을 때 물고기는 사라졌고, 우리는 직접 잡은 맛 좋은 물고기를 배에 싣고 달빛 아래에 깊은 바다에서 낚시를 시작했다.

우리는 우리 낚싯줄 끝에 걸린 것이 무엇인지 결코 알지 못했다. 때로는 상어나, 날카롭고 위험한 이빨이 있는 곰치과의 거대한 심해 뱀장어가 걸렸다. 때로는 앵무새 부리 같은 부리가 있거나 몸이 바늘로 덮인 물고기가 걸렸다. 우리는 온갖 크기, 모양, 색의 물고기를 잡았다. 파투히바 섬 주위의 바다는 거대한 수족관이기 때문이다.

그러나 우리는 시간 대부분을 우리끼리 밀림에서 때로는 원주민

옷만 입고 보냈다. 우리 두 사람은 잘 익은 과일이나 판다누스 열매를 찾으러 작은 원정을 떠나거나, 강바닥을 따라가서 야자열매를 씹어 미끼로 삼아 맛있는 민물새우를 잡았다.

우리 생활의 즐거움은 깊었다. 문명의 소음과 속도에 무뎌진 우리의 감각은 삶의 대체물에서 벗어난 진짜 삶 속에서 깨어났다.

우리는 야외에서 힘든 하루를 보내고 짐을 가지고 돌아와 맑은 산 개울에 뛰어들어 깨끗하고 시원한 물속에서 피로를 푼 후에 식사를 즐겼다. 우리는 시계가 없어서 배꼽시계에 따라 식사를 했고 태양의 위치에 따라 자고 일어났다.

우리는 우리의 새로운 생활 속에서 없으면 안 되는 두 가지 인공물이 있다는 사실을 알았다. 하나는 날로 먹지 못하는 여러 과일과 뿌리를 넣어 요리하는 냄비이고, 또 하나는 야자열매의 두꺼운 겉껍질을 자르는 칼이었다……

남태평양 섬들을 완벽한 낙원이라고 그리는 것은 거짓일 것이다. 풍부한 자연과 자연의 아름다움은 아마 이곳이 세계의 다른 어떤 곳보다 완벽한 낙원에 가깝다고 주장할 만하다. 그러나 뱀이 에덴에 들어왔다. 사람들은 이 섬들에서 독 있는 파충류에게 괴롭힘을 당하지는 않았지만, 이 섬들은 곤충에서부터 심지어 밀림의 진흙터까지 질병의 위험으로 가득 차 있다. 솔직해지려면 이런 점을 언급해야 한다.

특히 우리 발이나 발목에 난 베이거나 긁힌 상처는 그 상처가 아무리 작더라도 철저히 보호해야 했다. 그곳에서 한 번 상처가 낫지 않으면 대신 커지고 퍼졌다. 종기가 계속 자라면서 우리의 문제가 시작되곤 했다. 우리는 잎과 꽃을 이용하는 예로부터 내려오는 원주민 방식으로 치료하고 끓는 물로 소독했지만, 어떤 방법도 상처를 완전히 낫게 하지는 못했다.

몇 달이 지나고 스쿠너 한 척도 파투히바 섬에 들르지 않았을 때, 우리 상황은 심각해졌다. 우리는 거의 몇 주 동안이나 식량을 구하러 우리 오두막에서 나갈 수가 없었다. 그리고 우리는 절박한 결정을 했다. 원주민 마을 근처의 해변에 오래전에 어떤 스쿠너가 버린 낡아빠진 구명보트가 있었다. 내 재촉을 받아 원주민들은 이 보트를 고치고 돛을 달고 식량을 실었다.

결국 어느 날 리브와 나는 노를 젓는 선원 열한 명과 함께 우리 섬에서 출발했다. 상쾌한 바람에 실려 우리의 보트는 땅이 보이는 곳에서 벗어났고, 나침반이나 다른 도구 없이 우리는 방향을 잡았다. 원주민 선원인 노련한 이오아네가 노를 써서 수평선 너머 가까운 곳에 숨어 있는 히바오아 섬 방향을 향해 조종했다……

마르키즈 제도의 남쪽 섬들 중에 가장 큰 섬인 히바오아에는 가톨릭 선교사, 프랑스 경찰, 영국 상점주인, 노르웨이 코프라 재배인, 중국인 두세 명, 수백 명의 원주민들이 있다. 파페에테(Papeete) 병원에서 수련한 원주민 중 한 명은 이 섬에서 의사로 일했다. 그는 금방 우리의 상처를 절개하고 치료했으며, 한 달 후에 상처가 완치되었을 때 우리는 스쿠너를 타고 파투히바 섬으로 돌아갈 준비를 마쳤다.

돌아가서 보니 곤충들이 우리의 대나무 오두막을 먹었고, 개미, 독 지네, 거대한 거미 등이 오두막에 들끓었으며, 우리의 작은 개간지는 다시 밀림의 일부가 되어 있었다. 따라서 원주민 친구 두세 명의 도움으로 우리는 이 섬의 동쪽에 있는 오우이아 골짜기로 옮겼

낙원에서 보낸 첫날 저녁. 두 사람 앞의 모든 것이 아직 순수할 때, 역시 순수한 청년이었던 토르 헤위에르달은 붉은 바나나를 옮기고 있다. 헤위에르달과 그의 신부는 이 바나나를 불에 구워 간단한 식사를 할 것이다.

다. 이곳에서 나이 많은 한 원주민이 수양딸과 함께 살고 있었다⋯⋯

울창한 대나무 숲과 양치류 나무숲을 뚫고 내륙의 고지로 가는 힘든 여행이었지만, 따뜻한 환영이 우리를 기다렸다. 나이 많은 추장 테이 테투아는 야자수 사이의 오두막에서 뛰어 나와 우리를 맞았다. 그는 한동안 숨을 못 쉬다가 마침내 토착어로 헐떡이며 말했다. "와서 드세요. 돼지고기를 드세요. 참, 더 이상 돼지는 없으니까 닭고기를 드세요."

다음 날 아침에 우리 친구들은 우리와 테이 테우아와 어린 딸 타히아 모모를 남겨두고 떠났다.

우리는 상쾌한 무역풍이 모기와 밀림의 악마들을 휩쓸고 간 해변 근처까지 내려와 높은 장대 위에 새 집을 지었다. 한쪽 벽을 트고, 우리 침대로 쓸 나뭇잎 더미 위에는 어떤 가구도 놓지 않았다.

우리는 새 둥지에 살고 있는 것 같았다. 폭풍이 바다에서 불어 닥치거나 야생 수퇘지들이 골짜기를 어슬렁거리다가 멈추어 우리 집의 장대를 긁을 때는 마치 우리 집이 바깥의 야자수 꼭대기처럼 흔들렸다.

내가 리브의 요리용 레인지로 쓸 잘 깨지지 않는 구멍이 많은 돌들을 주우러 갔을 때 테이 테투아가 항의를 하러 달려왔다. "당신들은 내 골짜기의 손님입니다. 당신들은 내가 만든 음식을 먹어야 합니다."

그는 이렇게 말했다. 그리고 그는 우리의 하나뿐인 냄비를 들고 도망갔다.

그 다음 몇 달간 우리는 음식을 익히지 못했다. 매일 테이 테두아는 사다리를 타고 우리 문 앞까지 올라와서 이상하지만 먹을 만한 음식으로 가득한 큰 나무 공기를 건넸다. 그의 특별 요리는 껍질째 먹을 수 있는 작은 게를 코코넛 밀크에 끓인 것과 나뭇잎 사이에 수퇘지 고기를 넣고 구워서 얼얼한 맛의 소스에 담근 것에 삶은 타로토란 뿌리를 수북이 곁들여 낸 것이었다.

힘세고 강인한 테이와 함께 과일과 먹을 수 있는 뿌리를 찾거나, 예전의 조각품을 찾아 옛 동굴과 잔해를 답사하는 데 내 시간을 거의 다 썼다.

우리 네 명이 모닥불 주위에서 있을 때 테이가 우리에게 지나간 날들에 대해 이야기했던 저녁을 잊을 수가 없었다. 우리들의 세계는 아주 멀리 있었다. 어두운 바다 위의 한 지점을 가르고 세계가 어두운 절벽에서 끝나는 듯한 골짜기의 야자수 꼭대기를 비추는 달과 피어오르는 모닥불 주위의 우리 네 사람을 제외하면 아무것도 존재하지 않았다.

이따금 우리는 테이에게 대도시와 비행기 같은 현대의 놀라운 물건들에 대해 이야기했지만, 그렇게 말하면서도 우리 스스로도 의아했다. "정말 사실일까?"

테이가 콧구멍으로 분 대나무 피리 음악은 조야하고 단조로웠을지 모르지만 우리를 매료시켰고 밀림의 밤의 영혼을 설명해주었다. 그가 옛날부터 내려오는 원주민들의 창조 이야기를 노래했을 때 우리는 그 이야기에 아담과 이브와 여호와라는 이름만 없을 뿐 기독교 이야기와 같다는 사실에 놀랐다.

테이가 식인 풍습과 종족간의 전쟁 중의 잔인한 행위에 대해 이야기할 때 우리는 소름이 끼칠 때도 많았지만, 우리는 우리 문명이 우월한 지식에도 불구하고 결코 발달하지 않았다고 느꼈다.

아직도 종족의 회합 장소에서 화덕을 볼 수 있는데, 한때 전쟁의 적들을 그 화덕에 구워서 마르키즈 고유의 신들 중 한 명인 티키에게 경의를 표하는 뜻으로 의사가 먹었다. 보통 사람들 중에는 사람 고기를 먹는 사람이 거의 없었다. 그러나 테이는 자신의 아버지 우타는 '긴 돼지'라고 하는 오래 묵어도 맛있는 사람 고기를 다른 어떤 것보다도 좋아했다고 아주 존경스럽다는 듯이 말했다……

우리는 테이와 그의 어린 수양딸을 처음 만난 몇 달 후에 유감스럽지만 작별 인사를 했다. 우리 둘이서만 신나게 산을 올라가서 다른 해안으로 내려가 타호아 해변의 험한 벼랑의 동굴 속에 마지막으로 집을 지었다. 이곳에서 우리는 바위 사이의 얕은 물에서 식량을 구하고 언제 푸른 수평선에 작은 스쿠너의 하얀 돛이 오나 지켜보며 몇 주를 지냈다.

스쿠너가 와서 우리가 밧줄 사다리를 통해 뱃전으로 올라갔을 때 원주민 선원들은 우리의 야만스러운 외양을 보고 경악했다.

한 예의 바른 타히티 원주민이 프랑스어로 말했다. "선생님, 정말 야만인 같아 보이십니다."

우리 배가 바다로 나갔을 때 리브와 나는 뱃전에 남아 마지막으로 우리 섬을 보았다. 찢어진 푸른 그림자가 바다 속으로 사라졌다.

나는 리브에게 말했다. "파투히바는 분명히 딱 맞는 곳이었어. 하지만 낙원으로 가는 표를 사지 못했지!"

그들은 바다에서 살아남았다

THEY SURVIVED AT SEA

사무엘 F. 하비 소령(1908~1994)

샘 하비는 기략이 풍부한 사람이었다. 험한 야외 활동을 즐기는 편인 그는 숲속에서 자신을 챙기는 법을 알고 있었다. 하비는 한번은 세계 여행을 하면서 시베리아 기차 정거장에서 기계 체조 묘기를 선보이며 구걸했다. 그는 자신의 뜻을 전하는 데도 재주가 있어서 위에서 말한 재주넘기와 뉴욕에서 민간인 환경보존단 캠프를 감독한 경험에 관한 글을 썼다. 하비는 제2차 세계대전 당시 이렇게 풍부한 기략과 이야기를 만들어내는 재능을 합쳐서 미국 해군 장교로서 훈련 영화를 감독했고 전장의 포화 속에 도착하여 야전병원 수술 같은 활동을 필름에 기록했다. 그는 태평양 현장에서 외딴 밀림이나 산호섬에서 길을 잃거나 갇힐 수도 있는 군인들을 위해 원주민들의 생존 기법을 영화로 찍었다. 그는 매혹적인 강연가였고 『라이프 *Life*』 『룩 *Look*』 『페전트 *Pageant*』 『리더스 다이제스트 *Reader's Digest*』 그리고 물론 『내셔널 지오그래픽』 같은 잡지에 글을 기고했다.

1945년 5월호에 실린 「그들은 바다에서 살아남았다」를 빌흐잘무르 스테팬슨은 "주목할 만한 잡지 중에서 가장 주목할 만한 글"이라고 설명했다. 거의

6년 동안 북극의 얼음에서 돌아다니던 당대의 위대한 북극 탐험가 스테팬슨으로서는 인상적인 찬사였다. 그는 생존이라는 것이 어떤 것인지 잘 알고 있었다.

하비의 글 중 두 편을 다음에 싣는다. 해군의 선전이고 아니고를 떠나서 그의 글은 매혹적이며, 생존의 십중팔구는 대체로 운에 달려 있다는 사실을 잘 보여준다. 생존을 좌우하는 또 한 가지는 풍부한 기략이고 또 하나는 살고자 하는 순전히 끈질긴 의지이다.

조지 H. 스미스 중위의 사례는 조종사가 새로운 종류의 장비를 갖추고 이를 그대로 유지하여 20일간 비행하며 심각한 실험을 하게 된 경우였다.

1943년 7월 14일 스미스 중위는 그루먼 와일드캣(Grumman Wildcat)을 조종하여 과달카날(Guadalcanal) 섬을 출발해서 문다(Munda)로 향하고 있었다. 그는 조종 중에 계속 소나기구름을 만나서 사고를 피하기 위해 멀리 돌아가야 했다. 스미스는 결국 비행 편대에서 떨어져 나왔고, 믿을 수 없는 나침반을 가지고 연료도 거의 남지 않은 상태에서 거친 파도가 이는 어두운 바다 위에 착륙해야 했다.

비행기의 배 부분이 물에 닿았을 때, 이 비행기는 4미터 50센티미터 내지 6미터 앞으로 긴 후에 기수를 아래로 히고 비다 속으로 잠겼다.

훈련을 잘 받은 스미스는 즉시 탈출할 준비를 미리 갖추었다. 여분의 수통과 여분의 비상도구가 낙하산 멜빵에 묶여 있었고, 어깨끈과 안전벨트는 단단하게 당겨졌다. 비행기가 앞으로 나가기를 멈추자 그는 안전벨트를 풀고, 낙하산 버클을 채운 채 다리로 세게 밀어서 1미터 50센티미터 정도 수면 위로 올라갔다. 정확히 시간을 맞추는 것이 살아서 나가는 데 필수적이었다. 여기까지는 성공적이었다. 그 다음은 해상 구명조끼의 끈을 당겨 구명조끼를 부풀릴 차례였다. 그러고 나서 이 구명조끼에 의지하여 고무구명보트를 분리했다. 낙하산 멜빵에 부착되어 있는 1인용 보트였다.

스미스가 고무보트를 부풀리는 데는 약 5분이 걸렸다. 핀을 당기고 이산화탄소 실린더 밸브를 여는 등 어두운 곳에서는 해내기 어려운 작업이었지만 미리 연습하면 하기 쉬운 일이었다. 스미스는 지침을 아주 잘 따랐고 나중에 아주 유용하게 쓸 수 있도록 펼치지 않은 낙하산을 비축해두기까지 했다.

이렇게 작은 배를 넓은 바다에서 타는 기분은 전율과 공포가 합쳐진 것이다. 물에 젖어 무거워진 장비와 그의 몸이 뗏목을 가득 채웠다. 그는 아무리 작은 움직임이라도 이 조그만 배를 흔들어서 자신을 이 바다에 빠뜨릴 것만 같았다. 그래서 그는 진정되자마자 조심스럽게 배를 조종하고 느슨한 장비를 동여매서, 이 배가 뒤집혀도 자신의 소중한 장비를 잃어버리지 않도록 했다.

찬바람이 젖은 옷 사이로 불어오자 그는 낙하산을 펼쳐서 담요로 삼았다. 커다란 낙하산 갓이 귀찮아서 위의 반과 12개의 끈을 잘라냈다. 나머지는 묶어서 보트에 줄 하나로 걸어두고 배 밖으로 던졌다. 낙하산이 물속에서 고물을 따라 끌려가며 이 배를 고정하는 시 앵커(sea anchor) 역할을 하도록 했다. 그는 낙하산 끈을 이용하여 장비를 더 묶고 낙하산 갓을 올려 덮고 자려고 했다. 첫날밤에는 거의 자지 못했지만, 나중에 그는 방법을 익혀서 배가 위아래로 움직여도 최소한 하룻밤에 몇 시간씩 잘 수 있었다.

　가장 좋지 않은 점은 그와 바다 사이에는 얇은 방수천밖에 없어서 이 보트 바닥, 아니 스미스 자신의 엉덩이에 파도가 쾅쾅 부딪치는 것이었다. 그 소리에 그는 신경이 거슬려 거의 미칠 지경이었다. 그는 밤에 세 번씩 구급상자 안의 모르핀 주사에 의지하여 안정을 찾았다. 모르핀 주사를 맞으면 파도가 쾅쾅 부딪치는 소리도 약하게 들리고 꼭 필요한 수면도 취할 수 있는 것 같았다.

　낮에는 덥고 밤에는 추웠으며, 파도는 거세게 몰아쳤다. 스미스는 현명하게 신발을 신고 모자를 쓰고 고글을 끼고 모든 옷을 입고 있었다. 금발에 흰 얼굴로 특히 햇볕에 잘 타는 그는 낙하산 갓을 마스크로 써서 얼굴 전체를 보호했다.

　그는 여분의 수통 하나와 일주일 먹을 식량이 있어서 당장은 생존을 걱정하지 않았다. 그는 처음 24시간 동안은 먹지 않고 버티다가 아껴둔 식량을 조금씩 먹었다. 그가 가지고 있던 장비는 낚시 도구, 칼집이 있는 나이프, 허리에 찬 45구경 자동 소총이었다.

　그는 다음 몇 주 동안 물고기는 한 마리도 낚지 못했지만 새 아홉 마리를 총으로 쏘아 잡았다. 그는 어느 아침에 시앵커에서 길이 20센티미터의 고등어를 발견했다. 그는 이 고등어를 먹었고 여러 차례 안면보호용 모기장으로 황어를 퍼 올렸다. 상어들은 항해 초기에 그의 줄에 걸렸지만, 그가 총으로 쏘아도 닿지 않는 곳으로 가라앉았다.

　거대한 항유고래 두 마리가 나타났을 때 그는 바다의 생활 중에 가장 큰 흥분감을 느꼈다. 항유고래 두 마리 중 한 마리가 그의 보트 앞으로 와서 코로 보트를 살짝 건드리더니 우아하게 물속으로 미끄러져 들어갔다. 스미스는 간이 콩알만해졌지만 무사했으며 약 10년간의 즐거운 꿈들만 잊었다.

또 그는 청새치와 고등어 간의 필사적인 싸움을 보기도 했다. 이 청새치는 길이 약 2미터 10센티미터로서 46센티미터의 뿔이 나 있었으며 76센티미터 길이의 고등어를 잡으려는 듯 보였다. 두 물고기는 스미스의 보트를 향해 곧바로 왔고 마침내 스미스의 90센티미터 앞까지 와서 물을 튀겼다. 스미스는 청새치가 자신의 고무보트를 찢어 자신을 앉을 자리 하나 없는 바다에 버려지게 할까봐 겁에 질렸다. 그러나 그는 운이 좋아서 아무 일도 일어나지 않았다.

그는 여섯째 날인 7월 20일에 일본 비행기 여러 대를 처음 보았다. 그가 현재 적의 수역에 300도 방향으로 깊숙이 들어가 표류하는 중이었기 때문에 일본 비행기를 보게 되어 있었다. 이 비행기들 중 두세 대는 낮게는 150미터 머리 위로 직접 지나갔지만, 그를 보지는 못했다. 그때부터 그는 거의 매일 비행기를 보았다. 그는 알아볼 수 있을 정도로 비행기가 가까이 오기까지 기다려서 만약 아군이면 흥분하여 예광탄, 거울, 바닷물 염색 물감으로 신호를 보냈다. 그러나 그가 표류한 지 18일째인 8월 1일까지는 비행기 단 한 대의 주의도 끌지 못했다. 그때 뉴질랜드 땅에 기지를 둔 록히드 허드슨(Lockheed Hudson)이 아주 가까이 지나갔다.

후미 쪽 사수가 바다에 스미스의 바다용 염료가 퍼져 있는 것을 보았다. 비행기는 방향을 돌려 큰 원을 그리며 고무보트 가까이 날아왔다. 그는 이 사건을 나중에 이렇게 회상했다.

"제 인생에 처음으로, 그리고 이것이 마지막이길 바라며, 기쁨에 눈물을 흘렸습니다. 그들이 제 위치를 확인하고 식량을 떨어뜨려주지 않고 떠나면 어쩌나 걱정했습니다. 솔직히 저는 정말 배가 고프고 목이 말랐습니다. 저는 고무 노를 걸쳐놓고 보트에서 뒤쪽으로 기대어 군대 수기 신호로 '먹을 것'이라고 보냈습니다."

비행기는 또다시 한 바퀴 크게 돌더니 식량이 달려 있는 부풀린 구명재킷을 떨어뜨렸다…… 그는 노를 저어 가서 군용 비상식량, 물이 든 수통 하나, 그의 위치가 표시된 지도, 45구경용 탄환, 방수 손전등, 구급상자, 진짜 소총, 다른 유용한 물건들을 찾았다. 뉴질랜드인들은 다시 한번 날아올라 날개를 흔들더니 본국으로 향해 갔다.

스무번째 날은 흐리고 음산했다. 돌풍이 계속 불었다. 구조를 기대할 만한 날이 아니었다. 그러나 정오 직전에 미국 해군 카탈리나(Catalina)기 세 대가 보이기 시작했다. 스미스는 흥분하여 일어나 바다용 염료를 뿌렸다. 카탈리나기 두 대가 800미터 거리에서 지나갔으나 그를 보지 못했다. 세번째 카탈리나기는 머리 바로 위로 지나가며 그의 신호를 보고 연막탄을 투하하고 다른 비행기들을 불러서 되돌아오게 했다.

거센 파도가 3미터 높이까지 치솟았고 그들은 이런 험한 바다에 착륙하는 위험을 알고 있었기 때문에 하늘에서 계속 원만 그렸다. 이 비행기 중 두 대는 착륙하기 위해 접을 수 있는 날개 부력장치를 내렸지만 두 조종사 모두 기회를 포착하지 못했다. 세번째 조종사는 더 대담했다. 그는 비행정 중 한 대도 근처의 바다에 착륙하지 않으면 파도가 잠잠해져도 아마 다시는 이 표류자를 찾지 못할 것이라는 사실을 알고 있었다. 그는 폭뢰와 연료 약 3000리터를 물에 던져서 비행정을 가볍게 하고 바다에 동력 실속(失速) 착륙을 했다.

카탈리나기는 겨우 스미스를 구해냈지만, 파도가 너무 거세어서 이륙할 수
가 없었다. 비행정은 오후와 밤 내내 바다 위에 있었다.

스미스는 조종사와 함께 있을 수 있어서 설명할 수 없이 감사했
고, 카탈리나기의 위험천만한 어려운 상황에도 불구하고 그 자신은
사치를 다 부리고 있다고 느꼈다. 그는 포도 주스 두 잔과 커피 두
잔을 마시고 큼직한 스테이크 두 조각과 콩 한 접시를 먹었다. 이렇
게 무절제하게 먹는 것만으로도 죽지 않은 것이 이상하지만, 그는
계속 건강을 유지한 유일한 사람이었다. 다른 사람들은 거센 파도
때문에 그렇지 못했다……

표류자는 플로리다 섬의 야전 병원으로 이송되었고 그곳에서 사
흘 만에 회복했다. 그는 얼마 안 되는 식량으로 20일을 표류하면서
도 몸을 꽤 건강한 상태로 유지할 수 있었다. 그는 살이 총 9킬로그
램 빠졌고, 팔꿈치, 허리, 엉덩이 등에 바닷물 때문에 염증이 생겼
고, 너무 오랫동안 비좁은 자리에서 앉아 있었기 때문에 구조된 후
에 두 시간 정도는 허리부터 아래까지를 움직일 수 없었다. 그러나
이런 문제는 오래 가지 않아서 그는 곧 집으로 가는 긴 여행을 할 준
비가 되었다……

133일 동안 혼자 표류하고 살아남은 중국 선원 푼 림의 이야기는 "모든 뗏
목 이야기들의 완결판"이라고 알려져 있다. 그가 탄 뗏목은 당시 여러 군함에서
흔하게 있던 종류였다. 이 뗏목은 큰 나무 침상처럼 생겼으며, 뗏목 한쪽 끝에
는 식량을 넣은 사물함이 있었다. 모든 선박에는 비상시에 쓸 일정 숫자의 이
같은 뗏목이 있었다.

일본의 침공이 그의 고향 홍콩을 위협하기 시작했을 때 푼 림은 홍콩에서 영국 상선과 계약했다. 그는 1942년에 S.S. 벤로몬드(S.S. Benlomond)의 사환으로 일했으며, 이 선박은 남아메리카로 가는 도중에 케이프타운 15일 거리에서 어뢰 두 방을 맞았다.

첫번째 어뢰에 맞았을 때 그는 선실에 있었다. 한낮에 맑은 날씨였다. 그는 폭발에 깜짝 놀라 갑판으로 달려가서 구명재킷을 잡고 퇴선 구역으로 갔다. 그러나 어뢰가 그곳을 쳤기 때문에 그의 뗏목은 사라졌다.

그는 곧 함교로 가서 뗏목을 타려고 했지만, 그가 함교에 가기 전에 배가 가라앉아 그는 거센 녹색 물살 속에 잠겨 소용돌이 속에 휩쓸려갔다.

그는 여러 시간이 흐른 후인 듯했지만 구명재킷 덕분에 수면까지 올라갈 수 있었다. 수영 실력이 그저 그런 림은 무언가 매달릴 것을 찾았다. 해치커버의 두꺼운 판자가 근처에 보였다. 그래서 그는 이 판자를 잡고 매달려 귀중한 목숨을 이어갔다. 이제는 그가 얼굴을 닦고 눈에 기름을 떼고 주위를 둘러볼 기회가 생겼다.

그의 주위에서는 사람들이 바다에 가라앉아 있었지만 180미터 떨어진 곳에는 선원 다섯 명이 탄 뗏목이 있었다. 그가 뗏목을 향해 나갈 때 사령탑에 녹색 이탈리아 파시스트낭의 상싱이 그려져 있는 하얀 잠수함 한 대가 수면 위로 떠올랐다. 잠수함은 뗏목에 다가갔다. 영국 선원 몇 명은 잠수함에 가서 심문을 받았다. 잠수함이 다시 가던 길로 갈 때 림은 그 방향에 있었다. 잠수함이 다가오자 그는 "살려줘요. 안 그러면 물에 빠져요"라고 외쳤다. 함교에 있던 사람들이 그의 소리를 듣고 그를 꽤 냉정하게 보더니 농담하듯이 "잘

133일 동안 바다에서 살아남은 푼 림은 자신이 뗏목에서 했던 경험을 앞으로 선원이 될 사람들을 위해 재현했다. 그의 목 주위에는 그가 임시로 만든 나이프의 복제품이 걸려 있다.

가!"라고 엉터리 영어로 되받아 외친 것이 대답의 전부였다.

그는 물속에서 한 시간 있다가, 첫번째 어뢰에 맞았을 때 날아간 듯한 비어 있는 뗏목을 보았다. 거기까지 오랫동안 힘들게 헤엄쳐야 했지만, 림은 뗏목에 타고는 50일 정도 지낼 수 있는 식량을 발견했다. 이때 그의 모든 동료들은 보이지 않았고, 그는 너무 지쳐서 곧 잠이 들었다.

표류 첫 주에는 별다른 사건이 없었다. 림은 자신의 상황을 생각해보고는 식량을 절약하며 썼다. 그는 뗏목에 도달하기 전에 셔츠와 조끼를 제외한 옷 전부를 잃어버려서, 라임 주스 병을 싼 올이 굵은 삼베 주머니로 스커트를 만들어 걸치고 페미컨 캔 깡통 조각으로 나이프를 만들었다[그의 총 비품은 건빵 여섯 상자, 초콜릿 900그램, 페미컨 열 통, 라임 주스 한 병, 연유 다섯 통, 물 38리터였다]. 막대기 네 개, 방수포, 현장(舷墻)에 쓰이는 범포 긴 조각과 활어조를 덮는 더 작은 조각, 노 두 개, 조명탄, 발연통, 마사지 오일 한 통, 회중전등, 밧줄도 있었다. 그러나 낚시 도구, 구급상자, 물탱크를 여는 열쇠 외의 도구는 없었다. 림은 나중에 생존에 필요한 다른 도구들을 두드리는 데 이 열쇠를 썼다.

그는 첫 주말에 배 한 척을 보고 발연통을 써서 주의를 끌었다. 누군가 분명히 그를 봤다. 그 배가 방향을 바꾸어 그의 뗏목 800미터 안으로 왔지만 그를 데리러 오지 않았다. 그는 그들이 그를 봤는지 확신하지 못해서 확인하기 위해 신호 도구를 모두 썼다. 배에 탄 사람들이 생존자를 구하지 않은 것은 그들이 림을 미끼로 여겼기 때문에 잠수함이 득실대는 바다에서 위험을 감수하려 하지 않았다는 것밖에는 달리 설명할 방법이 없다. 그런 과감한 결정을 할 수 있게 확신을 주는 상황늘이 있긴 하겠지만 그런 상황은 드물다. 그러나 림은 문제를 냉철하게 받아들였다. 그는 처음부터 자신의 운이 다하면 죽을 것이고 다하지 않으면 무사히 살아남을 것이라고 예상했다.

그는 중국이 거의 6년 동안이나 일본과 대항하여 계속 전쟁을 할 수 있었고, 중국이 일본과의 엄청난 격차에도 불구하고 그렇게 오래 살아남을 수 있다면 자신도 그와 마찬가지로 도움을 받을 수 있을 때까지 살아남을 것이라고 계속 생각했다. 수백 년간의 투쟁으로부터 나온 이 철학적인 태도 덕분에 분명히 푼 림은 제정신을 유지할 수 있었다. 다른 사람들 같으면 정말 미쳐버렸을 것이다. 림은 어느 순간에도 정신착란이 되거나 환상을 보거나 아무튼 정신이 나간 적은 없었다고 분명히 말한다.

어뢰를 맞은 대략적인 장소는 북위 0.3도 서경 38도 45분이었다. 이곳은 남아메리카 동쪽 끝의 윗부분이며 아마존 강 어귀에서 1207 킬로미터 떨어진 곳이다. 이 지역은 날씨가 따뜻하고 비가 많이 오며 해양 생물과 조류가 풍부하다.

푼 림은 뗏목에 원래 있던 식량이 다 떨어질 때까지는 낚시를 시도하지 않았다. 식량이 다 떨어지고 나서 그는 회중전등의 철사 스프링으로 작은 갈고리를 만들었다. 그는 이 갈고리를 두드려 한쪽을 휘게 만들고 다른 쪽에 고리를 만들었다. 물탱크의 금속 열쇠를 망치로 이용했다. 그는 밧줄 가닥을 풀어서 꼬아 낚싯줄을 만들었고 갈고리에 페미컨을 미끼로 달아서 운을 시험해보았다.

페미컨 미끼는 물에 닿으면 부스러져서 낚싯줄 아래로 떨어졌다. 더 좋은 것이 있나 주위를 살피다가 그는 뗏목 옆에 조개삿갓이 있는 것을 보았다. 그는 곧바로 이 조개삿갓을 낚싯줄에 달았고 금세 황어를 낚았다! 그러나 그는 좀더 큰 낚싯감을 원해서 더 큰 낚시 도구를 만들기 시작했다. 그는 뗏목의 갑판을 금속 열쇠로 두드려 선체에서 큰 못을 문자 그대로 빼냈다. 그는 배 밖으로 못이 튕겨나가 버릴까봐 마지막 과정에서는 이빨로 못을 뺐다. 그리고 작은 갈고리와 마찬가지로 이것도 한 지점을 두드리고 휘어뜨려서 모양을 만들었다. 질긴 낚싯줄을 꼬아 만들어서 직접 못의 머리에 연결했다. 이제 새 낚시 도구도 쓸 준비가 다 되었다.

처음에는 림이 큰 갈고리로 낚시하는 운은 별로 좋지 않았다. 큰 물고기는 빈틈이 없는 것 같았고 그는 살아 있는 미끼를 쓰고 나서야 한 사람의 낚시꾼이 되었다. 그는 작은 낚싯줄에 작은 물고기를 잡아서 이 물고기를 큰 낚싯줄에 옮기고 큰 갈고리를 그 물고기의 꼬리에 관통시킨다. 그렇게 하면 그때까지 황어는 헤엄칠 수 있다…… 그는 보통 9킬로그램이나 되는 큰 물고기를 잡았고, 한 번에 다 먹을 수 없는 것은 조심스럽게 잘라서 햇볕에 걸어 말려두었다……

표류한 지 100일 째 되던 날, 그는 비행기 여섯 대의 편대를 보고 깃발과 범포를 흔드는 등 최선을 다해서 신호를 보냈다. 비행기 한 대가 내려와 자세히 보더니 연막탄을 투하해 위치를 표시했지만 파도가 심하게 쳐서 착륙하지 않았다. 100일간을 표류한 후 구해줄 사람이 지나갔을 때 그의 심정을 말로 다 표현할 수는 없다. 이렇게 림은 두번째로 크게 실망했고, 도움이 오기 전에 또 한 달을 계속 표류할 운명이었다.

마침내 브라질 원주민 여섯 명이 탄 작은 어선이 그를 도왔다. 그들은 포르투갈어만 했지만, 절실하게 필요하면 인간은 의사소통을 할 수 있는 법이다. 림은 이 사람들과 아주 잘 어울려 지냈다. 이들은 사실 한 가족이었으며 여인 한 명과 소녀 한 명도 있었다. 그들은 사흘을 더 항해하여 그를 브라질 파라 주의 살리나(Salina)에 내려주었다. 이 사람들과 함께한 둘째 날 한 가지 사건이 일어났다. 그들이 그를 발견했을 때 우리의 표류자가 건강한 상태가 분명했다는 것을 증명하는 일이다. 그 가족의 아버지가 림에게 자기 딸과 결혼하지 않겠느냐고 물었다……

푼 림의 경험은 어떻게 단단한 체격과 융통성 있는 정신이 모든 예상을 넘어 인간의 인내의 한계를 연장하는지 보여주는 놀라운 예이다.

우리는 아무도 그런 고난을 다시는 겪지 말아야 한다고 생각하지만, 푼 림이나 그와 같은 다른 사람들에게서 결코 희망을 포기하지 않은 점을 배웠다. 생존은 전부가 아니면 모든 것을 포기하는 명제이다. 생존의 대안은 죽음인 것이다. 여기에서 성공의 비결은 다른 어느 곳에서나 마찬가지로 좋은 장비를 가지고 그 사용법을 아는 데 있다.

7부

창공의 정복자

런던에서 오스트레일리아까지 비행기 여행

FROM LONDON TO AUSTRALIA BY AEROPLANE

로스 스미스 경(1892~1922)

루이 블레리오가 34킬로미터의 영국 해협을 비행하여 유명인사가 된 이후 겨우 10년이 지난 1919년, 사람들은 정말 먼 거리의 비행을 시도했다. 6월에 영국 조종사 알콕과 브라운은 빠른 쌍발 복엽기 비커스 비미 폭격기를 몰고 대서양을 무착륙으로 횡단했다. 두 사람은 최초로 대서양을 무착륙 횡단하여 노스클리프 경의 상금 1만 파운드를 받았다. 윈스턴 처칠은 그들의 대담무쌍한 점을 더 감탄해야 할지 그들의 행운에 더 감탄해야 할지 확신하지 못했다.

다음 비행 상금을 타기 위해서는 용기와 행운이 모두 필요했다. 그때까지 오스트레일리아에 비행기를 타고 도착한 예가 없었다. 그래서 오스트레일리아 정부는 영국에서 오스트레일리아까지 30일 이내에 최초로 비행하는 오스트레일리아 조종사들에게 1만 파운드를 지원하기로 했다. 비행기 여섯 대가 경쟁에 돌입하여 그중 한 대가 성공했다. 다른 비행기들은 추락하여 승무원들이 사망했거나 경로를 따라가지 못했다. 아직 한 번도 시도하지 않은 노선이 위험했다는 뜻이다. 성공한 비행기도 겨우 해냈다. 이 한 대의 비커스 비미는 28일간의 비행의 마지막에 연료 탱크가 빈 상태로 하늘에서 거의 추락할 뻔했다.

1919년 11월 12일에 런던 인근의 하운슬로우 비행장(Hounslow Aerodrome)을 이륙한 이 비행기는 유럽, 중동, 인도, 동남아시아, 동인도제도, 티모르 섬을 지나 거의 1만 6천 킬로미터를 가서 다윈에 도착했다. 이 비행기는 나무 그루터기로 가득한 들판과 습지에서 거의 스무 차례나 위험한 이착륙을 했다. 기장인 27세의 로스 스미스 대위는 한때 '아라비아의 로렌스'의 파일럿이었으며, 훈장을 받은 오스트레일리아 공군 장교였다. 로스 스미스의 동생인 키스 스미스 중위가 항법사 일을 맡았다. 짐 베넷 병장과 월리 쉬어스 병장 등 정비사 두 명 역시 분명한 이유로 비행에 합류했다.

전 세계의 거의 반에 착륙한 네 사람은 영웅으로 칭송받았으며 스미스 형제는 기사 작위를 받았다. 1921년 3월에 『내셔널 지오그래픽』은 로스 경이 임시 비행장에서 구사일생으로 탈출한 이야기들과 구름 위를 나는 열망과 매력, 비행의 황홀함, 비행 개척자들이 된 순수한 기쁨 등을 설명한 길고 의기양양한 글을 발표했다. 쉬어스 병장이 말한 것처럼 "빌어먹을 배기가스를 한 번도 맡지 않은" 공기를 뚫고 비행하는 것은 멋진 일이었다.

비행기는 인간이 만든 것 중 생명이 불어넣어진 것에 가장 가까운 물건이다. 공기 중에서 기계는 단지 한 조각의 장치만이 아니다. 이 기계는 생명력을 얻어 중요한 시시와 조종을 할 수 있을 뿐만 아니라 실제로 조종사의 기질을 표현할 수 있다. 이 기계의 폐라고 할 수 있는 엔진 역시 인간의 지혜의 핵심이다. 이 기계의 놀라운 확실성과 대단한 복잡성은 인간의 해부 구조만큼이나 멋지다. 엔진 두 개가 모두 제대로 작동되고 동시에 똑같은 속도를 낼 때, 배기가스 소리는 계속 길게 율동적으로 붐붐붐 소리를 낸다. 이

것은 조종사에게는 즐거운 화음의 노래이다. 두 엔진 모두 완벽하게 작동하고 있다는 노래이며 모든 면이 순조롭다는 말을 하는 만족스러운 듀엣이다……

〔프랑스 상공〕 우리는 서서히 넓게 나선형으로 올라가 해발 2743미터에 도달하여 구름 바로 위에 있었다. 우리 아래쪽에는 눈보라가 몰아쳤지만 우리는 또 하나의 세계에 진입했다. 우리만의 햇빛이 밝고 눈부신 색다른 세계였다.

극지방의 광경인 듯했다. 분명히 그렇게 느꼈다. 우리가 그 위를 질주한 거대한 구름바다는 눈으로 덮인 극지방의 풍경과 닮았다. 둥근 구름 윤곽은 둥근 지붕 모양의 눈 덮인 정상일 것이다. 무정형의 넓은 하늘이 실제로는 단단한 고체가 아니라고 생각하기가 힘들었다. 여기저기 솜털 같은 탑과 경사로가 부풀어 오르고, 드넓은 눈 더미처럼 쌓이고, 무너지고 또 다른 것에 충돌했다. 모든 것이 엄청나게 커서 비율에 대한 감각이 제어되지 않고 흔들렸다.

그리고 깃털보다 섬세하며 약한 작고 가느다란 것들이 있었다. 수백 미터 깊이의 갈라진 틈, 수직 기둥, 구름층이 거의 우리 눈이 닿지 않은 곳까지 펼쳐져 있었다. 우리와 태양 사이에 마치 아래쪽의 혼돈에서 분출된 것 같은 뭉게구름이 외떨어져 솟아 있었다. 이 형체 없는 덩어리를 뚫고 통과한 햇빛은 단조로운 색조에 상상할 수 있는 모든 농담과 명암으로 흩어졌다. 햇빛이 비추는 경계 주위의 가장자리는 모두 은빛으로 테두리를 둘렀다.

이 장면은 우리의 정신을 혼미하게 할 정도로 대단했다. 아래에는 우리 비행기의 그림자가 마법에 걸린 유령처럼 우리를 따라 산꼭대기에서 산꼭대기로 넘어, 만과 산마루를 뛰어넘어 쫓아왔다. 이 그림자 주위에는 멋진 후광, 평평한 무지개가 돌았다. 동료들과 내가 지금 지나가고 있는 이 하늘 위 세계의 외딴 곳들처럼 비현실적인 것은 내 평생 본 적이 없었다.

추위는 점점 더 심해졌다. 손발은 감각을 모두 잃었고 몸은 거의 얼었다. 몹시 차가운 바람이 우리의 두꺼운 옷을 뚫고 들어와서 비행기 조종도 정말 힘들었다. 우리의 숨에 안면보호구가 응결되고 고글과 헬멧이 얼었다.

가끔씩 거대한 구름 장벽이 낮은 구름 층 위로 높이 솟았고 이 구름장벽을 피해갈 수가 없었다. 이 장벽에는 늘 눈이 덮여 있어서 내가 비행기를 몰고 구름 장벽 안으로 돌진하면 날개와 동체에 금방 얼음이 뒤덮였다. 우리의 공중 속도 표시기는 막혔으며 우리 몸에도 곧 휘몰아치는 눈이 쌓여 몸이 하얗게 덮였다. 고글이 얼음 때문에 소용없게 되자 우리는 보호 장비 없이 맨눈으로 주위를 살펴야 하는 고통을 겪었다. 우리는 시속 145킬로미터의 눈보라 속에 악전고투했다……

앞쪽으로 은빛 가장자리의 테를 두른 아름다운 돔 모양의 구름이 보였다. 이 구름은 상징적이었다. 모든 것이 어두워 보이는 것 같았을 때, 이 모습을 보고 나는 다시 희망의 불꽃이 일어나기를 기대했다. '은빛 가장자리의 구름' 옆에는 깊이 갈라진 틈이 약 3.2킬로미터 정도 뻗어 있었다. 우리가 그 틈을 넘어가기 시작할 때 나는 그 깊은 곳을 내려다보았다.

그 바닥에 세계가 있었다. 눈이 닿는 한 모든 방향에 끝없는 구름 바다가 펼쳐졌고, 우리 아래쪽에만 틈이 있었다. 이는 엄청나게 큰 분화구 같았으며 측면은 화살대처럼 매끄러웠다. 이 놀라운 구름 길

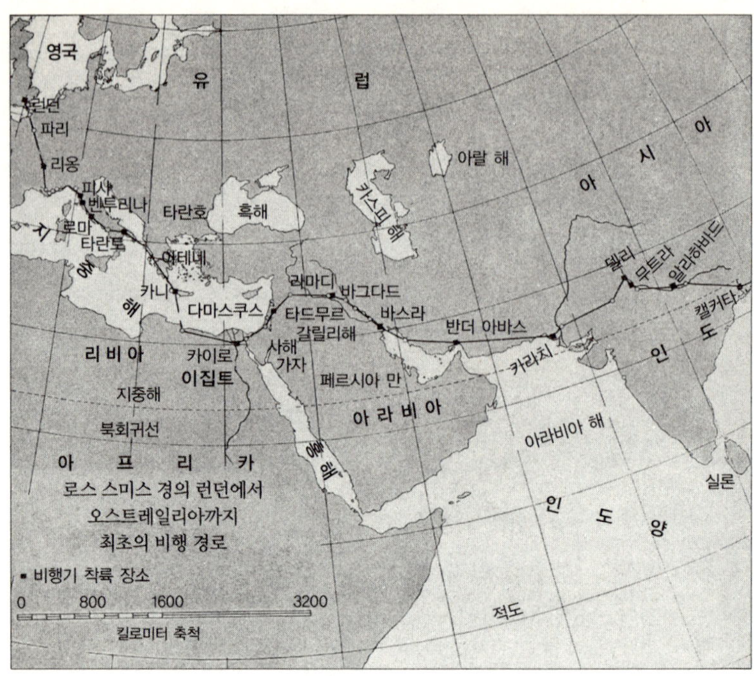

비커스 비미는 런던에서 오스트레일리아까지 최초의 위험한 비행의 여정 중에 성공적으로 지중해, 중동, 인도 북부를 비행했다.

아래로 나는 우리 비행기를 몰고 서서히 넓은 나선을 그리며 내려갔다. 무한의 세계와 인간의 아래 세계 사이를 연결하는 것 같은 2100미터 깊이의 이 멋진 통로를 빠져나간 것은 전체 여정 중에 가장 가슴 뛰는 부분이었다……

〔리비에라 횡단〕 자연의 훌륭한 지도는 더 이상 모호하지 않았다. 우리가 자연의 특징을 확인하는 해도를 크게 확대한 지도가 아래에 펼쳐졌다. 우리는 뒤랑스(Durance) 강을 쉽게 찾아 건너 엑스(Aix) 시 위를 지나고, 동쪽으로 칸느(Cannes) 해안으로 향해 유명한 리비에라를 횡단했다.

우리는 곧 바다를 보았다. 우리의 1500미터 아래에 지중해가 수많은 작은 만과 후미의 낭떠러지를 씻어 내리며, 울퉁불퉁한 바닥 주위에 가늘고 하얀 가장자리의 파도를 수놓고 있었다. 이 좁고 하얀 경계선이 녹색 꼭대기의 낭떠러지와 검푸른 바다를 분리했다.

곧 우리 아래에 니스가 펼쳐졌다. 이 도시는 높은 언덕으로 둘러싸여 있고 놀라운 푸른 바다의 해안에 있으며, 이 도시에는 멋진 건물과 야자수 길이 있다. 이곳은 이루 말할 수 없는 매력과 평화의 장소였다.

많은 군중이 프롬나드 데장글레(Promenade des Anglais)에 모여 우리 비행을 구경하고 우리를 응원했다. 우리는 인형 같은 형체를 구분할 수 있을 만큼 낮게 비행했고, 사람들의 환영 인사에 답할 수는 없었지만 우리는 그들에게 감사했다. 그리고 우리는 산들바람을 뒤로하고 우리 아래에서 남쪽 수평선으로 뻗어가는 푸른 바다의 하얀 물마루 위로 다시 계속 비행했다. 우리는 몬테카를로와 유명한 카지노 위를 돌며 멋진 테라스와 정원에 감탄했다. 멀리서 보니까 실제 궁전과 정원이라기보다는 솜씨 좋게 깎고 색칠한 모형 같아 보였다……

[이집트 상공] 우리는 우리 엔진 소리보다 크게 울리는 나의 옛 전우들의 박수를 받으며 헬리오폴리스 비행상에서 이륙했나. 80킬로미터를 비행하여 우리는 이스마일리아 운하를 따라 텔엘카비르로 갔다. 이 모래톱의 경계에는 밀집한 경작지와 관개지가 모여 있었고, 그 너머에는 건조하고 황량한 모래뿐인 땅이 있었다.

이 운하에서 다우와 펠러커의 크고 하얀 삼각돛 여러 개가 보였는데 모형 요트 경주를 하는 것 같았다. 모두 놀라울 만큼 아름다웠다. 북쪽으로 나일 삼각주의 수로, 운하, 호수가 퀼트 조각들의 끝 주위에 수놓은 은빛 실처럼 도드라졌고 태양이 구름을 뚫고 솟아나 오면서 온 세상이 삶과 빛 속으로 뛰어올랐다. 공중에서도 태양 없는 세상은 슬프고 활기 없으며 우울해 보인다……

그리고 곧 이스마일리아와 남과 북을 연결하는 이스마일리아 운하로 갔다. 이스마일리아 운하의 검푸른 직선 수로는 우리 경로와 교차하여 수평선에 이어졌다. 우리는 오직 푸른 하늘만이 앞을 막고 있는 회색 사막 모래 앞으로 갔다.

아래쪽에는 남쪽으로 향하는 피앤오 증기선이 수에즈 운하를 지나간다. 아마 이 증기선은 오스트레일리아로 향할 것이다. 이 배는 내 고향이자 목적지인 아델라이테(Adelaide)에 기항할 것이다! 나는 미소를 지으며 옛날 교통수단과 새로운 교통수단을 견주며 환희의 감동으로 우리 모두 흥분했다. 그러나 우리 모두 말을 하지는 않았지만 속으로는 누가 오스트레일리아에 먼저 도달할지 궁금해했다……

〔신기루〕 나는 이제 비행기를 북동쪽 다마스쿠스로 향했고 1500 미터 상공까지 올라갔다. 가끔 구름 조각들이 우리 뒤로 지나갔지만, 북쪽으로 멀리 있는 허몬 산(Mount Hermon)과 안티레바논 산(Anti-Lebanon Mountains) 등의 눈 덮인 산 정상들이 연이어 보이는 것을 제외하면 풍경 대부분이 황량하며 분명한 형체가 없었다……

우리의 고단한 눈에 다마스쿠스가 들어왔을 때 우리는 다시 기쁘고 감사한 마음에 벅찼다. 처음에 다마스쿠스는 황량한 사막의 지평선 위에 나타난 신기루의 선이었다. 이 선은 불규칙해졌다. 이 선은 높이와 너비, 작은 장식, 명확한 윤곽을 나타내는 띠로 커졌다. 색깔이 스멀스멀 스며들었다. 자세한 형체가 선명해지면서 나타나고, 커졌다. 모래 황무지에서 한 도시가 솟아 화려하고 마법 같으며 매혹적인 오아시스를 이루었고, 그것이 다마스쿠스였다. 울창한 과수원과 숲에 둘러싸인 가느다란 첨탑과 둥근 지붕들이 솟은, 천상의 아름다움을 지닌 도시가 마법이라도 일어난 것처럼 시리아 사막에 나타났다……

〔인도〕 다음 날 아침 비행장에서 굉장히 흥분했다. 우리가 비행장 끝으로 비행기를 육상에서 움직여 이륙 준비를 하는 동안 멋진 수소 한 마리가 갑자기 나타났고, 우리가 이륙하려고 방향을 바꿀 때 비행기 쪽으로 머리를 들이댔다. 터무니없지만, 그 위치는 위험천만했다. 유명한 철도 기술자의 말을 인용하자면, 충돌이 일어났다면 분명히 '암소에게 안 좋은 일'이었겠지만 비행기 '비미에게도 안 좋은 일'이었을 것이다.

나는 엔진 소리로 그 수소를 잠시 놀라게 했다. 분명히 그는 엔진 소리를 도전으로 받아들인 듯이 비행기 앞에 서서 땅을 파며 도전적으로 으르렁거렸다. 이때 한 보이스카우트 대원이 군중 가운데에서 뛰쳐나와 소를 움직였고, 이 소가 의도를 바꾸어 그 영웅 쪽을 향하자 우리와 군중들 모두 즐거워했다. 우리의 용감한 투우사는 담장으로 후퇴했고, 소가 이 투우사를 계속 쫓아갔다.

우리는 이 틈을 이용하여 보통 때보다 서둘러 이륙했다. 보이스카우트 대원이 어떻게 되었는지 모르지만, 우리가 하늘에서 선회하는 동안 수소가 여전히 비행장을 혼자 차지하고 있는 것을 보았다……

〔시암 상공〕 구름이 해발 1200미터까지 걸려 있었고, 우리는 그 바로 밑으로 비행하고 있었다. 앞의 어딘가에 900미터 더 높이 정상

바티칸의 성 베드로 대성당을 비행기에서 내려다 본 모습: 초기 비행 개척자들은 세계에 펼쳐진 새로운 전망에 흥분했다.

이 솟은 건너야 할 산이 있었다. 우리 지도에는 우리가 찾으려는 산 길이 표시되어 있어서 우리는 깊은 골짜기를 따라 출발했다. 처음에 는 희망적으로 보였지만 5분간 비행하고 나자 낭떠러지가 좁아졌고, 그 좁아지는 끝에 갇힐 것 같아 두려워서 나는 비행기를 돌렸다. 이 런 곡예비행을 실행할 공간이 겨우 있었다.

동생과 협의를 한 후에 우리는 가장 안전한 길은 큰 구름 위로 올 라가거나 최소한 산 꼭대기를 넘어가기 충분한 해발 고도로 올라가 서 안개를 헤치고 나아가는 것이라고 합의했다. 해발 2700미터에서 우리는 첫번째 구름 층 위로 빠져 나왔지만 동쪽으로 구름은 점점 계단식으로 올라가는 듯이 보였고, 멀리서 보면 또 하나의 거대한 벽이 뻗어서 수백 미터 높이로 솟아 있었다……

처음에는 모든 것이 순조로웠다. 그러나 나는 엔진 하나를 점검하려고 몸을 돌리면서 방향타에 올려 둔 한쪽 발을 무의식적으로, 그렇지만 분명히 자연스럽게 약간 앞으로 밀었다. 이 때문에 비행기가 방향을 벗어났고 다음에 나침반을 보니 10도 벗어나 있었다. 그러고 나서 나는 반대의 방향타를 발로 밀어 비행기의 방향을 되돌리려고 했지만, 비행기는 비교적 느린 나침반 바늘보다 훨씬 더 민감하게 반응하기 때문에 방향타를 너무 많이 밀었다. 나침반 바늘이 흔들리기 시작했을 때 바늘은 45도 각도를 지나쳤다. 나는 방향을 고쳐서 나침반 바늘을 정확한 숫자로 되돌리기 위해서 공중 속도 표시기를 보고 시속 160킬로미터가 넘은 것을 확인했다. 보통 비행속도보다 시속 40킬로미터 빠른 속도였다. 즉 내가 비행기의 기수를 아래로 향했어야 한다는 뜻이었다. 경사계를 보니 비행기가 옆쪽으로 정확하게 비행하지 않고 있었다. 사실 우리는 45도 각도로 비스듬히 날고 있었다. 비행기가 옆으로 미끄러지고 있으며, 당장 바로 잡지 않으면 비행기를 제어할 수 없게 되어 빙빙 돌다가 땅에 떨어질 것이라는 사실을 깨달았다.

내가 어떻게 행동했는지 설명할 필요는 없다. 조종사는 본능적으로 움직이는 법이다. 머지않아 내 계기들을 보니까 우리는 다시 제 방향을 찾아 수평을 유지했다.

이 모든 일이 불과 이삼 초 안에 일어났지만 정말 조마조마한 순간이었다. 한 번 실수하거나 한 번 정신을 파는 것이 이렇게 목숨이 왔다갔다 하는 문제를 일으켰다. 이런 일은 여러 차례 일어났고, 몇 시간이나 걸렸던 것 같은 시간이 끝나고 시계를 슬쩍 보니까 우리는 이 구름 속에 불과 12분밖에 있지 않았다! 지난 2주일 동안 눈을 부릅뜨고 잠을 거의 못 자서 아마 정신이 좀 흐트러진 것 같다. 그러나 나는 결국 이러한 긴장되고 신경을 건드리는 상황에서 계속 가는 것이 가장 낫다고 느꼈다.

이제 우리가 처음 구름을 지나가기 시작한 지 한 시간이 되었고 키스와 나는 우리가 분명히 산맥을 건너고 있다고 결론을 내렸다. 그래서 나는 위험을 무릅쓰고 낮게 비행하여 '느껴'보기로 했다.

우리는 엔진 두 개를 모두 끄고 활주했으며, 비행기를 바로 세워서 시속 64킬로미터로 가능한 느리게 갔다. 이때 기분은 지도에 나오지 않는 얕은 바다를 항해하면서 매 순간 충돌할 것 같은 느낌이 드는 선장의 기분과 비슷했다. 우리는 3000미터, 2700미터, 2300미터로 점점 내려가서 둘 다 초조하게 옆을 보며 숨어 있는 봉우리를 찾으려고 애썼다.

산맥의 높이라고 알고 있는 해발 2130미터까지 도달했을 때, 우리는 충돌을 예상하여 함께 모여 서로를 꼭 안았다! 나는 구름 속에 작은 구멍이 있고 그 아래쪽에 무언가 어두운 것이 있는 것을 보았다. 이것은 순식간에 지나갔지만 즉시 나는 엔진을 최대한으로 작동시키고 다시 수평으로 비행했다. 처음에는 두려운 봉우리의 꼭대기라고 생각했지만, 좀더 생각해 보니까 잠깐 보는 사이에 그 어두운 부분이 길게 내려가는 것을 본 기억이 났다.

나는 다시 한번 엔진을 끄고 아래로 내려갔고, 우리가 해발 1220미터에 도달할 때까지 아무것에도 충돌하지 않았기 때문에 산맥을 지나갔다고 결론을 내렸다.

몇 분을 더 가서 우리는 갑자기 해발 450미터 아래에 나무가 카펫처럼 깔려 있는 멋진 세계 전체를 내려다볼 수 있었다. 이 갑작스

러운 변화는 놀라웠다. 내가 지금까지 겪은 것 중에 가장 큰 악몽이
었던 시간이 끝나고 말로 표현할 수 없는 안도감을 느꼈다.

우리가 어리둥절해 하며 바라보는 앞에는 멀리 보이는 지평선 경
계를 제외하면 암녹색 숲이 끝없이 펼쳐졌다. 여기저기 암녹색 사이
로 밝은 색 덩굴식물들이 얼룩무늬를 이루었고, 이곳은 전혀 가능한
착륙지가 아니었지만 아름다웠고 우리를 환영하는 듯이 보여서 안
도감을 주었다. 나중에 시암인들은 이 지방 전부를 아직 아무도 탐
험하지 않았다고 말했다……

〔자바〕 자바의 서쪽 끝을 나타내는 희미한 산의 윤곽이 곧 우측
에 나타나기 시작했고, 앞쪽으로 보기 드문 황홀한 장면이 열대 바
다의 한복판에 녹아들기 시작했다.

그 위의 창공처럼 바다는 어떤 흠집도 없는 아름다운 거울과 같
았으며, 흩어져 있는 천 개의 작은 섬들은 하나하나 모두 아름다웠
다. 이 섬들이 하나로 합쳐져 내가 하늘에서 내려다본 것 중에 가장
아름다운 장관을 이루었다. 많은 섬들에서 바닷가까지 야자수가 무
성하게 자라고 있고, 또 다른 섬들은 거의 경작되지 않아서 좁은 리
본 모양의 해변으로 둘러져 있었다. 각 섬 주위에서 녹색의 섬세한
색조는 모래가 둘러싼 얕은 물을, 그리고 검푸른 색은 깊은 물을 나
타냈다. 작고 하얀 어선 여러 대가 바나에서 조업을 하며 수로를 지
나갔다.

우리는 이 동화의 땅 같은 곳에서 주저하며 방향을 돌려 동쪽의
정원의 섬으로 향하여 곧 운하와 아름다운 가로수 길의 도시 바타비
아(Batavia)에 도착했다…… 우리에게 유리한 아름다운 날씨에 우
리는 속도를 높여 이 놀라운 섬의 비옥한 땅 위를 비행하며, 아래쪽

에 펼쳐진 말로 표현할 길 없는 아름다운 풍경에 매료되었다. 자바 섬은 가운데에 큰 원뿔형의 화산들이 솟아 있는 드넓은 정원 같은 인상을 주었다.

아마 가장 놀라운 광경은 '논'이었을 것이다. 우리 높이에서 보면 이 땅 전체가 관개수에 침수된 것처럼 보였다. 모든 땅이 작은 방 같은 사각형들로 이루어져 넓은 격자 같은 느낌을 주는 것들이 우리 오른쪽의 산 쪽으로 멀리 뻗어 있었다. 그곳까지도 관개가 끊어지지 않고 산골짜기 위까지 계단식으로 이어져 있었다.

여기저기 야자수 숲으로 덮인 곳 아래나 푸르른 사탕수수 농장 가운데에 원주민 마을들이 자리를 잡고 있었다. 열대의 아지랑이에 가라앉은 배경에는 언제나 산봉우리들이 조용히 솟아 있었고 왼쪽으로 멀리 보이는 희미한 푸른 선은 태평양의 수평선을 나타냈다……

〔여행의 끝〕 우리 앞에 높은 언덕들이 솟아 있었고 공기는 뜨거웠다. 우리는 아주 천천히 올라가며 이 언덕들을 피하기 위해 우회했다. 우리는 여전히 낮게 날면서 해안에 가까이 가서 함께 협력하여 마지막 여정을 마무리했다. 우리는 우리와 다윈 항구 사이에 있는 푸른 인도양을 건넜다.

키스는 가능한 주변의 모든 형세를 살피고 바람의 방향을 확인하고 대지속도를 구하는 여러 가지 계산을 했다. 그러고 나서 우리는 다윈으로 가는 나침반 방향을 맞추고, "가자!" 하고 외치며 바다로 나갔다. 우리 모두의 심장 박동이 조금 더 빨라졌다. 심지어 우리의 훌륭한 엔진들까지 약간 빨리 움직이는 것 같았다.

키스가 고개를 끄덕였을 때 우리 시계는 11시 48분을 가리켰고 우리는 평탄하게 비행하며 한 전함의 연기 기둥 속에서 흩어지는 희미한 연기 아지랑이를 보았다. 시드니였다. 그리고 우리는 이제 어떤 일이 일어나도 친구가 가까이 있다는 사실을 알게 되었다.

우리는 급강하하여 정확히 낮 12시 12분에 배 위를 지나갔고 위로 향한 선원들의 얼굴과 그들이 흔드는 손을 분명히 보았다. 우리가 긴 여행 중에 경험한 어떤 것과도 다른 환영의 격려였다. 카메라가 흔들려서 우리가 찍은 사진은 분명 흐리게 나올 것이다……

한 시간 후에 우리 둘은 앞에 있는 안개 낀 듯한 항구를 보았다. 누구도 마음속의 기대를 감히 말로 표현하지는 않았지만 우리는 그곳이 땅이라고 기대했다. 그리고 10분 후에 이 기대가 맞아떨어졌다. 베넷과 시어스는 환호했고, 우리는 즐겁게 배서스트(Bathurst) 섬 등대를 가리켰다.

우리가 일지에 단조롭게 적은대로 우리가 "오스트레일리아를 보게 된" 것은 오후 2시 36분이었다. 우리는 3시에, 오스트레일리아를 보는 것뿐만 아니라 오스트레일리아에 착륙했다. 우리는 다윈 항구를 돌고 군중과 착륙지를 볼 수 있을 만큼 낮게 내려와, 12월 10일에 오스트레일리아 땅에 도착했다. 하운슬로우에서 이륙한 지 27일 20시간 만의 일이었다.

열성적인 세관 보건 관리 두 명이 우리를 검사하고 싶어 했지만, 약 2000명의 일반 시민들도 우리를 보고 싶어 했다. 1000대 1의 차이는 이 공무원들에게 상당히 큰 것이어서 우리는 지체하지 않고 환영 인파를 맞았다.

지난날의 고생과 위험은 현재의 흥분 속에 잊혀졌다. 우리는 서로 악수를 했고, 그 순간의 성취감과 매력에 고취된 감정에 가슴이 벅찼다. 아마 우리 인생에 더없는 시간이었고 앞으로도 그럴 것이다……

이 글이 발표되고 나서 얼마 지나지 않아 로스 스미스 경은 사망했다. 그가 세계 일주를 하려고 비커스 바이킹을 시험 비행했을 때, 비커스 바이킹이 제어가 안 되며 빙글빙글 돌다가 추락했다. 로스 경이 목숨을 걸고 시도했던 최초의 세계 일주 비행은 미국 조종사 팀이 1923년부터 1924년까지 수개월에 걸쳐 성공했다.

북대서양 비행

FLYING AROUND THE NORTH ATLANTIC

앤 모로 린드버그(1907~2001)

1927년 대서양을 단독 비행한 찰스 린드버그처럼 대중의 상상력을 사로잡은 초기의 조종사는 거의 없었다. 그후 그는 대중의 관심이나 신문 헤드라인을 피할 수가 없었으며 특히 이 키 크고 호리호리한 '미국의 연인'이 아담하고 예쁜 앤 모로와 결혼했을 때 최고의 관심을 끌었다. 앤 모로는 당시 멕시코 대사이자 장차 미국 상원의원이 될 인물의 딸이었다. 앤의 책을 보면 알 수 있지만, 앤은 정치나 기계보다는 문학에 재능이 더 있었다. 그러나 남편 찰스가 앤에게 비행기 조종, 항행, 단파 라디오 작동법을 가르쳐서 앤은 찰스의 부조종사, 무선 기사, 항법사이자 영원한 동료가 되었다.

1930년대 초반 이 멋진 부부는 수천 킬로미터를 비행하고 가능한 비행경로를 기록했다. 대륙의 항로는 이미 대부분 지도에 기록되었지만, 바다 위의 믿을 만한 항로는 아직 지도에 기록되지 않았을 때였다. 그래서 1933년 7월에 린드버그 부부는 수상비행기에 올라 뉴욕 플러싱 만에서 이륙하여 6개월간 북대서양을 일주하며 가능한 항로와 기지를 조사했다. 찰스는 31세, 앤은 27세였다.

이 부부에게는 아기가 유괴되어 살해당한 아픈 기억이 있었지만, 두 사람은 둘째 아이를 보모에게 맡기고 떠났다.

린드버그 부부는 플로트가 장착된 록히드 시리우스를 타고 비행했다. 이 플로트는 아주 무거워서 비행기가 이륙하려면 바람이 꽤 세게 불어야 했다. 두 사람은 자신들의 비행기에 팅미사르토크, 이누이트어로 '큰 새처럼 나는 사람'이라는 별명을 붙였다. 이 이름은 그린란드에서 얻었는데 그때 무선 송신이 끊겨서 언론은 두 사람이 추락하여 사망했다고 보도했다. 두 사람이 어느 곳에 착륙하든지 구름 같은 군중이 몰려와 환영했으며, 언론도 이들의 비행 과정을 열심히 보도했다. 이 부부는 아이슬란드, 영국 제도, 코펜하겐, 스톡홀름, 모스크바, 파리, 제네바, 리스본 등에 착륙했다.

그러나 하늘에서는 오직 구름과 딱딱거리는 무선 전송만 빼면 두 사람뿐이었다. 앤 모로는 『내셔널 지오그래픽』에 이 글을 썼다. 다음 발췌문 서두에서 이 부부는 아프리카 해안의 베르데 곶 제도에 도착했다. 상황의 조짐이 좋지 않지만 두 사람은 바다를 건너 브라질로 갈 준비를 하고 있다.

우리가 그곳에 있을 때는 내내 뜨겁고 건조한 무역풍이 끊임없이 불었다. 우리는 이 바람 소리를 들으며 잤다. 변함없는 햇볕에 뜨겁게 달구어진 비행기 안에 우리가 누워 있을 때, 나는 해변의 파도처럼 긴 윙윙 소리가 멎기를 부질없이 기다렸다. 매일 아침 우리는 일어나서 바다를 보며 고요한 하루를 기대했다. 늘 큰 파도가 일렁이고 바람이 불었다. 이런 날씨는 비행기에서나 무선 전신국으로 언덕을 올라갈 때나 모든 일을 더 힘들게 만드는 듯했다. 마치 누군가 항상 바람을 밀어 보내고 있는 것 같았다. 우리가 앞을 향해 가는 증기선의 뱃머리에 있다는 기분이 들곤 했다. 비행기 조종은 일정한 바람을 만들 뿐이다. 그리고 이 바람이 때로는 외부의 물리적인 힘이 아니라 내 관자놀이의 압력이나 열 등 내부의 질병인 것 같았다.

"여기는 바람이 절대 멎지 않나요?"라고 우리는 물었다. 우리는 포르토 프라이아(Porto Praia)에서 연료를 채웠고, 이 지점에서 남아메리카를 향해 이륙하려고 했다.

"아니요. 때로는 바람이 멎습니다. 하지만 이맘때는 멎지 않아요. 이런 바람이 6개월 동안 계속될 겁니다."

"그럼 변화가 없나요? 폭풍이 불거나 바람이 변하거나 하지 않나요?"

"결코 변하지 않아요. 언제나 똑같습니다."

우리는 남아메리카로 갈 수 있을 만큼 충분한 연료를 채우고서는 큰 파도가 치는 곳을 이륙하지 못하기 때문에 320킬로미터 더 멀지만 다시 아프리카로 돌아가 그곳에서 출발해야 한다는 사실을 깨닫기 시작했다.

11월 30일 오전에 우리는 포르토 프라이아를 떠났으며 공중에서 3미터까지 여러 차례 튀어 오른 후에 큰 파도에 연이어 부딪혔다. 우리가 이륙한다고 내가 생각할 때마다 매번 우리는 이전보다 더 심한 파도에 부딪쳐 내려왔다. 결국 우리는 한참 시간이 지난 후에 배서스트로 향했다.

원래 우리는 다카르로 갈 계획이었지만, 황열병이 유행하여 검역을 한다는 경고를 듣고서 계획을 수정하여 영국령 감비아에 착륙할 수 있는 허가증을 얻었다. 우리는 세 시간 정도 비행한 후에 우리 앞의 바다에 뻗어 있는 베르데 곶을 보았고 그후에 영국령 감비아의 평평한 녹색 해안을 보았다.

우리는 오후 일찍 배서스트의 진흙탕 강에 착륙했다……

가장 큰 문제는 이륙 시간이었다. 우리는 이번 여행을 낮에 열세 시간 조금 넘게 걸릴 것으로 잡았다. 우리가 가능한 빨리 간다면 낮에 이착륙을 포함한 전체 여행을 끝낼 수 있을 것이다. 그러나 강한 역풍을 만난다거나 폭풍 지역을 우회할 필요를 생각해보면 연료 보유량이 너무 적을 것이다.

시간 단축에 관심이 끌리기도 했지만 이런 가능성을 무시했다. 우리는 안전하게 여유분을 가져야 한다. 최고 연료 경제속도는 약 100노트였다. 이 속도로 가면 우리는 남아메리카에서 가장 가까운 지점인 나탈에 도달하는 데 약 16시간이 걸릴 것이다……

우리는 하루 이틀 걸려 출발할 준비를 마쳤다. 비행기에 연료를 다시 채웠고, 남아메리카 해안의 팬아메리칸 항공사 기지국들과 배서스트, 포르토 프라이아의 프랑스 수상비행기 비행장의 우리 친구와 무선 송수신 계획을 이미 세웠다. 또 우리는 남아메리카 해안의 페르남부쿠 주(헤시페)와 파라 주(벨렝)로부터 매일 일기예보를 받기로 했다. 우리에게 용기를 주는 소식이 왔다. "페르남부쿠 주와 파라 주는 계속 날씨가 화창하고 안개는 끼지 않을 것입니다."

우리는 동이 트고 바람이 가장 많이 불 때 필요한 경우 연료를 버려도 안전한 보유량일 정도로 연료 탱크를 전부 채우고 이륙을 시도하기로 결정했다. 우리는 12월 3일 오전에 수면으로 만으로 이동했다. 플로트는 무거운 짐 때문에 거의 가라앉았고 우리가 바람과 파도를 가르며 이동할 때 비행기는 옆으로 크게 흔들렸다. 물보라가 비행기 날개 위로 계속 세게 차오르고 우리는 발판 위에 올라가지 못하면서 여러 차례 이륙하려다가 실패한 후에 정박장에 돌아갔다.

우리는 여분의 가솔린을 내린 후에 다시 시도했다. 그러나 바람이 이때 멈추어서 우리는 발판 위로는 올라갔지만 물 위로 날지는 못했다. 우리는 돌아가서 바람을 기다리기로 했다.

"대령님, 무엇이 문제죠?" 친절하게 우리를 보살펴준 친구가 물었다.

"짐을 너무 많이 실었습니다. 전에(그린란드)는 이만큼 가지고 이륙했는데. 하지만 여기 열대지방에서는 다르네요. 공기가 달라서……"라고 남편이 대답했다.

남편은 그날 내내 비행기 안에서 보내며 사용되지 않은 가솔린 탱크를 제거했다. 이 비행기 외부에 강렬하게 내리쬔 햇볕으로 비행기는 아주 뜨거워졌고 빈 탱크에서 나온 연기는 사람을 질식시킬 정도였다. 그는 그날 저녁에 지쳤지만 짐 무게를 줄였다는 생각으로 활기에 넘쳤다. 우리는 다음 날 밤까지 이륙 시도를 하지 않기로 결정했다. 달이 이지러지고 있었지만 잠을 푹 자는 것이 더 중요하다고 여겼다.

다음 날 저녁 우리는 짐의 무게를 좀더 줄였다. 비상용 초콜릿(그래도 여전히 한 달은 먹을 식량과 물이 충분히 남아 있었다), 닻, 밧줄, 주석 양동이, 여러 가지 도구들, 비행복, 침낭, 우리가 입고 있던 옷을 제외한 모든 옷, 즈크제의 원통형 잡낭, 그밖에 여러 가지 물건들을 합쳐 총 68킬로그램 정도의 짐을 줄였다.

이날은 이례적으로 바람이 불지 않아서 야자수 꼭대기도 거의 흔들리지 않았다. 해가 질 무렵, 부두에 나갔을 때 손수건을 들어 올릴 만한 바람도 불지 않았다. 전날 밤부터 기울기 시작한 붉은 달은 아홉 시경에 떠올랐다. '우리가 시도할 수 있는 마지막 밤이 분명하다'고 나는 생각했다.

"동이 틀 때 이륙할 수도 있지 않을까요?" 나는 남편에게 물었다.

"안 돼. 매일 밤 달이 점점 늦게 뜨고 있어. 우리가 반대쪽에서 착륙할 때는 달이 그렇게 밝지 않을 거야."

해가 질 무렵에는 전혀 바람이 불지 않았다. 배서스트에서는 우리에게 마지막 기회인 것 같았다.

우리는 현지 시각으로 10시 30분에 우리가 입고 있던 옷과 점심, 볕 가리는 헬멧 두 개만을 가지고 총독 관저를 떠났다. 우리가 비행기에 도착한 후 출발하기까지 오랜 시간이 걸렸다. 우선 우리는 플로트에서 공기를 빼냈다. 플로트에 짐이 많이 실려서 뒤쪽 끝은 후미 아래에서 노 젓는 배로 물 밖으로 올려야 했다. 다음에 우리는 플로트 안의 닻 상자를 퍼티로 봉하여 물에서 이동하는 중에 물이 새어 들어가는 것을 막았다. 우리를 도와주러 온 포트의 선장에게 "이제 시속 8킬로미터 정도 되는 바람이 불거야"라고 남편이 활기차게 말했다.

우리의 친구는 손을 올렸다. "당신네 조종사들은 바람을 우리와는 다르게 보는 게 틀림없어." 그가 대답했다.

"왜? 그럼 어떻게 말하지?" 남편이 물었다.

"거의 바람이 불지 않는다고 하지."

우리 모두 웃었다. 남편은 손전등과 비행기의 정박 밧줄을 떼어 선장에게 넘겼다.

"우리가 돌아온다면 이것들을 달라고 할 거고, 그렇지 않다면" 그는 잠시 멈추더니 다시 말했다. "아무튼 다시 시도할 거야." 그리고 우리는 출발했다.

린드버그 부부는 그린란드에서 그들의 소형 수상비행기 록히드 시리우스에 팅미사르토크라는 이 누이트어로 '큰 새처럼 나는 사람'이라는 별명을 붙였다. 두 사람은 그린란드를 비롯한 여러 곳을 거쳐 장장 4만 8천 킬로미터를 비행하며 북대서양의 항로를 기록했다.

나는 모든 것이 안전하게 진행되고 있나 확인하려고 후미 쪽에서 돌아봤다. 여벌의 셔츠 위에 앉아서 지도 상자 안에 점심 도시락을 넣고, 무선 송신기 가방을 내 뒷좌석에 두고, 그러고 나서 벨트를 묶었다.

도시의 등대가 우리 왼쪽에 있었고 그 위로 야자수들이 달빛에 아주 뚜렷하게 윤곽을 나타냈다. 만에는 바람이 너 불었다. 우리는 방향을 돌려 서서히 속도를 떨어뜨렸다. 잠시 숨을 돌렸다.

"준비 다 됐지?"

"응, 문제없어요."

그리고 물보라가 세게 쳤다. 나는 이 모습을 날개 너머로 지켜보고 시계를 봤다. 물보라가 그쳤다. 우리는 전보다 훨씬 빨리 해내고 발판 위에 올라섰다. 지친 중에도 활기가 돌았다. 우리는 이제 이륙할 것이다! 나는 순간 실감이 났다. 그러나 얼마나 오래 걸리는지! 우리가 이륙하나? 아니다. 찰싹 찰싹 찰싹 찰싹— 그러나 거의—

나는 숨을 죽였다. 우리는 이륙한다! 더 이상 찰싹거리는 소리가 나지 않는다. 시계를 보았다. 정확히 그리니치 표준시 2시였다.

그렇다. 우리는 이륙했다. 우리는 하늘로 올라가고 있다. 편안하게 숨을 쉬는 사람처럼, 황홀하게 노래하는 사람처럼 엔진이 긴 한숨을 내쉬듯 수월하게 움직였다. 우리는 도시의 등대에서 방향을 돌렸다. 비행기는 의기양양하고 심지어 거만한 것 같았다. 우리는 해냈다! 해냈다! 우리는 지금 당신 위에 있다. 강, 우리는 지금 당신에게 의지하여 바람과 빛을 부탁하고 있다. 그러나 지금 우리는 당신 없이 이 위에 있다. 우리는 이륙했다. 강, 우리는 당신을 버리고 갈 수 있다. 우리 아래쪽의 드넓고 어두운 침묵의 세계에 등대 몇 개가 있다. 우리가 위에 있기 때문에 이 세계는 우리 것이다.

남편은 계기와 나침반 방향을 점검하기 위해 조종실의 등을 켰다. 그리고 금방 다시 껐다. 우리는 강과 바다 사이의 좁은 땅 위를 아주 낮게 날고 있었다. 나는 우리가 물 위로 갈 때까지는 등을 켜지 않기로 결심했다. 내가 등을 켜면 남편이 앞을 보기가 힘들어질 것이기 때문이다. 나는 여전히 몹시 흥분하여 달빛 아래에서 첫번째 메시지로 "그리니치 표준시 2시에 배서스트 이륙"이라고 적었다.

나는 맨 종이 위에 쓴 것을 보며 그렇게 기뻐할 이유가 없다고 깨달았다. 우리 앞에는 여행 전부가 남아 있었다. 이제 시작에 불과했다.

나는 아프리카 기지국을 불렀지만 대답이 없었다. 이 처음 보낸 이륙 메시지는 아무도 보지 못했다. 그리고 나는 우리의 여행에서 너무 빨리 대답을 얻으리라는 기대는 하지 않았지만 남아메리카 해안의 팬아메리칸 기지국에 신호를 보내기 시작했다. 우리는 하늘에 오르자마자 매 시각 정시에 메시지를 보내기로 계획을 세웠기 때문이다.

그러나 우리는 3시에 대답을 들었다. 잡음이 아주 심했지만, 그 뒤죽박죽의 소리 속에서 나는 내 호칭인 KHCAL을 들었다. 어둠 속에 바다를 건너 온 친숙하고 편안한 목소리였다. 처음 무선 송수신을 한 것이었다. 어디서 온 소리였을까? 브라질 해안의 바이아 주(상살바도르), PVB이었다. 기대했던 그대로였다. 나는 참 잘됐다고 생각했다. 나는 흥분하여 남편을 손으로 찌르고 메모를 긴넸다. "바이아 주와 연결됐어요! 전할 말 없어요?" 우리는 이제 물을 건너는 중이어서 나는 불을 켜고 우리의 첫 위치를 전했다.

"그리니치 표준 시각 3시 위치-북위 12도 17분-서경 17도 50분-항로 224도"

그때부터 네 시간 동안 나는 계속 어둠 속에서 다이얼 앞에 구부리고 앉아, 잡음 속에서 소리를 들으려고 노력하며 매 시간 위치 보고를 전하고 브라질에서 내게로 보낸 "시정이 좋다" 같은 일기예보 몇 마디를 들었다.

나는 딱 한 번만 밖에서 우리 아래로 멀리 있는 배의 불빛을 보았다. 그러나 달이 조종실을 희미하게 비추었기 때문에 날씨가 좋다는 사실을 보지 않고도 알 수 있었다. 네 시간이 지나자 무선 수신 상태가 훨씬 나아지기 시작했다. 이제는 리우의 수신도 들을 수 있어서 나는 안심하며 우리가 정말 이륙했고 남아메리카로 가고 있다고 실감했다.

그리니치 표준 시각 5시 30분경에 우리는 구름과 마주치기 시작했다. 우리는 구름 아래를 비행하면서 일정한 시간 간격으로 달빛을 잃었다. 이 시간 간격이 점점 길어졌다. 물이 구름과 만나 어둠 속에서 구분지어지는 일종의 수평선을 보기까지 했다. 그리고 우리는 물의 위치를 잃고 앞이 보이지 않은 채 비행했다. 나는 재빨리 불을 꺼서 남편 조종석에 반사되지 않도록 했다.

이제 우리는 다시 밖으로 나왔다. 우리 아래의 구멍을 통해서는 어두운 물을 볼 수 있었고, 우리 위의 구멍을 통해서는 어두운 하늘을 볼 수 있었다. 앞을 보지 못하는 비행이 더 계속되었다. 그러나 날이 점점 밝아오고 있었다. 곧 날이 밝을 것이었다. 나는 시간을 가늠해보려고 했다. 아무튼 한 시간 후면 날이 밝을 것이다. 우리는 구름 속을 통과하며 올라가고 있었다. 나는 수신 내용을 볼 수는 없었지만 계속 "QRX(대기 중), QRX-구름을 뚫고 가는 중-잠깐만 기다려주세요" 등을 전했다.

앞에는 구름이 더 있었다. 앞을 보지 못하는 비행이 더 계속되었다. 추워지기 시작했다. 우리는 꽤 높이 있는 것이 분명하다. 나는 셔츠를 하나 더 껴입고 다시 "QRX, QRX-이상 무"라고 보냈다. 그리고 이렇게 비행을 한 시간 정도 한 후에 남편은 내게 리우에 보낼 메시지를 하나 전했다. "구름 8/10-돌풍 가끔-시정 4.8킬로미터-동틀 녘."

동틀 녘! 나는 구름이 이제 물과 바다에서 점점 더 뚜렷하게 보이고 있다는 사실을 깨닫지 못했다. 밤은 지나갔다. 해가 실제로 떠오를 때 우리는 여전히 검은 천둥 구름을 뚫고 비행하고 있었지만 그후에는 날씨가 개었다. "돌풍 그치고 시정 무한대."

무선 수신 상태도 좋았다. 나는 나탈 착륙 준비에 대해 리우로부터 (여러 차례 반복 후에) 온전한 긴 메시지 하나를 받았다. 우리가 아직 이렇게 멀리, 대양 하나만큼이나 떨어진 곳에 있을 때 착륙에 관한 실질적인 세부 사항을 적어두다니 정말 이상한 것 같았다.

"나탈(우리가 정말 거기에 도착하기는 할까?)의 PAA(팬아메리칸 항공) 바지선은 도시와 큰 에어로포스테일 격납고와 경사로 사이의 도시 남서부 가장자리에 있는 강에 위치해 있다(그것을 찾기는 힘들겠지만!). 에어로포스테일 격납고에 있는 높은 안테나 탑을 조심하라(대낮에도 라디오 마스트 조심! 달빛에 이륙한 후에도 조심!). 바지선에는 쓸 만한 여분의 부품이 별로 없다."(그들이 우리를 정말 기다리고 있는 것처럼 들린다).

이런 도착의 기대는 내게 확신을 주었다. 세부 사항에 이렇게 관심을 기울이는 것은 우리가 당연히 안전하게 도착할 수 있다는 뜻이었다. 나는 샌드위치 하나를 먹고 기분 전환을 했다.

그리니치 표준 시각으로 8시 6분에 또 하나의 무선 수신을 들었다. 시끄러운 목소리로 "KHCAL-de-WCC-54미터 혹은 36미터로 답변 바람." 나는 잘 믿기지 않아서 호출 부호 기록일지를 보고 확인했다. 매사추세츠 주 채텀에서 나를 무르고 있다!

아주 비현실적으로 보였지만, 이 밤의 모든 게 비현실적이었다. 그래서 나는 귀찮게 주파수를 바꾸지 않고 54미터(내가 사용하는 파장)에서 비교적 가볍게 응답했다. 그는 즉각 답변했으며, 그 어조는 아주 크고 분명하여 단어 하나하나가 온전히 들렸다. 그의 3연속 송신은 필요 없었지만 감히 막지 못했다.

채텀. 얼마나 감격적인지 생각해보라! 그 페이지에 문장이 천천히 떨어졌다.

"비행기에서-에서-에서-최초의 라디오-라디오-라디오-인터뷰-인터뷰-인터뷰에 몇 가지-몇 가지-몇 가지-질문에-질문에-질문에-대답해-대답해-대답해-주시겠습니까?"

이곳에도 신문이 있었다! 이 바다 한가운데에. 이 때문에 여행 전체가 어느 때보다 훨씬 더 비현실적이었다. 나는 답변을 보냈다.

"죄송하지만 여기 일이 너무 바빠서 안 되겠습니다. PVJ로부터 일기예보를 들어야 되거든요."

매사추세츠 주 채텀과의 접촉이 아무리 감격적이어도, 우리는 인터뷰 대신 해야 할 일이 분명히 많았다. 나는 이번에는 36미터에서 PVJ(리우)와 다시 연결되어 안도했다.

"그리니치 표준 시각 9시 위치-북위 5도-서경 23도 40분-항로 224도-1500미터에 구름 2/10-8000미터에 구름 9/10-시정 무한대-바다 고요-바람 없음-고도 1200."

또 편류계를 써서 조심스럽게 접안렌즈를 통해 물을 내려다보았다. 우리는 이때 반쯤 되는 지점에 가까이 갔기 때문에 태양이 하늘 높이 떠서 남편이 볼 수 있을 정도였다. 내가 비행기를 조종해야 했기 때문에 무선 수신 스케줄 몇 번은 건너뛰었다. 다이얼을 보며 쭈그리고 앉아 있다가 똑바로 앉아서 바깥의 구름과 바다를 보니 새로운 기분이 들었다.

남편의 표정에서 육분의를 읽은 결과를 내가 알아채려고 하지 않았다면 이 기분을 즐겼을 것이다. 그는 만족스러워 보이지 않았다. 나는 경치들 사이에서 다시 라디오 수신을 시도했다. 그러나 나는 놀랍게도 둔하고 느려서 아무 일도 해낼 수 없을 것 같았다.

다이얼을 돌리느라 구부리고 있던 허리는 뻣뻣해졌고 귀는 이어폰의 죔쇠 때문에 아팠다. 나는 눈을 감고 보냈다. 그러나 이 일의 어떤 것도 그 자체가 그렇게 어렵지는 않았다. 조금만 힘을 내면 쉽게 극복할 수 있었다. 그러나 사람이 아주 피곤할 때는 노력해도 소용없는 것 같다. 어떤 일에도 노력할 가치를 못 느끼는 것 같다.

남편은 앞 조종석에서 육분의를 분해하고 있었다. 무엇이 문제였을까? 시정이 나쁘게 변했나? 우리는 반 이상 건넜기 때문에 이제 어느 때보다도 무선 송수신을 계속할 필요가 있었다. 나는 무기력해진 상태에서 분발하여 휴대용 식기에 손을 뻗었다. 물을 조금 마시고 얼굴에도 좀 뿌리고 샌드위치 하나를 더 먹고 기운을 냈다. 나는 계속 무선 송신을 시도했다.

첫번째 대답은 남아메리카보다 훨씬 더 먼 아프리카에서 왔다. 우리가 배서스트를 떠나면서 무선 송신을 시도했던 포르토 프라이아의 프랑스 기지국 CRKK였다.

"그리니치 표준 시각 12시 위치-북위 1도 30분-서경 28도 20분-구름 4/10-시정 무한대-바다는 밝다."

나는 CRKK와 접촉이 끊기고 난 후에 CQ(불특정 무선국 호출)에 우리의 호출 부호 KHCAL로 서명했을 뿐만 아니라 "린드버그 비행기"라고 덧붙여서 보내기 시작했다. 이전에는 이렇게 하면 효과가 있었다. 수신국들은 KHCAL에는 절대 답을 하지 않지만 "린드버그 비행기"에는 대답을 가끔 한다. 그것은 마치 낚싯대의 끝에 낚싯밥을 바꿔 단 것과 같았다.

우리는 금방 입질을 받았다. "린드버그-린드버그." 대답이 돌아왔다. "S.S. 카파르코나-리우행." 브라질 해안의 선박이었다. 나는 기뻤다. 이후에는 모든 일이 순조로워지기 시작했다. 그들은 아주 친절하게, 우리 위치를 남아메리카 해안의 기지국들에 전하겠다고 말했다. 이제 육분의는 다시 본래대로 움직였고, 남편은 분명히 시정에 만족했다.

"그리니치 표준 시각 13시 위치-북위 15분-서경 29도 25분-구름 1/10-시정 무한대 -바다는 밝다-바람 135도-16킬로미터-고도 800."

우리는 약 2시에 남아메리카 쪽에서 처음 배를 보았다. 우리는 배서스트에서 우리 아래에 등대가 비추었던 11시간 전 이후에는 배를 한 척도 본 적이 없었다. 우리 오른쪽에 작은 하얀 점은 내가 처음 보는 땅으로서 우리에게 위안이 되었다.

우리는 오후 2시 20분에 화물선 알데바란 호 위로 날아갔다. 우리는 오후 1시 55분부터 3시 30분까지, 그날 아침 페르난도 데 노론하(Fernando de Noronha)를 지난 독일 캐터펄트함인 베스트팔렌 호와 무선 연락을 취했다. 그들은 우리 위치 보고를 듣고는 우리가 그들 아주 가까이 지나가고 있다고 말하고 우리에게 배에서 파악한 전파 방위를 보냈다. 우리는 약간 방향을 바꾸어 그리니치 표준 시각 오후 3시 20분에 그들 위로 날았다.

나는 흥분 속에 급강하하며 이 배 뒤에서 올라오는 배가 지나가는 하얀 자국과 갑판에서 모든 사람들이 팔을 흔드는 모습, 배 위의 비행기와 사출기만 기억난다. 그들은 우리에게 페르난도 데 노론하와 나탈로 가는 방향을 알려주었고 "성탄을 축하하며 새해 복 많이 받기를 빕니다"라는 메시지를 전했다.

나는 베스트팔렌 호를 지난 후에 우리가 반대쪽에 도달했다고 생각했다. 우리는 맞은 방향으로 가고 있었다. 우리는 우리의 위치를 확신했고 하늘은 우리 앞에 끝없이 펼쳐졌다. 나는 아주 행복했다. 내 귀에 무선 수신음 소리만 계속 성가시게 들렸다. 나는 이제 세아라 주(포르탈레자)에 있는 나탈 북쪽의 팬아메리칸 기지국과 무선 송수신을 했다.

나는 내 신호를 밤새 들은 그쪽 무선 송수신 담당자 역시 나와 마찬가지로 피곤하다는 것을 알았다. 사실 그가 훨씬 더 피곤했다. 나는 우리가 이륙을 시도하는 동안 거의 1주일간 마이애미부터 리우까지 팬아메리칸 기지국들 모두가 실제로 24시간 교대로 가동했다는 사실을 알게 될 때까지는 그것을 몰랐다. 그들은 우리가 언제 배서스트를 출발하는지 확실히 알지 못하면서 우리를 위해 계속 대기 중이었다.

우리는 베스트팔렌 호를 떠난 직후에 페르난도 데 노론하를 지났다. 우리는 메마른 섬의 가장자리에 똑바로 서 있는 긴 프랑스 롤빵처럼 생긴 크고 둥근 화산 옆을 지나, 나탈을 향했다. 내가 다시 세아라 주에서 리우로부터 10시간 전에 들었던 메시지를 듣는 동안 우리는 아직도 바다의 다른 쪽 어두운 곳에 있었다.

"나탈(앞에 옅게 안개가 낀 낮고 녹색으로 펼쳐진 남아메리카 해안)의 PAA 바지선. 도시와 큰 에어로포스테일 격납고 사이의 도시 남서부 가장자리의 강(우리는 아주 빨리 이곳에 도착하여 이삼 분 정도 해안을 따라갔다)에 위치해 있다. (남편은 돌아보더니 손으로 '5분 더!'라고 신호를 보냈다). 높은 안테나 탑을 조심하라. (그곳에서 우리는 선회했다). 바지선에는 쓸 만한 여분의 부품이 별로 없다." (이제는 볼 수 있다. 이 강의 작은 정사각형 바지선은 사람들로 혼잡하다).

"나탈에 그리니치 표준 시각으로 오후 5시 55분에 착륙."

린드버그 부부는 안개가 짙은 브라질에 착륙한 후 트리니다드, 푸에르토리코, 도미니카 공화국을 거쳐 미국으로 돌아가 마침내 긴 여행을 마치고 1933년 12월 19일에 플러싱 만에 착륙했다. 두 사람은 거의 4만 8천 킬로미터를 비행했다. 현재 팅미사르토크는 스미스소니언 항공우주박물관에 전시되어 있다.

1934년 10월

성층권 탐험

EXPLORING THE STRATOSPHERE

1936년 1월

가장 높이 올라간 사람

MAN'S FARTHEST ALOFT

앨버트 W. 스티븐스 대위(1886~1949)

앨버트 스티븐스는 아무리 높이 올라가도 만족하지 않았다. 이 세계최고의 항공 사진가는 1930년대 초반 미국 공군사진촬영연구소 소장이었다. 스티븐스는 작업대에 있지 않을 때는 어떻게 내려올 생각이었는지는 아무도 몰랐지만 늘 하늘 위 어딘가에 올라가 있었다. 그는 비행기 추락 현장에서 걸어 나올 때도 많았다. 한번은 높은 대기에서 고글이 벗겨져서 안구에 서리가 덮인 채 돌아왔다. 그리고 때로는 7300미터 상공에서 비행기에서 뛰어내려 낙하산을 타고 날았다. 비공식적인 기록에 따르면 순전히 쾌감을 맛보려고 그렇게 했다고 한다.

스티븐스는 비행기의 상승 한도인 1만 천 미터 아래까지 비행했다. 그러나 여러 열기구들이 1만 천 미터와 4만 8천 미터 사이의 성층권 가장자리에 도달했고, 그는 이 열기구들보다 더 높이 올라가려고 했다. 그는 성층권 기구 두 대인 익스플로러 1호와 익스플로러 2호를 후원해달라고 1934년부터 1935년까지 미국 공군과 내셔널 지오그래픽 소사이어티를 설득했다. 이 두 성층권 기구는 새로운 고도 기록을 세웠고 우주 시대로 가는 초석을 마련했다.

기구 발사는 NASA(미국항공우주국) 전신(前身) 기구의 중요한 행사였다. '성층권캠프(Stratocamp)'라는 큰 텐트 도시에 둘러싸인 사우스 다코타의 블랙 힐에 톱밥길, 배관, 기상관측소를 모두 갖춘 발사대 '스트래토보울(Stratobowl)'이 세워졌다. 그리고 26층짜리 건물만큼 높은 기구(氣球)들이 있었다. 특수 제작된 곤돌라는 현창과 출입문에 둘러싸여 있었고, 곤돌라 안에는 과학 기구들이 가득 찼다. 여기에는 앨버트 스티븐스의 성격을 반영하는 미치광이 같은 '놀라지 마십시오' 식의 특징이 있었다. 기구 조종사들은 고등학교에서 빌린 가죽으로 된 미식축구 모자까지 썼다. 첫 발사는 거의 재난에 가까웠다. 1934년 7월 28일, 노련한 기구 조종사 월리엄 케프너 소령과 오빌 앤더슨 대위는 스티븐스와 함께 익스플로러의 곤돌라에 탔다. 곧 수소를 채운 큰 기구가 스트래토보울을 이륙했다. 이들은 하늘로 2만 4천 미터까지 올라가기를 바랐다. 모든 일이 대단히 순조로웠다…… 잠시 동안은.

「성층권 탐험」에서

돌아보면 우리는 참으로 이상한 곤경에 처해 있었다. 우리는 땅 위로 1만 7600미터 이상 올라간 큰 기구에 매달린 튼튼한 금속 선체 안에 갇혀 있었다. 그렇지만 우리에게는 팔이 닿는 거리에 열고 나갈 때만 쓰는 출입문 두 개가 있었다.

출입문 하나에는 문을 열기 쉽도록 레버가 달려 있었다. 그러나 누구도 레버를 향해 가지 않았다. 출입문을 연다는 것은 순식간에 압력의 변화로 거의 무의식 상태가 된다는 뜻일 것이다. 심해의 물고기를 급하게 수면 위로 올릴 때 물고기 조직이 그렇게 되듯이 우리의 조직도 갑자기 팽창할 것이다. 그 결과는 비참한 재난이 될 것이다.

우리의 높은 감옥은 아주 살기 좋은 곳이었다. 우리는 수 주간 매일 수십 번씩 이곳을 들락날락했었기 때문에 이곳에 속속들이 완벽하게 익숙해졌다. 곤돌라 안은 밀폐되었다. 곤돌라는 안에 실은 무거운 짐의 모든 압력을 견뎠다. 우리가 기대했던 것보다 분명히 훨씬 더 편안했다.

안쪽 벽에는 광택이 나는 하얀색을 칠했고, 벽 위에 우리 머리 위의 유리 현창으로 들어오는 밝은 햇빛이 빛났다. 우리 주위에는 여러 가지 과학 기구들이 있었고, 열기구가 올라갈수록 이 과학 기구들이 덜컹거리는 작은 소리가 우리 귀에 기분 좋게 들렸다. 우리는 헬멧 위에 이어폰을 끼고 있고 우리 앞에는 송화기가 있어서, 연결하는 데 이삼 분만 쓰면 사실상 미국의 누구와도 이야기할 수 있었다. 우리는 배고프지도 목마르지도 않았고, 우리가 숨을 쉴 때 사용하는 인공적으로 준비된 공기도 놀라울 만큼 괜찮았다.

갑자기 경고도 없이 우리 기구가 크게 찢어졌다! 몇 분 전만 해도 우리 위를 보았을 때 아무 문제가 없었다. 곧 우리는 떨어지기 시작했다. 가방, 곤돌라, 과학 기구, 사람들이 모두 함께. 합리적으로 일사불란하게 모든 일을 처리한다면 희망이 있었다. 그러나 천에 구멍이 너무 많이 나면 곤돌라가 공중에서 급속도로 하강하고, 우리도 곤돌라와 함께 내려갈 것이다……

기구 조종사들은 최고 고도 기록에 300미터 못 미치는 1만 7600미터에 도달했다. 다행히도 찢어진 기구가 큰 낙하산 역할을 해서 그렇지 않았으면 급강하했을 속도를 늦추었다. 그러나 기구의 수소 혼합가스는 폭발성이 강하기 때문에 돌아오는 것은 대단한 시련이었다.

우리는 비행 내내 낙하산 멜빵을 메고 있었고, 상황이 안 좋아지기 시작했을 때 각각 분리 가능한 부분 즉 진짜 낙하산을 착용했다. 우리는 떠날 채비를 마쳤지만 우리가 착륙했을 때 기구에서 멀리 떨어져 있는 것을 피하기 위해 가능한 오랫동안 기구에 머무르고 싶었다.

우리는 3000미터에서 정말 기구를 떠나야 했지만, 과학 기구를 버리고 싶지 않았다. 그래서 우리는 계속 곤돌라 안에 있었다. 1800미터에서 우리는 다시 이 문제에 대해 이야기를 나누고 떠나는 것이 낫겠다고 결정했다. 내가 마지막으로 읽은 고도계는 해발 1500미터를 가리켰다.

네브래스카의 이 부분의 땅은 해발 600미터였기 때문에 우리는 실제로는 땅에서 900미터밖에 안 떨어져 있었다.

한편 앤더슨 대위는 곤돌라 위에서 낙하산 때문에 고생하고 있었다. 시동 핸들이 무언가에 걸려서 낙하산이 펴졌다. 좀 덜 냉정한 사람이라면 불안했을 상황이었다. 할 일은 한 가지뿐이었다. 낙하산 주름을 한쪽 팔 아래에 모으고 뛰어내릴 준비를 하는 것이었다.

앤더슨은 낙하산 천을 모으면서, 내가 뛰어내리기로 계획한 출입구에 두 발이 닿을 때까지 내려갔다. 앤디는 덩치가 큰 사람이었지만, 그의 발이 이렇게 큰지 전에는 미처 알지 못했다. 나는 그의 발에 반쯤 막힌 출입구를 보며 소리쳤다.

"이봐, 그 큰 발 좀 치워! 나도 뛰어내리고 싶다고."

앤더슨이 내 말을 들었는지 아닌지는 중요하지 않다. 일은 급박하게 돌아가기 시작했다. 앤더슨의 두 발이 사라졌고 나는 그가 뛰어내렸다는 사실을 알았다. 그가 뛰어내리자마자 기구가 폭발했다.

갑자기 압력이 너무 커졌고, 기구가 단번에 수백 갈래로 찢어졌다.

곤돌라는 돌처럼 떨어졌다.

나는 두 차례 곤돌라 출입구를 뚫고 밀고 나가려고 했지만, 급격하게 떨어지는 기구 주위의 풍압 때문에 밀려났다. 그래서 나는 출입구에서 물러난 후 거꾸로 뛰어내렸다. 나는 똑바로 착륙하기 위해, 얼굴을 아래로 향하게 하고 팔다리를 개구리처럼 펴서 수평 자세를 취했다. 그때 우리는 450미터를 떨어졌고 너무 빨리 내려가서 풍압이 실제로 곤돌라와 나를 같은 위치에 두었다. 다시 말하면, 나는 곤돌라에서 그리 멀리 떨어지지 않고 같은 속도로 아래로 움직였다. 나는 똑바른 자세를 취하고 나서 반 바퀴를 돌아 내 낙하산 줄을 당겼다. 낙하산이 바로 펴졌다. 시속 128킬로미터로 비행기에서 뛰어내릴 때의 움직임과 같았다. 접혀 있던 하얀 낙하산이 큰 원 모양으로 펴졌고, 곤돌라 위의 기구 천 일부가 내 낙하산 위로 떨어졌다.

잠시 기구가 내 낙하산을 덮치는 것 같았다. 기구의 천이 낙하산 중앙을 덮었다. 그후 운 좋게도 낙하산이 밑에서 빠져나와 따로 움직였다.

케프너와 앤더슨은 어떻게 되었을까? 주위를 돌아보니 하늘에 다른 낙하산 두 개가 보여서 나는 그들이 안전하다는 사실을 알았다. 내 바로 아래에서 곤돌라가 엄청나게 큰 소리를 내며 떨어지는 소리를 들었고 커다란 고리 모양의 먼지가 피어오르는 것을 보았다. 40초 후에 나도 떨어졌지만 다행히 훨씬 덜 큰 소리를 내며 떨어져 네브래스카 옥수수 밭의 검은 흙에 얼굴을 대고 낙하산에 오륙십 센티미터 끌려갔다.

몇 분 후에 케프너 소령과 앤더슨 대위와 나는 낙하산을 말아 올리고 서둘러 곤돌라가 추락한 곳으로 갔다. 이미 십여 명의 사람들이 바로 그 땅에서 솟아 나오기라도 한 것처럼 있었고, 이삼 분이 지나자 수백 명이 들판을 건너 추락 현장으로 오고 있었다…… 이 지방 사람들 수백 명이 자동차를 타고 기구를 따라왔던 것 같았다.

많은 구경꾼들이 기구 천의 주요 부분을 말아서 쌓아 올리는 일을 기꺼이 도왔다. 그러나 세상 사람들이 그렇듯이 이들도 기념될 만한 것을 가져가느라고 혈안이 되었다. 기구의 수많은 작은 조각들이 농장 들판에 눈송이처럼 떨어졌고, 아마 거의 모든 구경꾼이 방수천 작은 조각 하나씩을 집어갔을 것이다.

케프너 소령과 나는 우리가 착륙한 벌판에 있는 로우벤 존슨 씨 농가에 가서 전화를 하고 전신을 보냈다. 잠시 후 나는 거의 섭씨 38도까지 되는 (그늘이 없는) 그늘에서 그때까지 두꺼운 모직 내의 두 벌과 가벼운 캔버스 천으로 만든 비행복을 입고 있다는 사실을 깨닫고, 농가에서 방 하나를 빌려서 껴입은 옷을 벗었다.

이삼 분 후에 나는 캔버스 비행복만 입었고, 내의 두 벌은 벗어서 담장 위에 걸어두었다. 그리고 안에 들어가 전화로 우리의 소식을 전했다.

그리고 밖에 나가 보니까 사람들이 기념으로 간직하려고 내 내의를 가지고 가버린 뒤였다. 아마 이제 그 내의는 작은 사각형으로 전부 잘렸을 것이다. 아마 우편으로 받은 기구 천 조각들처럼, 사람들은 이 중에 몇 개도 사인을 해달라는 요청과 함께 내게 보낼 것이다!

결론을 낼 기록은 없었다. 과학 기구들이 부서지고 데이터는 소실되었다. 그래서 그들은 다음 해에 다시 시도했다. 1935년 11월 11일에 폭발성이 강한 수소 대신 헬륨을 사용한 훨씬 큰 기구가 새 곤돌라 익스플로러 2호를 들어 올렸고, 앤더슨과 스티븐스가 함께 탔다. 그들은 수십 센티미터 오른 후에 다시 가라앉기 시작했다. 앞으로의 상황이 그렇게 좋아 보이지 않았다.

　「가장 높이 올라간 사람」에서

　앤더슨은 기구가 떨어지는 것을 느끼고 내게 소리를 질러 알렸다. 그는 곧 전기 스위치를 밟고 곤돌라 밖에 매달려 있는 총 무게 1400킬로그램인 40개의 모래주머니를 조절하는 핸들을 돌렸다. 그는 3초도 지나지 않아 이 중에 주머니 10개를 떼내어 모래주머니 340킬로그램을 떨어뜨렸다.

　나는 바닥에서 모래주머니 하나를 들어 올려 잠입구 밖으로 붙잡고 주머니 바닥에서 핀을 당겼다. 출발대 가장자리에서 달려와 우리 아래쪽에 도달한 사람의 머리에 주머니 안에 있던 고운 납가루가 떨어졌다. 그는 납가루 세례를 받자 소리를 질렀고, 가능하다면 머리를 숙이고 더 빨리 달리려는 것 같았다!

　우리는 이제 나무 꼭대기에 약 15미터 가까이 갔다. 운집한 군중이 좌우로 흩어져 이 크고 높은 구조물로부터 멀리 달아나려고 했다. 많은 사람들은 분명히 이 큰 것이 추락하여 머리 위에 떨어져 아마 방수천 아래에 자신들이 갇히게 될 것이라고 생각했을 것이다.

　그러나 기구는 하강을 멈추고 다시 상승하기 시작했다. 갑작스러운 비상사태에 대비하여 전기적으로 모래주머니를 버릴 수 있도록 장치를 만들고, 오차 없이 작동하도록 땅 위에서 계속 실험해서 다행이었다. 우리는 이륙하기 전에 이 주머니들을 제자리에 연결하면서, 안이나 밖에서 모두 작동할 수 있는 핸들이 접촉 지점에서 접촉 지점으로 돌아가면 주머니들이 다이너마이트 캡에 의해 폭발하고 곤돌라 반대 방향에서 버려지도록 준비했다.

그래서 앤디가 40개의 모래주머니를 조절하는 핸들을 돌렸을 때, 납이 5센티미터 구멍 열 개를 통해 거의 동시에 곤돌라 주위에 퍼졌다…… 나는 그때부터 몇십 명의 사람들에게 이 미세한 납 가루가 뿌려졌을지 궁금해하곤 했다……

많은 사람들은 우리가 공중에 매달린 곤돌라의 꼭대기의 미끄러운 표면 위에서 걸어 다니는 일이 아주 위험했을 것이라고 생각한다. 사실 위험하다는 생각은 전혀 들지 않았다. 손으로 잡을 곳과 발로 지탱할 곳이 어디에나 있어서 원숭이처럼 안팎으로 위아래로 다녔다.

로프 지탱 고리에서 나와 곤돌라를 180센티미터 더 높이 매단 2.5센티미터 두께의 로프 열 개는 팽팽하게 뻗어서 실제로 철 막대기만큼 단단했다. 이 로프 각각은 거의 450킬로그램 가까이 지탱했다. 이렇게 해서 모두 함께 하나의 감옥을 형성하는데 이 감옥에서는 누가 진심으로 떨어지려고 시도하지 않는다면 떨어지기 힘들 것이다……

여러 기기 중에서도 NBC의 무선전신기기보다 더 완벽하게 기능한 기기는 없었다…… 전송과 수신 모두 흠잡을 데가 없었고, 나가는 음향 크기는 올해 모리스 씨가 설치한 정교한 '이득★ 제어(gain control)'에 따라 일정하게 유지되었다. 이 기기는 대체로 사람이 가까이 있을 때는 송화기가 덜 민감해지고, 사람이 멀리 있을 때는 송화기가 더 민감해지는 효과를 보였다. 이런 기기는 주로 단파 라디오 세트로 듣는 사람들이 우리가 대중에게 이야기할 의도가 없을 때

★ 증폭기를 이용하여 얻는 신호 전력의 증가. 보통 데시벨(dB)로 나타낸다.

정박장에서 26층 건물만큼 높이 솟은 성층권 기구 익스플로러가 압력을 일정하게 넣은 곤돌라에 기구 조종사들을 태우고 우주의 가장자리까지 갈 준비를 하고 있다. 그 다음 기구인 익스플로러 2호는 유인 비행 최고 고도 기록을 세웠고 이 기록은 15년이나 유지되었다.

에도 우리가 곤돌라에서 일하고 이야기하는 것을 들을 수 있도록 하기 위해 설치되었다.

문제가 있다면 수신 상태였다. 내가 가끔 수신기를 맞추거나 수화기의 음량 조절기를 사용하는 데 부주의했기 때문이다. 때로는 과학 기구가 덜그럭거리는 소리 때문에 반복해서 해야 했다.

지구 위의 16킬로미터에서도 우리 기구 조종사 중에 유부남인 앤디는 가족의 목소리를 들었다. 성층권그릇의 NBC 텐트에서 앤더슨 부인은 남편에게 물었다.

"어때요? 지금 어디에 있어요?"

"아주 좋아. 머디." 앤더슨이 대답했다.

"어디에 있어요?"

"하늘 위에 있지." 앤디는 건조하게 말하고는 우리의 고도가 약 16,000미터이며, 우리는 최고 한도까지 가는 중이라고 덧붙였다.

"굉장하네요. 행운을 빌어요!" 앤더슨 부인이 우리보다 훨씬 아래쪽에서 이렇게 말하며, 모퉁이 가게에 전화하듯이 쉽게 연결된 통화를 마쳤다.

또 우연히 엿들은 동부의 한 아나운서가 동료 아나운서들에게 단파통신으로 보내는 지침의 내용은 재미있었다.

그는 이렇게 말했다. "그들이 안전하게 내려왔다고 확신할 때까지는 이 녹음 내용을 재생하지 말도록 해. 그들이 추락할 확률이 아직 크니까. 그들이 살아서 내려와야 기록이 될 수 있어."

아무튼 우리는 약 2만 2천 66미터에 도달하여 우주의 가장자리에 가까이 가며 기록을 세웠다. 지상과 상공에서 관측한 결과 기구의 끝이 해발 2만 2천 64미터에 닿았다고 했다.

아래쪽의 낮은 현창으로부터 옆의 현창을 통해 사방의 수백 킬로미터의 땅이 뚜렷하게 보였다. 평평해 보이는 갈색의 광대한 땅이 계속 펼쳐졌다. 마찻길과 자동차 고속도로는 보이지 않았고, 집들도 보이지 않았고 철로는 가끔 끊기거나 이어지는 모습으로 구분이 되었다. 큰 농장들은 작은 직사각형 구역으로 구분되었다. 때때로 녹색 초목의 줄은 강이 있다는 사실을 나타냈다.

특히 해가 물 표면에 비칠 때는 여기저기에서 강이나 호수의 형태로 물이 보였다. 땅에 사는 실제 생물의 징후는 감지되지 않았다. 우리에게는 낯설고 생명 없는 세계였다. 태양은 우리의 주의를 끄는 유일한 대상이었다. 우리는 일시적으로는 지구에서 거의 분리되었다.

머리 위로 큰 기구가 우리 위의 하늘을 볼 수 없게 막았다. '기구에 중앙의 관이 있어서 이를 통해 우리가 하늘을 볼 수 있다면 얼마나 좋을까'라고 정말 아쉬워했다! 나는 우리 머리 바로 위의 하늘이 아주 어두워지면 낮에도 별을 볼 수 있을 것이라고 생각했다. 실제로는 기구의 옆쪽 위로 지평선 위의 약 55도 각도로 하늘을 볼 수 있었다.

지평선 자체는 하얀 안개의 띠였다. 지평선 위로 하늘은 연한 푸른색이었고 아마 지평선에서 이삼십 도 각도로는 우리에게 익숙한 푸른색의 하늘이 보였을 것이나. 그러나 우리가 볼 수 있던 가장 큰 각도에서 하늘은 아주 어두워졌다. 완전히 검정색이라고 말할 수는 없고, 아주 어두운 푸른색이 조금 섞인 검은색이라고 해야겠다.

로프에는 새 성조기가 달려 있었다. 이 깃발은 찬란하게 빛나는 햇빛을 받고 있었고, 나는 이 성조기 바탕의 푸른빛을 하늘의 푸른빛과 비교했다. 이제 우리의 정식 깃발의 푸른빛은 그늘에서 꽤 어

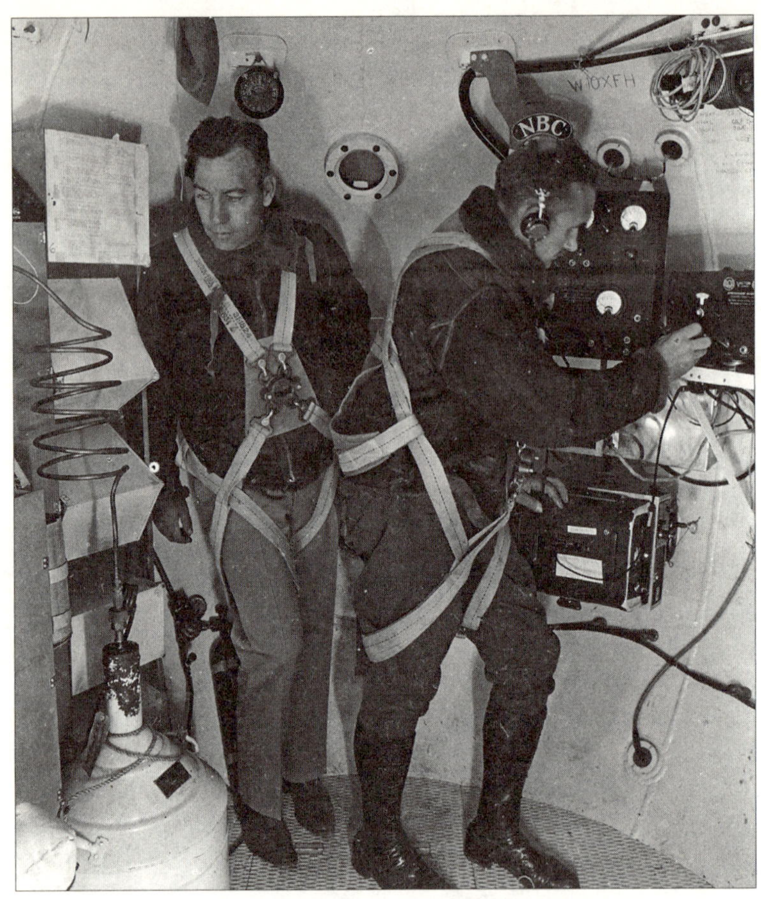

익스플로러 2호의 곤돌라 내부는 다이얼, 계기, 검전기(檢電器), 스펙토그래프(spectograph, 종이 위에 소리의 청각적 특징을 나타나게 한 전기 청각 장치/옮긴이), 우주선 계수기를 비롯한 여러 기구들로 가득했다. 오빌 앤더슨(왼쪽)은 액화산화질소 플라스크를 점검하고 있고, 앨버트 스티븐스(오른쪽에 승마 장화를 신고 있는 사람)는 무선전신기를 만지고 있다.

둡게 보이지만, 성층권 하늘의 푸른빛보다는 훨씬 밝은 푸른빛으로 보였다.

우리는 우리의 최고 한계에 한 시간 30분 동안 머물렀고, 우리의 과학 기구들은 마치 유일한 기회 대부분을 쓰듯이 똑딱똑딱 소리를 내며 움직였다. 그리고 앤더슨 대위는 밸브 하나를 열어 기구를 하강시키기 시작했다. 처음에는 아무 일도 일어나지 않아서 그는 계속해서 밸브를 열었다. 마침내 기구가 완전히 하강하기 시작했다.

이번 하강은 순조로웠고, 기자들은 새로운 최고 고도 비행 기록 뉴스를 헤드라인에 마음껏 쓸 수 있었다. 앤더슨과 스티븐스는 그후 유명인사가 되어 수많은 훈장과 상을 받았으며 프랭클린 D. 루스벨트 대통령에게도 축하 인사를 받았다. 이들은 전례없는 사진과 우주의 광선, 무선파, 오존 분포, 상층 대기의 포자 분산에 관한 풍부한 자료를 가지고 왔다. 게다가 이번 기구 비행은 우주를 향한 기술인 수직 비행의 발전에 박차를 가하는 계기가 되었다. 진공의 지구 밖 경계에서 인간을 보호하는 방법, 압력이 일정하게 유지된 선실, 방열복, 무선전신 통신 등등에 대해서 많은 것을 알게 되었다.

미국 우주 프로그램의 아버지 앨버트 스티븐스는 1949년에 사망하여 미국 우주 프로그램을 보지 못했다. 안타까운 일이다. 1936년에 『내셔널 지오그래픽』에 기고한 글의 결론을 보면, 그는 우주선을 타고 지구의 대기를 돌진한다는 생각을 좋아했을 것이 분명하다.

모든 모래주머니를 떨어뜨리고 하강에 필요한 모래주머니를 하나도 남기지 않으면, 기구가 좀더 높은 고도로 올라가 최대 상승 한계까지 올라갈 것이다. 비행 정상에서 곤돌라가 떨어져 나와 큰 낙하산을 달고 사람들과 과학 기구의 주요 부분과 함께 지구의 대지로 떨어지면, 기구는 가벼운 자동 장치를 달고 더 높이 올라갈 것이다. 성층권의 극히 희박한 공기 중에서 낙하산을 타고 그런 곤돌라가 수만 미터 내려온 후, 낙하산이 속도를 늦출 것이다. 정말 재미있을 것 같다!

이렇게 여러 가지 글을 골라서 편집하는 것은 만만치 않은 일이다. 편집자는 1888년부터 1957년까지 『내셔널 지오그래픽』에 게재된 수천 편의 글 중에서 선별해야 할 뿐만 아니라, 1퍼센트도 안 되는 글만 골라서 그 당시 이 잡지에서 나타난 광범위한 사람, 장소, 목소리, 경험을 나타내야 한다. 이 글들에서 따온 발췌 글은 오늘날의 독자들에게 흥미나 재미를 주어야 한다. 게다가 원래 8천 단어, 만 단어 혹은 1만 2천 단어로 발표되었던 글을 줄이는 것은 위험한 일이다. 이런 점들을 모두 생각할 때 이런 편십을 잘해낸나는 것은 픽 어려운 일이며, 결과가 항상 성공적이지 않다면 책임은 오직 편집자에게 있다.

그러나 이 책은 여러모로 내셔널 지오그래픽 소사이어티 아카이브의 내 오랜 동료들의 노력 역시 반영하는 공동 노력의 결과이다. 캐시 헌터는 내 옆에서 내내 함께 산적들을 피하고 대상들과 함께 행진하며 노련하게 편집 연필을 놀렸다. 우리 르네 브레이든 소장은 수년간 나의 가장 친한 동료이자 나의 여러 가지 문제를 해결해주는 유능한 인물로서, 이 프로젝트 내내 나는 매일 브레이든 소장 사무실에 걸어가 현명한 자문을 구했다. 또 나는 브레이든 소장의 좋은 친구 사이먼 윈체스터에게도 나를 북돋워주고 예의 그 관대한 말을 해주고 멋진 서문을 써준 점에 대해 감사의 말을 전하고 싶고, 이 책을 처음 탄생하게 한 아이디어를 낸 내 편집자 리사 토마스에게도 감사의 말을 전하고 싶다.

이 아카이브 외에도 다른 소사이어티 사무실들도 이번 작업에 절대적으로 필요했다. 전자정보 자료의 시대에 다른 어느 곳에서도 발견되지 않고 옛날 책에서만 발견되는 내용들이 있어서, 나는 소사이어티의 훌륭한 도서관과 희귀도서 보관실을 행복하게 이용했다. 또 부고와 잘 알려지지 않은 글들을 기꺼이 찾아준 스크랩 파일 관리인 수즈 이튼에게도 감사드린다. 이 글들을 포함한 여러 소장품들은 현재 권위 있는 도서관정보센터에 한데 묶여 있고, 이 모두는 수전 파이퍼 캔비 소장의 열정적인 지도로 내게 도움이 되었다. 수전 파이퍼 캔비는 대담한 프로젝트를 기꺼이 지원하고 혁신을 촉진하여 소사이어티와 그녀의 직업에서 모두 존경받는 인물이 되었다. 나는 캔비가 내게 준 기회들에 감사할 따름이다.

또 의학외과국의 앙드레 소보친스키와 바그다드와 와이오밍의 알리 하모디가 여러모로 도와준 점도 언급해야 할 것이다. 수전 타일러 히치콕과 제인 선더랜드는 신디 키트너와 로렌 프루네스키와 마찬가지로 귀중한 편집 기술을 이 프로젝트에 빌려주었다. 다나 치비스는 글과 함께 실은 사진과 지도를 조사하고 편집했고, 테레사

테이트는 저작권 문제를 훌륭하게 해결했다. 멜리사 패리스와 카메론 조터는 멋진 디자인을 해주었다. 멜리사 크라우즈는 글을 옮겨 적는 일을 맡았다. 모든 곳의 사람들이 관심을 표시해주거나 나를 지지해주었기 때문에, 이 세계 모든 사람들이 이 명단에 들어야 할 것이다.

끝으로 내게 책 읽는 즐거움을 가르쳐주신 어머니와 『내셔널 지오그래픽』을 주문하신 돌아가신 아버지께 감사드린다. 나는 아버지가 주문한 『내셔널 지오그래픽』을 선반 위에 고이 놓아두는 대신 망가뜨려놓았으며, 늘 가져갔다가 돌려놓는 것을 잊었다. 이제 『내셔널 지오그래픽』의 옛 글 수천 편을 애써 읽고 나서 아버지가 미소 짓는 모습을 볼 수 있다. 시적 정의는 실현되었다.

기나긴 여행을 마친 기분이다. 유난히 무더운 여름에 휴가 여행 대신 전 세계 구석구석을 누빈 이들의 여정을 따라가는 힘들지만 흥미로운 경험을 했다.

이제 우리는 시간과 돈만 있으면 누구나 어렵지 않게 해외여행을 떠날 수 있는 시대에 살고 있다. 그러나 20세기 초에는 교통수단도 제한적이고 국가 간의 교류도 현재와 같지 않아서 아주 특별한 경우에만 해외여행이 가능했고, 그 가능한 여행도 지금처럼 편안한 것이 아니었다. 그때의 여행은 말 그대로 모험이었다! 거센 파도, 험한 산길, 사막을 헤치고, 무서운 야생동물들을 피하고 때로는 맞서며 처음 만나는 사람들과 서로 오해하다가 결국 어울리는 등 처음에 계획한 여정에서 벗어나게 되는 경우가 많았다. 이 책의 저자들은 외교관, 전직 대통령, 기자, 작가, 과학자, 주부, 심지어 해적까지 다양한 직업만큼이나 성격이나 세계관도 다른 사람들이었지만, 모두 미지의 세계를 열망하고 있었다. 아직 본격적으로 여객기가 다니기 전, 생태계가 크게 파괴되기 전, 각국의 독자적인 문화가 계속 유지되던 때, 여행을 떠날 수 있었던 이들은 분명히 모험의 특권을 누린 사람들이다. 우리가 하는 여행은, 몇몇 관광지를 둘러보고 편안한 휴양지에서 쉬다 오면서 일상에서 벗어나는 즐거움을 누리는 것이지만, 저자들의 여행은 좀더 치열한 것이었다고나 할까. 때로는 자연의 아름다움에 감탄하고 친절한 사람들의 호의를 받기도 했지만, 그러기까지 험한 자연 환경과 사투를 벌이고, 지역 주민들과 의사소통에 애를 먹기가 일쑤였다.

몇몇 저자들은 서양 중심적인 사고방식을 노골적으로 드러내기도 하지만 이들이 20세기 초반의 인물들이라는 섬을 감안하면 어쩔 수 없는 일이기도 하다. 그들이 동양인들을 처음 봤을 때의 생각은 어쩌면 우리가 나중에 우주인을 만나게 될 때처럼 자기중심적이고 편향적일 수밖에 없었을 것이다.

개성이 넘치는 글들을 번역하면서 이제는 보지 못하는 당시의 여러 지역의 생생한 자연과 풍습을 느껴볼 수 있었다. 어디로든 여행을 떠나는 독자들이 이 책을 가방에 챙겨 가 기차 대합실이나 공항에서 여유롭게 읽는 모습을 상상해본다.

지명

탐험의 시대

마크 젠킨스 | 안소연 옮김

초판 1쇄 인쇄일 | 2008년 1월 14일
초판 1쇄 발행일 | 2008년 1월 21일

발행처 | 출판사 지호
발행인 | 장인용
출판등록 | 1995년 1월 4일
등록번호 | 제10-1087호
주소 | 경기도 고양시 일산동구 장항동 751번지 삼성 라끄빌 1319호
이메일 | chihopub@yahoo.co.kr
전화 | 031-903-9350
팩시밀리 | 031-903-9969

편집 | 김희중
마케팅 | 윤규성

종이 | 대림지업
인쇄 | 대원인쇄
제본 | 경문제책

ISBN 978-89-5909-033-4